Virtuelle Mobilität: Ein Phänomen mit physischen Konsequenzen?

Reihenherausgeber: ifmo-Institut für Mobilitätsforschung

Springer
Berlin
Heidelberg
New York
Barcelona
Budapest
Hongkong
London
Mailand
Paris
Tokio

ifmo
Institut für Mobilitätsforschung (Hrsg.)
Eine Forschungseinrichtung der BMW Group

Peter Zoche · Simone Kimpeler · Markus Joepgen

Virtuelle Mobilität: Ein Phänomen mit physischen Konsequenzen?

Zur Wirkung der Nutzung von Chat, Online-Banking und Online-Reiseangeboten auf das physische Mobilitätsverhalten

Mit 53 Abbildungen und 82 Tabellen

Springer

Herausgeber
Institut für Mobilitätsforschung
Eine Forschungseinrichtung der BMW Group
Charlottenstraße 43
10117 Berlin
www.ifmo.de

Autoren
Peter Zoche
Simone Kimpeler
Markus Joepgen

Fraunhofer-Institut
für Systemtechnik und Innovationsforschung ISI
Breslauer Str. 48
76139 Karlsruhe

ISBN 3-540-41445-2 Springer-Verlag Berlin Heidelberg New York

Die Deutsche Bibliothek – CIP-Einheitsaufnahme

Zoche, Peter: Virtuelle Mobilität: ein Phänomen mit physischen Konsequenzen?: zur Wirkung der Nutzung von Chat, Online-Banking und Online-Reiseangeboten auf das physische Mobilitätsverhalten/Peter Zoche. Hrsg.: Ifmo, Institut für Mobilitätsforschung. - Berlin ; Heidelberg ; New York ; Barcelona ; Hongkong ; London ; Mailand ; Paris ; Tokio : Springer, 2002

(Mobilitätsverhalten in der Freizeit)
ISBN 3-540-41445-2

Springer-Verlag Berlin Heidelberg New York
ein Unternehmen der Bertelsmannspringer Science+Business Media GmbH
http://www.springer.de

Einbandgestaltung: de'blik Konzept & Gestaltung, Berlin
Satz: medio Technologies AG, Berlin

Gedruckt auf säurefreiem Papier SPIN: 10784567 68/3020 M – 5 4 3 2 1 0 –

Geleitwort

Mit der vorliegenden Untersuchung hat das Institut für Mobilitätsforschung ein Thema aufgegriffen, das sich in den vergangenen Jahren mit außergewöhnlicher Geschwindigkeit in unserer Gesellschaft ausgebreitet hat: die private Nutzung des Internet. Es ist nicht verwunderlich, dass die Meinungen der Experten immer noch stark darüber auseinandergehen, wie tiefgreifend diese Technologie unser (Zusammen-) Leben in der Zukunft verändern wird. Die einen sehen vor allem die technischen Potenziale des Internets und erwarten tiefgreifende Auswirkungen auch auf den privaten Bereich. Andere glauben dagegen, dass die Bereitschaft des Einzelnen, große Teile seines Lebens und seiner zwischenmenschlichen Kommunikation mit Hilfe einer solchen Technik zu organisieren, begrenzt sein wird. Ankündigungen über immer neue Anwendungsmöglichkeiten des Internets erweitern die Vielfalt möglicher Auswirkungen und erschweren eine Vorschau zunehmend.

Eine Methode, um Voraussagen über die künftige Verbreitung des Internets im privaten Bereich zu verbessern, ist die Befragung solcher Personen, die bereits heute dieses Medium intensiv nutzen, die sogenannten „early adopters". Auch wenn es gerade bei diesem Thema kaum möglich sein wird, festgestellte Trends in die Zukunft zu extrapolieren, war es dennoch unser Ziel, fundierten Input für die Diskussionen über die Zukunft des Internets zu generieren. Als eine Forschungseinrichtung, die sich vornehmlich mit der Zukunft der Mobilität beschäftigt, legen wir besonderen Wert darauf, auf diesem Gebiet fachliche Diskussionen zu aktuellen und zukunftsweisenden Themen anzuregen und fachlich zu unterstützen.

Immer wieder werden Erwartungen geäußert, dass durch das Internet der Zuwachs an physischer Mobilität doch zumindest in seinem Wachstum gebremst werden könnte. Vor mehr als 120 Jahren bei der Einführung des Telefons hatte man schon einmal die Hoffnung, man könne sich viele Wege ersparen, wenn man den anderen nur sprechen könnte. Allerdings kam es, wie wir heute wissen, anders.

Zwischenmenschliche Kommunikation war und ist nun mal mehr als der Austausch sachlicher Information. Insofern erwarten viele in Analogie dazu, dass auch das Internet die physische Mobilität nicht reduzieren wird, sondern weiter ansteigen lässt. Allerdings müssen bei einer solchen Vorausschau auch die veränderten Rahmenbedingungen betrachtet werden, unter denen die Internetverbreitung stattfindet. Bildungsstand, Einstellungen zur Technik im Alltag und gesellschaftliche Werte sind nur einige Einflussgrößen, die sich auf Art und Umfang der Internetnutzung auswirken.

Alle diese Dimensionen können in einer einzelnen Untersuchung sicher nicht erschöpfend behandelt werden. Wenn es aber mit Hilfe der vom Fraunhofer-Institut für Systemtechnik und Innovationsforschung ISI durchgeführten Untersuchung gelänge, die Diskussion über die weitere Ausbreitung des Internets um einige wesentliche qualitativen und quantitativen Aspekte zu ergänzen, wäre ein wichtiges Ziel des Instituts für Mobilitätsforschung erreicht. Wir hoffen, dass die vorliegenden umfangreichen Ergebnisse von möglichst vielen Personen mit möglichst unterschiedlichen Problemsichten gelesen und hinterfragt werden. Für Diskussionen – auch kontroverser Natur – sind wir jederzeit offen und würden uns über Anregungen freuen.

Prof. Dr. Dietrich Dörner
Institut für theoretische Psychologie
Otto-Friedrich-Universität Bamberg
Mitglied des Kuratoriums des Instituts für Mobilitätsforschung

Dr. Walter Hell
Leiter des Instituts
für Mobilitätsforschung

Vorwort

Chat-Rooms im Internet haben eine große Anziehungskraft. Das Chatten kann als funktionierendes Beispiel für soziale Beziehungen gesehen werden, die sich auf Begegnungen im virtuellen Raum stützen und dort gepflegt werden.

Folgt man den Einschätzungen von Experten, so werden virtuelle Kommunikationsformen in Zukunft in unterschiedlichsten Lebensbereichen an Bedeutung gewinnen. Wenn damit körperliche Präsenz zunehmend als verzichtbar angesehen und unser Alltagshandeln verstärkt durch telekommunikative, virtuelle Aktivitäten geprägt wird, sind Auswirkungen auf unser Mobilitätsverhalten zu erwarten.

Doch in welchem Wechselverhältnis stehen neue Formen der virtuellen Mobilität mit dem gegebenen physischen Mobilitätsverhalten? Besitzt die virtuelle Mobilität bereits heute erkennbare Substitutions- oder Induktionspotentiale physischer Mobilität?

Sicher, virtuelle Mobilität gewährt zusätzliche Freiräume, den notwendigen täglichen Besorgungen auch ohne Einsatz von Fahrzeugen oder Fußwegen nachzukommen. Wird diese Option vom Verbraucher gewünscht, werden die technischen Möglichkeiten genutzt, und in welchem Ausmaß ist dies schon heute zu beobachten?

Das vorliegende Buch geht exemplarisch solchen Fragen nach. Hierzu werden zunächst auf Grundlage von Zukunftsstudien mögliche Trends einer Virtualisierung unseres Alltags aufgezeigt. Anhand einer empirischen Studie repräsentativ ausgewählter Online-Nutzer in Deutschland werden Formen virtueller Mobilität detailliert analysiert. Hierzu wurden beispielhaft die Nutzungen von Internetangeboten im Banken- und Tourismusbereich und auf dem Gebiet des Chattens bzw. des interaktiven vernetzten Spielens analysiert. Mögliche Wirkungen virtueller Mobilität werden mit Bezug auf physische Mobilität eingeschätzt und damit Entwicklungslinien der Veränderung unseres künftigen Mobilitätsverhaltens aufgezeigt.

Karlsruhe, im September 2001

Peter Zoche M.A.
Abteilungsleiter Informations- und Kommunikationssysteme
Fraunhofer-Institut für Systemtechnik und Innovationsforschung
ISI, Karlsruhe

Danksagung

Über Geld zu reden mag unfein sein, aber ohne die großzügige Förderung der BMW Group und des Instituts für Mobilitätsforschung (ifmo), Berlin, wäre diese Arbeit nicht möglich gewesen. Von daher danke ich Dipl.-Ing. Detlef Frank, dem Leiter des Bereichs Wissenschafts- und Verkehrspolitik der BMW Group, sowie dem Leiter des Instituts, Dr. Walter Hell, sehr für die gewährte Unterstützung.

Bedanken möchte ich mich vor allem aufgrund der stets bereitwilligen und konstruktiven inhaltlichen Förderung dieser Arbeit zu „Virtueller Mobilität privater Haushalte", wie die ursprüngliche Projektbezeichnung des Forschungsauftrages an meine Abteilung am Fraunhofer-Institut für Systemtechnik und Innovationsforschung ISI lautete. Neben Dr. Franz Steinkohl möchte ich insbesondere Gundi Dinse M.A. für geleistete Hilfe durch vielfältige inhaltliche Anregungen und fördernde Kritik danken, insbesondere auch für ihre Bereitschaft, selbst in ihrer Urlaubszeit sehr real mit nützlicher Unterstützung virtuell zur Stelle gewesen zu sein.

Die empirische Basis des Projektes wurde in einer repräsentativen Umfrage des Markt- und Sozialforschungsinstituts ENIGMA ermittelt. Seinem Leiter, Jürgen Ignaczak, danke ich für zuverlässige Beratung und sorgfältige Durchführung der Erhebung.

Anfangs war das Projekt nicht auf eine eigenständige Buchpublikation hin orientiert. Vielmehr wurden themenbezogene Analysen erstellt, Arbeitspapiere und Vorträge ausgearbeitet und präsentiert. Anläßlich einer Projektpräsentation auf der Sitzung des ifmo Kuratoriums waren es insbesondere die Fragen von Professor Dr. Hans-Jürgen Ewers, TU Berlin, und Professor Dr. Dietrich Dörner, Universität Bamberg, die zu einer eigenständigen Publikation anregten. Nach Abschluß der von mir nicht vorausgesehenen Arbeitsbelastungen, die mit diesem Schritt einhergingen, danke ich heute umso mehr für ihren Anstoß.

Die Arbeiten an diesem Buch wurden vor allem auch durch meine Mitautoren Dr. Simone Kimpeler und Markus Joepgen M. A. ermöglicht. Dafür mein besonderer Dank. In diesen Dank einschließen möchte ich ferner Monika Harnischfeger, Dr. Dr. Castulus Kolo, Dr. Anke Matuschewski, Alexandra Rese M.A. und Agnes Stillger M.A., die insbesondere in früheren Projektphasen durch ihren Sachverstand wertvolle Beiträge zum Projekt geleistet haben.

Für die Erstellung der Manuskriptvorlage gilt unser besonderer Dank Sylvia Giesel, ifmo, für ihre stets zuverlässige Hilfe und Unterstützung.

Karlsruhe, im September 2001 Peter Zoche

Inhaltsverzeichnis

1 Einführung

1.1 Ausgangslage

In seiner Analyse dauerhafter, weltweiter Wirkungen fundamentaler Technologien formuliert Heinrich Popitz die Einschätzung, dass „der Ort, an dem man sich gerade befindet, der Standort, (...) im System fliegender Informationen irrelevant" wird und der „Raum als Distanz, als Weite zu einer altmodischen Kategorie" verkommt (Popitz 1989: 33f). Das Zitat bringt pointiert die raumbezogene und verkehrliche Relevanz der modernen Informations- und Kommunikationstechnologien (IKT) zum Ausdruck: Sollte sich nicht unsere Mobilität grundlegend wandeln, wenn wir den Raum mit Lichtgeschwindigkeit überwinden können? Stellt nicht der Cyberspace eine viel effizientere Dimension zur Verfügung, um unseren Alltagsgeschäften nachzugehen? Wie könnte sich unser Mobilitätsverhalten unter den neuen technologischen Vorraussetzungen der *Tele-*, der *Fern*kommunikation wandeln?

Informations- und Kommunikationstechnologien zur Überwindung von Raum im Cyberspace

Die körperliche Präsenz am Ort des Kommunikationspartners, so scheint es, könnte durch die *virtuelle Begegnung*, die „der Möglichkeit nach" stattfindet bzw. „dem Schein" untergeordnet ist, abgelöst werden. Diese kennzeichnet neue Ausdrucksformen der Kommunikation, bei denen die *Fleisch-und-Blut-Realität des Lebens immer unwichtiger und die Virtualität des Cyberspace immer bedeutsamer*[1] wird; *Tele-Realität* gewinnt damit als eine neue Form, sich die Welt zu erschließen wachsenden Stellenwert. Dabei entspricht dem virtuellen Kommunikationsakt eine virtuelle Mobilität, die physisches Aufeinander-

Virtuelle *versus* physische Mobilität

1 So der Leiter des Zentrums für Kunst und Medientechnologie (ZKM), Peter Weibel, DER SPIEGEL 3/1999.

zugehen, physische Mobilität, „Beweglichkeit" als verzichtbar erklärt und in letzter Konsequenz auch auf den konkreten menschlichen Kommunikationspartner verzichten kann. Denn dieser kann durch maschinelle, künstlich erzeugte „Wesen" vertreten werden; die technischen Lösungen für solches (inter-)agieren stehen bereit und werden zunehmend genutzt.

Mögliche Konsequenzen für unser Alltagshandeln liegen auf der Hand. Ohne zwangsläufig den Sitzplatz vor dem PC verlassen zu müssen, ermöglicht virtuelle Mobilität etwa den Einkaufsbummel in einer Virtual Mall, gleich, in welcher Stadt oder in welchem Kontinent die virtuell angebotenen Waren physisch produziert werden und lagern. Der Streifzug durch den virtuellen Plattenladen ermöglicht gar das „Herunterladen" der Wunsch-CD: immaterialisiert „fließen" die Töne als Bits und Bytes auf die Festplatte des Musikliebhabers, der auch die Bezahlung elektronisch vornehmen kann. Und auch fürs Gespräch, zum Reden, Diskutieren, Quatschen oder Tratschen mit Gleichgesinnten findet sich irgendwo ein Angebot im Netz: elektronische Stammtische bieten zwar keine Getränke und enttäuschen sicher auch die Geschmacksnerven der „Surfer" (manchmal auch die Erwartungen des „guten Geschmacks"), bieten dafür aber so ziemlich alle Kommunikationsthemen, für die sich ein Mensch interessieren mag. Welches auch immer die Zwecke von solchen „virtuellen Ausflügen" sein mögen – es scheint, dass sie unser Mobilitätsverhalten einmal drastisch verändern könnten. Oder ist dies ein Trugschluß?

1.2 Zielsetzung

Virtuelle *und* physische Mobilität

Im Grundsatz steht die enge Verzahnung von Kommunikation und Transporttechniken, virtueller und physischer Mobilität, wohl außer Frage. Max Weber hat diese „Verkehrsmittel" als „entscheidende und wichtige Bedingung" für die Etablierung moderner Staaten grundlegend analysiert und am Beispiel des Okzidents auf die Begleiterscheinungen eines entstehenden interlokalen Massenverkehrs hingewiesen (Weber 1922: 520ff, 611f). Heute kann der mit Hilfe der Telekommunikation forcierte technische und soziale Wandel durch die Maxime „mit *jedem gewünschten Menschen* zu *jeder gewünschten Zeit* an *jedem gewünschten Ort* in *jeder gewünschten Form* mit *möglichst geringem Aufwand* „direkt“ in Verbindung zu treten“ (Lange 1989: 167) zum Ausdruck gebracht werden. Wie die neuen Optionen dieser Fernkommunikation aussehen, in welchen Anwendungen sie sich manifestieren und in welcher Weise sie das Mobilitätsverhalten der Menschen verändern (werden), ist wissenschaftlich bislang nur unzulänglich analysiert und empirisch belegt.

Das Forschungsprojekt „Virtuelle Mobilität privater Haushalte“

Mit der vorliegenden Buchpublikation werden Ergebnisse des Forschungsprojekts *Virtuelle Mobilität privater Haushalte* vorgestellt, in dem Fragen nach den gegenwärtigen und künftigen Auswirkungen der virtuellen Mobilität auf die physische Mobilität, den Verkehr untersucht wurden. Einen Ausgangspunkt dieser Arbeit bildet die Sekundäranalyse von Zukunftsstudien zu den Entwicklungslinien und visionären Anwendungsfeldern informations- und kommunikationstechnischer Innovationen. Diese Aussagen und Visionen wurden unter dem Aspekt ihrer denkbaren Auswirkungen auf das menschliche Mobilitätsverhalten systematisiert, beispielsweise nach folgenden Fragen: Entstehen neue virtuelle Kommunikations- und Mobilitätsformen? Welche strukturellen verkehrlichen Konzepte werden vorgeschlagen? Entstehen für bestimmte Bevölkerungsgruppen neue reale Chancen der Verkehrsteilnahme? Welche individuellen Merkmale begünstigen virtuelle Mobilitätsformen?

Die Analyse von Thesen, mit denen Entwicklungspfade von Anwendungen der Telekommunikation in privaten Haushalten aufgezeigt werden, ergab, dass in einem Zeitkorridor bis zum Jahre 2015 viele Formen der virtuellen Kommunikation und Mobilität selbstverständlich genutzt werden könnten. Insbesondere in der Freizeit, der Organisation des Alltags oder der (Weiter-) Bildung könnten Formen der virtuellen Mobilität privater Haushalte das reale physische Mobilitätsverhalten nachhaltig verändern. Die Faszination, die von virtuellen Begegnungen auszugehen vermag, wird daran deutlich, dass schon heute täglich viele hunderttausend Menschen Chat-Rooms aufsuchen, um mit Gleichgesinnten live und in Echtzeit zu kommunizieren.

Durchdringung der Lebensbereiche durch Internet

Um den Pfad der Spekulation über die Zukunft zu verlassen, wurden in einer empirischen Repräsentativerhebung deutscher Online-Nutzer ausgewählte Anwendungen auf ihre Mobilitätswirkung genauer untersucht. Hierbei war der Gedanke leitend, dass Online-Nutzer in höherem Maße als der „gewöhnliche Bürger" bereits *heute* virtuelle Angebote in ihre Lebenswelt integriert haben und insofern durchaus „ein Stück Zukunft" verkörpern. Mit anderen Worten: die Analyse verfolgt nicht die Absicht, eine Vorhersage künftigen Verhaltens zu liefern, wohl aber die Zielsetzung, mögliche Veränderungen des Mobilitätsverhaltens durch Nutzung virtueller Angebote exemplarisch zu untermauern.

Bei der Auswahl der Anwendungen wurde neben ihres Mobilitätsbezugs darauf geachtet, dass sie bereits von einer möglichst großen Zahl der Online-Nutzer regelmäßig genutzt werden. Um verallgemeinerbare Aussagen zu erhalten war dieses Selektionskriterium nicht zuletzt aus forschungsökonomischen Gründen geboten. Ausgewählt wurden Angebotsformen des Online-Bankings und der Reisebranche sowie Formen des Chats und vernetzter Online-Spiele. Die empirische Analyse wurde im Jahre 1999 durchgeführt. Mit der Wahl dieser drei Angebotsformen wurden gleichzeitig zentrale Lebensbereiche angesprochen: die Organisation der Freizeit, der Finanzen sowie die soziale Interaktion.

1.3 Aufbau der Arbeit

Die vorliegende Publikation der wesentlichen Ergebnisse des Projekts „Virtuelle Mobilität privater Haushalte" erläutert zunächst im zweiten Kapitel die Herleitung des Begriffs „Mobilität" und dessen Verwendung im Rahmen dieser Arbeit. Gesondert wird auf die Neuregelung des Mobilitätsgeschehens im Zusammenhang moderner Telekommunikationstechniken und die hiervon ausgehenden Substitutions- und Komplementäreffekte eingegangen.

Im dritten Kapitel werden am Beispiel der analytischen Aufbereitung von mobilitätsrelevanten Thesen aus der „Studie zur globalen Entwicklung von Wissenschaft und Technik (Delphi '98)" (Cuhls et al. 1998) zentrale Ergebnisse vorgestellt. Diese Thesen begründen die Expertensicht einer zunehmenden Relevanz virtueller Mobilitätsformen.

Die Ergebnisse der empirischen Umfrage deutscher Online-Nutzer sind in den hieran nachfolgenden Kapiteln detailliert nach den untersuchten Anwendungsgebieten dokumentiert. Jeweils mit Bezug zu virtuellen bzw. physischen Mobilitätswirkungen werden in Kapitel vier Nutzungen von Reise-Websites, in Kapitel fünf der Komplex des Online-Bankings und in Kapitel sieben die soziale Interaktion am Beispiel der Nutzung von Chat- und vernetzten Spielangeboten analysiert. Dabei folgen alle drei Kapitel prinzipiell der gleichen Grundsystematik. So werden jeweils mit Bezug auf die betreffende Anwendung die Besonderheiten der Nutzerstruktur und der Nutzungsmotivation sowie der möglichen zukünftigen Nutzungsentwicklung analysiert. Im Anschluß an diese Ausführungen werden entsprechende Mobilitätseffekte untersucht, wobei physische Veränderungen des Mobilitätsverhaltens analysiert und, falls möglich, absehbare Veränderungen von Wegehäufigkeit ermittelt werden. Am Ende jeden Abschnitts wird ein Zwischenresümee der empirischen Befunde gezogen.

Kapitel sieben zieht ein knappes Fazit der gewonnenen empirischen Ergebnisse, stellt die Besonderheiten der drei Untersuchungsbereiche vor und gibt einen Ausblick auf zukünftige Forschungsfragen.

2 Mobilität

2.1 Vorbemerkungen zum Verständnis von Mobilität

Der Begriff „Mobilität" leitet sich im allgemeinen Sprachsinn aus dem Lateinischen *mobilis*, beweglich, ab, womit das Wortverständnis auf „die Möglichkeit oder Fähigkeit zur Ortsveränderung" verweist. „*Mobil sein*" bedeutet von daher „sich von sich aus bewegen zu können und es zu tun" (Steinkohl 1999: 15). In der Fachliteratur und auch im allgemeinen Sprachgebrauch wird der Begriff damit häufig mehrdeutig und insofern nicht einheitlich verstanden und verwendet. Selbst in gängigen Nachschlagewerken wird Mobilität auf unterschiedlichen Ebenen definiert. Grundsätzlich lassen sich zwei verschiedene Definitionsebenen feststellen:

1) **Mobilität als „Beweglichkeit"** im Sinne einer prinzipiellen Möglichkeit oder Fähigkeit zur Bewegung[2], d. h., nach dieser Definition ist unter Mobilität nicht der eigentliche Bewegungsprozess, sondern lediglich die Befähigung zur Bewegung zu verstehen.
2) **Mobilität als konkreter Bewegungsvorgang,** indem der Prozess, der Wechsel eines Individuums oder einer Gruppe zwischen definierten Einheiten eines Systems beschrieben wird[3].

Definition von Mobilität: Die Fähigkeit zur Bewegung und ihr Vollzug

Mit Ausnahme dieses sehr grundsätzlichen Unterschiedes stimmen die Definitionen jedoch dahingehend überein, dass Mobilität sowohl *räumliche, soziale* als auch *geistige* Bewegungsprozesse umfaßt. In wissenschaftlichen Einzeldisziplinen werden diese unterschiedlichen Funktionen in besonderer Weise aufgegriffen, womit dem Begriff der

2 Vgl. z. B. Duden oder Sachverständigenrat für Umweltfragen.
3 Z. B. Meyers Lexikon, Petersen/Schallaböck 1995 oder Bähr 1983.

Mobilität eine hohe Komplexität zugewiesen wird, wenn er beispielsweise im Zusammenhang eines Positionswechsels in einem sozialen System Verwendung findet (Seger 1973).

Die räumliche Dimension der Mobilität: Verkehr

Mit Bezug auf verkehrswissenschaftliche Fragestellungen differenzieren in diesem Sinne auch Canzler und Knie (2000: 30) zwischen Mobilität und Verkehr, indem sie Mobilität als Bewegung in möglichen Räumen und Verkehr als Bewegung in konkreten Räumen auffassen. Interessant ist zudem ihre Ausweitung des Begriffs hin zu imaginärer Beweglichkeit: Für sie ist Mobilität auch geistige Beweglichkeit, „wobei der geistige Horizont den Mobilitätsraum markiert" (Canzler/Knie 2000: 31). Da die individuellen Handlungsstrategien in diesem Mobilitätsraum (i.S. Bourdieu 1979) entwickelt werden, und die Möglichkeiten der Realisierung heute größer sind, kann man in diesem Zusammenhang in der Tat davon sprechen, dass wir „mobiler" geworden sind (Canzler/Knie 2000: 31).

Die soziale Dimension der Mobilität: Gesellschaftliche Ausdifferenzierung

Während räumliche Mobilität den (horizontalen) Positionswechsel zwischen Raumeinheiten bezeichnet, wird unter sozialer Mobilität der (vertikale) Wechsel zwischen Gruppen, Schichten oder Klassen eines Gesellschaftssystems verstanden. Dabei kann der Begriff als *Individualkategorie* das Verhalten einzelner Individuen beschreiben, zum anderen als *Systemkategorie* die Eigenschaften eines gesellschaftlichen Systems beinhalten[4]. Die entsprechenden Forschungsrichtungen verfolgen dementsprechend verhaltenstheoretische und systemorientierte oder mikro- und makroanalytische Ansätze (vgl. Bähr 1983).

Auf der Systemebene ist Mobilität ein grundlegendes Bedürfnis der modernen Gesellschaft und Voraussetzung für die Teilhabe an sozialen, wirtschaftlichen und politischen Handlungen, die heute nicht mehr am zentralsten Punkt einer Gemeinschaft abgehalten werden, sondern aufgrund der Ausdifferenzierung der Gesellschaft vielfältige Verbindungsstrukturen mit sich gebracht und somit den Bedarf nach Raum- und Zeitüberwindungen geweckt haben. Die vielfältigen Arten und Praktiken der Fortbewegung erfüllen die Funktion dieser Überwindungen von

---

4 Synonym werden auch die Begriffe der Mikro- und Makroebene verwendet.

Raum und Zeit in einer dezentralisierten Gesellschaft. Die Infrastrukturen dieser Gesellschaft haben sich von lokalen über regionalen hin zu globalen Verbindungen ausgeweitet. Es ist ein komplexes Verkehrssystem entstanden, das wirtschaftlichem, politischem und kommunikativem Austausch dient und die Beziehungen innerhalb und zwischen gesellschaftlichen Systemen fördert. Hier wird bereits deutlich, dass entgegen der weitläufigen Unschärfe in der Verkehrs- bzw. Mobilitätsforschung, in der vorliegenden Studie bei der es um die Auswirkungen virtueller Mobilität auf physische Mobilität geht, eine präzise Trennung der Begriffe Mobilität und Verkehr erforderlich ist, die zumeist noch synonym verwendet werden (vgl. Canzler/Knie 2000: 29).

Eine begriffliche Genauigkeit des Verständnisses von Mobilität ist wichtig, um zukünftige Entwicklungen der Mobilität einer Gesellschaft zu prognostizieren und gegebenenfalls unterstützende oder steuernde Maßnahmen entwickeln und einsetzen zu können. Im Rahmen der vorliegenden Studie soll unter der Mobilität der Gesellschaft ihre Beweglichkeit verstanden werden. Dabei wird Mobilität nicht als „temporäre Ortsveränderung" (vgl. Mackensen 1994) verstanden, d.h. es wird nicht die Fortbewegung an sich beschrieben. Vielmehr meint der Begriff Mobilität die Möglichkeit der Bewegung, das Potential der Bewegung. Dieses Potential der Bewegung bildet den Rahmen für individuelles mobiles Verhalten: die eigentliche Bewegung, welche beobachtet und gemessen werden kann. Bewegung erfolgt als Handlung von Individuen und ist die verkehrsrelevante temporäre Ortsveränderung. Für gesellschaftliche Kommunikationsprozesse ist Mobilität von entscheidender Bedeutung, da (Fort-) Bewegung der Teilhabe an kommunikativen sozialen Handlungen dient, indem eine Überschneidung von Wahrnehmungsbereichen der teilnehmenden Personen ermöglicht wird. Eine hohe Mobilität ist demnach angestrebt, um in ihrem Rahmen individuellen Bedürfnissen der Bewegung und sozialen Teilnahme nachzukommen. Die individuellen Bewegungen erzeugen Verkehr, der gesamtgesellschaftlich und dezentral geregelt wird. Das Verkehrsaufkommen ist messbar, es erfordert geeignete Verkehrsmittel und eine entsprechende Organisation.

Die kulturelle Dimension der Mobilität: Teilhabe an sozialen Prozessen

Diese hier angesprochenen unterschiedlichen Dimensionen der Mobilität, sei es räumlicher, kultureller oder sozialer Art, sollten immer zusammengedacht werden, um die zwischen ihnen bestehenden Wechselwirkungen in die Analyse mit einzubeziehen. Da der aktuelle Bedarf an Mobilität, sprich an der Möglichkeit der Durchführung von Wegeüberbrückung zur Teilhabe an sozialen Handlungen entscheidend ist, steht die Beobachtung individuellen Verhaltens der Gesellschaftsmitglieder im folgenden im Mittelpunkt (vgl. Zumkeller 1997).

Ähnlich wie in Zängler (1998), der ebenfalls eine scharfe Trennung fordert, ist die Perspektive bzw. der Gegenstand der Beobachtung entscheidend für die Begriffswahl: eine mikroanalytische Beobachtung von Verkehrsverhalten geht über eine reine Betrachtung und Messung der transportierten Einheiten hinaus, da das Verhalten der Personen hinsichtlich ihrer möglichen und tatsächlichen Ortsveränderung entscheidend ist, um Veränderungen im Bewegungsverhalten einer Gesellschaft zu verstehen und abzuschätzen.

Individuelles Verhalten und gesellschaftliche Auswirkungen

Auf der individuellen Ebene kann Mobilität einerseits ein primäres Bedürfnis, also eine Bewegung um ihrer selbst willen sein, andererseits ein Mittel zur Befriedigung anderer Bedürfnisse wie z.B. Versorgung mit Gütern oder Erledigung von Aufgaben. Dementsprechend wird auch zwischen primärem und sekundärem Mobilitätsbedarf unterschieden (z.B. Zängler et al. 1998). Primäre Mobilität stellt nach diesem Ansatz einen Nutzen dar, während sekundäre Mobilität zum Zwecke der Erfüllung anderer Bedürfnisse als Aufwand auf der Kostenseite verbucht wird (Schmitz 1994).

Darüber hinaus umfasst Mobilität Bedeutungsdimensionen wie Raum oder Zeit und lässt sich daher weiter ausdifferenzieren. Die Anmerkungen im folgenden beziehen sich zunächst auf die Mikro- oder Individualebene.

2.2 Mikro- oder Individualebene

In den verschiedenen Fachdisziplinen, die sich mit räumlicher Mobilität beschäftigen[5], wird zunächst einmal zwischen räumlicher Mobilität mit Wohnortwechsel (residentielle Mobilität) und ohne Wohnortwechsel unterschieden (zirkuläre Mobilität). Während die residentielle Mobilität in den 70er Jahren Forschungsschwerpunkt war, ist seit den 80er Jahren die zirkuläre Mobilität u.a. aufgrund ihrer zunehmenden Umweltauswirkungen immer stärker in den Vordergrund des Forschungsinteresses geraten (Schmitz 1994).

Mobilität in ihren räumlichen und zeitlichen Dimensionen

In Abhängigkeit von der Reichweite der Wege kann zwischen hausinterner, nachbarschaftlicher, lokaler, regionaler, nationaler und internationaler Mobilität unterschieden werden. Für die zirkulären Mobilitätsbereiche ist im Zeitverlauf insgesamt eine zunehmende Ausweitung der Bewegungsradien von Haushalten zu beobachten (so z.B. für Berufspendler, bei Naherholung und Urlaub). Im Hinblick auf die zeitliche Dimension können einmalige, dauerhafte und turnusmäßige/zirkuläre Bewegungsvorgänge unterschieden werden. Zirkuläre Bewegungsprozesse können dabei einem täglichen, mehrtägigen, wöchentlichen oder auch längerfristigen Turnus folgen (saisonal, jährlich...). Ein weiteres Unterscheidungsmerkmal ist die Zeitdauer von Bewegungsvorgängen, die sehr stark zwischen wenige Minuten beanspruchenden Wegen (Besuch eines Bekannten) und mehrtägigen Fahrten (Urlaubsreise) variieren kann.

Eine schematische Charakterisierung von Mobilitätsbereichen, differenziert nach den Mobilitätsbedürfnissen oder -zwecken von Individuen/Haushalten[6] und dem möglichen Turnus bzw. der Häufigkeit verdeutlicht, dass der jeweilige Mobilitätsbereich wie z.B. Einkaufen ganz unterschiedlich lange Zeitperioden umfassen kann. So gibt es neben dem täglichen Einkauf (Lebensmittel) Einkaufsfahrten für den gehobenen Bedarf, die in größeren Abständen getätigt werden. Ebenso gibt es Freizeitaktivitäten, denen täglich nachgegangen wird, und solche, die z.B. an Jahreszeiten gebunden sind, wie bestimmte Freizeit- und Sportarten. Diese Aktivitäten sind mit ganz un-

5 Dies sind v. a. die Bevölkerungswissenschaft, Soziologie, Geographie, aber auch die Psychologie.

6 Das primäre Mobilitätsbedürfnis wurde in dieser Darstellung ausgelassen, weil es sich nicht eindeutig einer Periode zuordnen lässt. Zängler (1998) fasst die hier dargestellten Bedürfnisse in die drei Handlungsbereiche Erwerb, Unterhalt und Transfer zusammen.

terschiedlichen Mobilitätsmustern verbunden sowohl bezüglich des Zeitaufwandes als auch im Hinblick auf die zurückgelegte Entfernung.

Warum bewegen wir uns? Wohin und wann?

Die Unterscheidung von Mobilitätszwecken wird aufgrund des Trends zu gekoppelten Wegen und fließenden Übergängen zwischen Arbeitszeit, Weiterbildung, häuslicher Tätigkeit und Freizeit zunehmend schwieriger. Zum einen können mehrere Erledigungen in einer Wegekette zusammengefasst werden (z.B. Arbeits- und Einkaufsweg), zum anderen können mehrere Funktionen gleichzeitig durch einen Weg erfüllt werden wie z.B. durch den sog. „Erlebniseinkauf", oder auch dadurch, dass in der subjektiven Empfindung von Menschen der Weg von und zur Arbeit bereits als Teil der Freizeit wahrgenommen wird[7]. Daraus ergeben sich auch methodische Probleme: Während Wegeketten in Verkehrstagebüchern durch Zerlegung in Teiletappen noch berücksichtigt werden können, aber einen größeren Auswertungsaufwand zur Folge haben, lassen sich manche Wege eben nicht eindeutig einem Zweck oder Bedürfnis zuordnen und führen nicht nur zu einer noch stärkeren Ausdifferenzierung, sondern auch einer größeren Unschärfe bei Systematisierungsversuchen [8].

Die eher ökonomische Sichtweise der reinen Zweckorientierung von Mobilität (Mittel zur Zielerreichung) wird v.a. in der Soziologie und der Psychologie dahingehend erweitert, dass Mobilität auch eine symbolische Bedeutungsdimension umfasst. Mobilität ist Teil und damit Symbol eines Lebensstils. Durch bestimmte Mobilitätsformen kann die Zugehörigkeit zu einer Gruppe oder einem sozialen Milieu signalisiert werden. Mobilität kann sogar einen Wert an sich darstellen, weil der Begriff mit Freiheit, Ungebundenheit und Grenzenlosigkeit oder auch mit Prestigegewinn assoziiert wird (Harloff 1994). Diese Symbolik und Funktion der sozialen Positionie-

7 Nach Opaschowski (1991) trifft dies für 22 Prozent der Bundesbürger zu. Diese Einschätzung wird z.B. an damit verbundenen Aktivitäten wie Musik hören, lesen oder Schaufensterbummel festgemacht.

8 Vgl. auch Götz et al. 1997. Ebenso lässt sich in diesem Fall nicht eindeutig klären, ob Mobilität hier als Nutzen- oder als Kostenfaktor zu betrachten ist.

rung beeinflusst ebenfalls das individuelle Mobilitätsverhalten (Götz et al. 1997: 9).

Aufgrund der großen Vielfalt von Einflussfaktoren auf das Mobilitätsverhalten ist kein umfassender, alle Ebenen berücksichtigender Ansatz zu finden. Je nach Forschungsrichtung werden unterschiedliche Perspektiven gewählt und Teilaspekte untersucht.

Die strukturelle Erforschung der Bewegungsprozesse

Bereits relativ früh hat sich Roseman (1971) der Untersuchung von Informationssammlungs-, Entscheidungs- und Anpassungsprozessen sowie der zeitlichen Dimension im individuellen Mobilitätsverhalten gewidmet. Gegenstand seiner Untersuchung sind die zirkulären Bewegungsprozesse des sog. *weekly movement circle* wie z.B. Einkaufen, Fahrten zur Arbeitsstätte oder Schulwege. Ein Problem bei diesem Ansatz ist zum einen der hohe Forschungsaufwand, der mit einem empirischen Nachweis der individuellen Motivationsstrukturen verbunden ist, zum anderen die mangelnde Berücksichtigung der gesellschaftlichen Einbindung von Individuen, deren Entscheidungen nicht autonom getroffen, sondern durch das soziale Umfeld beeinflusst werden. Unter Berücksichtigung von Entscheidungseinheiten und Wechselwirkungen zwischen Haushalten und Umfeld können dann jedoch Gruppen definiert werden, die ein relativ homogenes Migrationsverhalten zeigen. Als eine Weiterentwicklung des Roseman'schen Ansatzes hat z.B. Marel (1981) für Wanderungen im Raum Mainz-Wiesbaden unter Verwendung von Individual- und Haushaltsdaten unterschiedliche Mobilitätstypen herausgefiltert[9]. Mit diesem Untersuchungsrahmen wird das Verkehrsverhalten aber nur unzureichend erfasst, weil zum einen die Mobilitätsfelder, die über den *weekly movement circle* hinausgehen, wie z.B. der ständig wachsende Freizeit- und Urlaubsverkehr, zum anderen die den individuellen Motiven übergeordnete Ebene der gesellschaftlichen, wirtschaftlichen und rechtlichen Rahmenbedingungen nicht berücksichtigt werden.

Individuelle Motive für Mobilität und mobiles Verhalten

Die Vertreter des *Rational-Choice-Ansatzes* hingegen argumentieren, dass Verhalten immer durch Nutzenas-

9 Seine Abgrenzung von Grundtypen basiert auf Merkmalen wie Berufsmotiven, Lebenszyklusvariablen, Ausbildung, Einkommen, Wohndauer, Umzugsverhalten und Mobilitätseinstellungen.

pekte geprägt und deshalb bis zu einem gewissen Grade „rational" ist (vgl. Lanzendorf 1998). Bezogen auf Mobilitätsverhalten wird eine Entscheidung beispielsweise zur Wahl eines Verkehrsmittels oder zur Verhaltensänderung immer auf der Abwägung des jeweiligen Nutzens der Handlungsalternativen getroffen. Dieses Streben nach Nutzenoptimierung stellt normative Gründe in den Hintergrund.

In eine ähnliche Richtung tendiert der sog. *Situationsansatz* (vgl. z.B. Socialdata 1993), in dem davon ausgegangen wird, dass insbesondere materielle Rahmenbedingungen das Verhalten beeinflussen. Hier steht jedoch nicht der Nutzen im Vordergrund, sondern das Verhalten wird durch Restriktionen, wie z.B. Haushaltseinkommen oder verfügbare Infrastruktur, aber auch durch die Lebenssituation (Berufstätigkeit, Familienstruktur) geprägt. Diese Umstände beeinflussen nicht nur das konkrete Verhalten, sondern auch die Einstellung, Werte und Wahrnehmung der Handelnden.

Diesen bis zu einem gewissen Grade auf der Annahme der Rationalität des menschlichen Handelns basierenden Ansätzen wird von Seiten der sozial- und umweltpsychologischen Forschung entgegengehalten, dass Mobilitätsverhalten doch stark durch persönliche Motive und

Tabelle 2.1. Beziehung zwischen Aktivitätsfeldern mit Mobilitätsbezug, Wertetypen und Grundbedürfnissen

Aktivitäten	motivationale Typen	Grundbedürfnisse
Einkommen	Selbstbestimmung, Status	Bedürfnisse des Organismus
Bildung	Selbstwirksamkeit	
Einkaufen	Hedonismus, Sicherheit	
Erholung	Hedonismus, Stimulation	
Soziale Aktivitäten (familiär, informelle Gruppen)	positive Interaktion	Interaktionsbedürfnis zur interpersonalen Kooperation
soziale Aktivitäten (formelle Gruppen)	Konformität, Mitgliedschaft Anerkennung	
Serviceleistungen	soziale Verantwortung	Institutionalisierte Forderung für das Wohlergehen der Gemeinschaft
Gesundheitsfürsorge	Sicherheit	

Quelle: Schmitz 1994: 107

individuelle Wertmaßstäbe geprägt wird, die letztlich auf die allgemeinen menschlichen Grundbedürfnisse zurückzuführen sind. So hat beispielsweise Schmitz den Versuch unternommen, den menschlichen Aktivitäten, die zu Mobilität führen können, Motivationstypen und die dahinterstehenden Grundbedürfnisse zuzuordnen (vgl. Tabelle 2.1). Sie kommt in ihrer Argumentationskette auf Basis psychologischer Untersuchungen zu dem Schluss, dass Mobilitätsentscheidungen in Abwägung der vier Bedürfnisse nach Privatheit, Selbstbestimmung, neue Erkenntnis und Kontrolle gefällt werden. Wenn in der Realität nicht immer wertekonformes Verhalten zu beobachten ist, führt sie es auf das mangelnde Systemdenken und das Fehlen spürbarer Folgewirkungen des eigenen Verhaltens zurück (vgl. Schmitz 1994: 112).

Einen vergleichbaren Ansatz zur Abgrenzung von Mobilitätstypen verfolgt das Institut für Sozialökologische Forschung, Frankfurt (vgl. Götz 1998, Jahn und Schultz 1995[10]). Um ein zusammenhängendes Verständnis von Mobilitätsverhalten unter Berücksichtigung der verschiedenen Ebenen (Verhalten, Einstellung, Motiv, Zielgruppe) zu erhalten, werden Orientierungen und tatsächliches Verhalten von Haushalten im wechselseitigen Zusammenhang betrachtet. Die Arbeiten basieren auf der Grundhypothese, dass menschliches Handeln auf Motive und Orientierungen zurückwirkt, und dies gilt ganz besonders für Routinehandlungen. Basierend auf allgemeinen Lebensstilen und Leitbildern wird versucht, typische Mobilitätsleitbilder von Bevölkerungsgruppen zu ermitteln[11]. Elemente, die Mobilitätsleitbilder konstituieren, sind demnach: Bedürfnisse nach Individualität, Freiheit, Spontaneität, nach Sicherheit und Schutz vor Bedrohung,

Mobilitätstypen unterscheiden sich in ihrer Orientierung an unterschiedlichen Leitbildern

10 Dabei handelt es sich um ein Teilprojekt innerhalb des Gesamtvorhabens „Stadtverträgliche Mobilität" in Zusammenarbeit mit dem Öko-Institut Freiburg und der IVU GmbH in Berlin.

11 Daraus wiederum werden Mobilitätstypen abgeleitet, die auf die Motive und das Verhalten bei der Verkehrsmittelwahl abzielen. Das Projekt basiert auf Fallstudien in verschiedenen (ost- und west-)deutschen Städten. Das Untersuchungsdesign umfasst eine Mischung aus quantitativen und qualitativen Methoden, wobei in der ersten Stufe Leitfadengespräche und Verkehrstagebücher geführt, in der zweiten Stufe eine repräsentative Befragung und in der dritten Stufe Gruppendiskussionen durchgeführt wurden.

die Sicherung der Intimität und Privatsphäre, Risikosuche und Abenteuerlust, die soziale Positionierung sowie die Orientierung am Naturerleben (vgl. Götz et al. 1997: 124 ff.).

2.3 Systemansätze

Auf der **Makroebene** existieren vergleichsweise wenig Forschungsansätze. Ein Beispiel stellt die „*Hypothese der Mobilitätstransformation*" von Zelinsky (1971) dar. Analog zum Modell des demographischen Übergangs geht der (empirisch-induktive) Ansatz davon aus, dass mit dem unterschiedlichen sozio-ökonomischen Entwicklungsstand einer Gesellschaft auch ein unterschiedliches Mobilitätsverhalten einhergeht. Das Modell beinhaltet fünf Stufen, die von einer *premodern society* mit geringer Mobilität bis zu einer hochmobilen *advanced society* durch zunehmende Mobilität gekennzeichnet sind, und erst in der letzten Stufe, der sog. *superadvanced society*, wird eine rückläufige Mobilität erreicht, da Transport/Bewegung zunehmend durch Kommunikation ersetzt wird. Während dieses Modell eine durchaus treffende Beschreibung und Systematisierung historischer Vorgänge bis heute liefert, werden die Prognosetauglichkeit und Übertragbarkeit des auf der Entwicklung in den westlichen Industrieländern basierenden Ablaufschemas in Frage gestellt (vgl. Bähr 1983: 283). Zumindest sind aus heutiger Sicht keine Trends oder Signale erkennbar, die auf eine rückläufige Mobilität hindeuten. Auch die Beziehungen zwischen der Mobilitätstransformation und den politischen, gesellschaftlichen, wirtschaftlichen und technologischen Rahmenbedingungen werden nicht hinreichend deutlich. Dennoch bietet das Modell einen interessanten Strukturierungsansatz und kann z.B. als Arbeitshypothese für raumzeitliche Vergleiche herangezogen werden.

Das gesellschaftliche Mobilitätsverhalten hat sich verändert

Die Infrastruktur die der Realisierung von Mobilität dient, kann sowohl physisch als auch virtuell angelegt sein und bezeichnet das Netz der möglichen Verbindungen zwischen den einzelnen Gruppen bzw. Individuen (=Kommunikationsteilnehmer). Der physische Part der Infrastruktur setzt sich aus den Verkehrswegen Straße,

Schiene, Luftverkehr und Wasserwege zusammen. Zu der Infrastruktur werden nicht nur die Verbindungsstrecken sondern auch die Knotenpunkte gerechnet. Entscheidend für eine möglichst hohe Auslastung der Verkehrsnetze sind die physischen und personellen Kapazitäten, um die Knotenpunkte und Fortbewegungsmittel zu unterhalten.

Mobilität bedarf einer geeigneten Infrastruktur und ausreichender Zeit- und Raum- Ressourcen

Mobilität stellt in diesem Gefüge das Beweglichkeitspotenzial dar, welches aufgrund der Entwicklung neuer Technologien

a) erhöht werden kann, da neue, z.B. virtuelle Fortbewegungsarten zur Verfügung stehen,
b) verringert werden kann, insbesondere wenn die Ressource Zeit durch eine Zunahme des Verkehrsaufkommens beansprucht wird.

Knappheit der Faktoren Zeit, Raum und Energie, sowie die Realisierung von Mobilität als individueller Faktor, sind die Folge.

2.4 Telekommunikationsgestützte Mobilität

Die Entwicklung innovativer IuK-Technologien und die Nutzung von Telekommunikation tragen wesentlich zur Neuregelung des Mobilitätsgeschehens bei, da mit ihr zu den physischen Bewegungsmöglichkeiten virtuelle Formen hinzugekommen sind. In den Situationen, in denen zum Beispiel der Einsatz der Stimme ausreicht, um sich mitzuteilen, so bei einer telefonischen Reservierung, oder eines privaten Gesprächs unter Freunden, kann man zum Telefon greifen, anstatt sich auf den Weg zu machen um sein (virtuelles) Gegenüber physisch aufzusuchen. Noch viel weiter gehen die Möglichkeiten der virtuellen Bewegungen seit der Erfindung bzw. Einführung des Internets, das zunehmend mehr Formen potenziell verkehrsrelevanter Telekommunikationsanwendungen bereithält (Teleshopping, Telebanking, Telelearning, Teleconferencing usf.). Für solche virtuellen Bewegungen soll der Begriff der virtuellen Mobilität verwandt werden. Diese kann verstanden werden als eine Option des Menschen, sich mit Hilfe von Informations- und Kommunikationssystemen virtuell, d.h. der Möglichkeit nach, Mobilität zu erschließen, ohne hierfür selbst notwendigerweise (phy-

Definition von virtueller Mobilität

sisch) mobil, d.h. beweglich zu sein. Virtuelle Kommunikation bietet demnach raumüberwindende Optionen der zeitsynchronen Kommunikation mit Partnern, die sich an entfernten Orten aufhalten. Eine eigenständige Qualität des virtuellen Erlebens ist damit nicht zwangsläufig ausgeschlossen. Im Gegenteil, der virtuelle Erlebnisraum setzt mit Unterstützung technischer Möglichkeiten auf neue Sinnesreaktionen. Neben dem Hör- und Sehorgan werden sich künftig vermehrt sensorische und auch olfaktorische Fähigkeiten im virtuellen Raum entfalten können.

Die Verbreitung des Internet hängt von den technologischen Voraussetzungen *und* von der Akzeptanz seitens der Nutzer ab

Veränderungen der Mobilität einer Gesellschaft sind somit eng geknüpft an die technisch-organisatorische Entwicklung und Bereitstellung von Infrastruktur, Verkehrsarten bzw. -techniken und die Akzeptanz seitens der Nutzer. Eine Bestimmung der Akzeptanz erfordert eine genaue Untersuchung der jeweiligen Nutzergruppen. Angesichts der anhaltenden Zunahme physischen Verkehrs stellt sich die Frage, ob neue IuK-Technologien physischen Verkehr reduzieren, oder ob sonstige Auswirkungen auf die Verkehrsintensität stattfinden (BMBF 2000: 3f).

Kann die Nutzung des Internets zur virtuellen Mobilität physischen Verkehr reduzieren?

... oder ist eine Zunahme physischen Verkehrs die Folge?

Die Potenziale der sich abzeichnenden neuen IuK-Anwendungen werden es den Menschen künftig u.a. verstärkt ermöglichen, situationsbezogen die jeweils optimale Verkehrsmittelwahl zu treffen (BMBF 2000: 2f). Somit unterstützen sie auch den Abbau von Belastungsspitzen. Es stellt sich jedoch die Frage, ob dabei tatsächlich Verkehr reduziert wird oder es „nur" zu einer Umverteilung der räumlichen und zeitlichen Ausdehnung des Verkehrs kommt. Zudem kann eine räumliche und zeitliche Umverteilung von Verkehrsabläufen und Transportvorgängen auch neuen Verkehr induzieren. Genau wie wir es aus anderen Handlungsbereichen kennen, kann im Verkehr eine Handlung Anschlusshandlungen provozieren, d.h. neue Verkehrsprozesse initiieren. Sei es durch so entstandene neue Geschäfts- und Dienstleistungsangebote, die neue individualisierte Distributionswege erfordern, oder dadurch, dass neue Mobilitätspotenziale freigesetzt werden. Wird zum Beispiel der Berufsverkehr in zeitlicher Hinsicht reduziert, besteht die Möglichkeit, stattdessen mehr Freizeitverkehr in Anspruch zu nehmen. Genau hier setzt auch die Ambivalenz der physischen und der virtuellen Mobilität ein. Nur eine Betrachtung des virtuellen und des physischen Verkehrs als ein Gesamtsystem der Mobilität kann die nötige Perspektive bieten, die Wechselwirkungen zwischen den verschiedenen Arten der Anwendung und tatsächlichen Nutzung zu erkennen und gegebenenfalls untereinander abzugleichen.

Die Beobachtung des individuellen Mobilitätsverhaltens der Menschen liefert entscheidende Anhaltspunkte, um mögliche Aussagen über die Akzeptanz und die Verknüpfung der Effekte von Innovationen im Verkehr zu treffen. Da wir aufgrund der rasanten technologischen Entwicklungen im Bereich der Kommunikationsmedien und -arten in einer zunehmend virtualisierten Gesellschaft leben, ist davon auszugehen, das der Anteil der virtuellen Kommunikation und somit der virtuellen Mobilität, um an diesen Kommunikationen teilzuhaben, im Gesamtsystem gesellschaftlicher Mobilität zunehmen wird.

Aus handlungstheoretischer Sicht wird Technik als integraler Bestandteil des sozialen Handelns gesehen: Technik als Vergesellschaftungsform (Burkart 2000). Technisches Handeln ist auch immer soziales Handeln und in den technischen Instrumenten ist kulturelles Wissen und soziale Praktik manifestiert. Mit dem Aufkommen technischer Übertragungsmedien hat sich das Verhältnis von Kommunikationssituation und -raum geändert (Popitz 1989). Kommunikation auf Distanz (Telekommunikation) ermöglicht eine zeitlich begrenzte Überschneidung von Wahrnehmungsfeldern, stellt eine soziale Situation her. Jedoch ist diese soziale Situation virtuell, da körperliche Präsenz entfällt. Somit entfällt auch ein wesentlicher Aspekt der Koorientierung zwischen den teilnehmenden Individuen. Die zur Kommunikationshandlung notwendige Orientierung, Wahrnehmung, Beobachtung des anderen muss sich je nach eingesetzter Technologie auf bestimmte Kanäle und die der gewählten Kommunikationssituation eigenen, und zum Teil einschränkenden Regeln und Abläufe einstellen.

Die historische Entwicklung hin zur Mediengesellschaft lässt sich als Parallele zur Mobilitätsgeschichte begreifen. Mit zunehmender technologischer Weiterentwicklung raum- und zeitüberwindender Technologien zur Unterstützung von Kommunikation ist auch eine Zu-

Die Analogie von Mediengeschichte und Mobilitätsgeschichte als Beschleunigung und Virtualisierung.

nahme der gesellschaftlichen Mobilität zu beobachten[12]. Neue Erfahrungen von Anwesenheit, „Vergegenwärtigung", Beschleunigung und eine zunehmende Entkoppelung von Raum und Zeit sind die Folge (Schmidt 2000: 188). Es ist somit der Einschätzung von Schmidt (2000: 192) zuzustimmen, dass „im Verlauf der Mediengeschichte Erleben, Handeln und Kommunizieren an räumlicher und zeitlicher Bindung verlieren". Die Infrastruktur zwischen den Kommunikationsteilnehmern wird komplexer und neben der physischen Infrastruktur ist eine virtuelle Infrastruktur entstanden. Die alltägliche Kommunikation ist um die Tele-, d.h. Fernkommunikation erweitert worden (vgl. Zoche 2000) bei der die Kommunikationspartner mithilfe von IuK-Technologien in Verbindung treten. Das Rundfunk- und Telekommunikationsnetz ist in den letzen Jahrzehnten enorm ausgedehnt worden und hat eine Vielzahl neuer Anwendungen ermöglicht, so dass bereits der Großteil der gesellschaftlichen Kommunikationsprozesse medienvermittelt abläuft[13]. Zu den virtuellen Wegen gehören das Telekommunikations- und Rundfunknetz, Mobilfunk, Internet und sonstige Arten der elektronischen Datenübertragung. Vor der Erfindung des Telegrafen und des Telefons wurde die räumliche Distanz proportional zur zeitlichen Distanz betrachtet (Lillsches Reisegesetz). Kommunikation war an physische Transportmittel gebunden. Mit ihrer Loslösung und somit Virtualisierung ist eine Raum-Zeit-Konvergenz möglich geworden, die Kommunikation unabhängig von situativer Anwesenheit macht. Die Trennung von sozialem Raum und Lokalität nahm ihren Anfang.[14] Eine Virtualisierung der räumlichen Beziehungen der Menschen begann, die neben der physischen Mobilität eine virtuelle Mobilität ermöglichte. Inwieweit allerdings tatsächlich physisches mobiles Verhalten von virtu-

12 Hier sei erneut betont, dass Mobilität als Potenzial der Bewegung, nicht als eigentliche Bewegung zu verstehen ist. Zur Paradoxie der Zunahme von Mobilität und der Abnahme von mobilem Verhalten siehe unten.

13 Merten/Westerbarkey (1994) sprechen in diesem Zusammenhang von einer "Zunahme der fiktionalen Strukturen" der Gesellschaft.

14 „Das Ferne rückt dem Seher und dem Hörer auf den Leib. Man kann alles, was irgendwo auf der Erde und rund um sie herum vor sich geht, aus der Nähe wahrnehmen. Der Ort, an dem man sich gerade befindet, der Standort, wird im System fliegender Informationen irrelevant." (Popitz, H. 1989: 33).

ellem ersetzt wurde und wird, bzw. welche Interdependenzen zwischen physischer und virtueller Mobilität bestehen, ist eine weitgehend empirisch wie theoretisch offene Forschungsfrage.

Konkrete Auswirkungen der neuen IuK-Technologien auf das gesellschaftliche Mobilitätssystem stehen deshalb im Mittelpunkt der vorliegenden Studie. Zwischen der Entwicklung des Verkehrs auf der einen Seite und wirtschaftlichem Strukturwandel sowie technologischen Innovationen auf der anderen Seite bestehen enge Verknüpfungen. Es stellt sich die Frage, ob durch den Einsatz neuer IuK-Technologien, mit Bezug auf konkrete Aktivitäten physische Mobilität verringert wird (Substitutionshypothese)? Oder ob der Einsatz neuer IuK-Technologien, bei konstantem Anwendungsbedarf die physische Mobilität erhöht (Komplementärhypothese)?

Hat der Einsatz neuer IuK-Technologien als virtuelle Verkehrsmittel konkrete Folgen für die physische Mobilität?

Wenn nun aufgrund technologischer Innovationen neue Telekommunikationssysteme als „Verkehrsmittel“ verwendet werden können, um Wahrnehmungsbereiche der an der Kommunikation teilhabenden Personen zu verknüpfen, sollte untersucht werden, wie dieses Verkehrsmittel in unterschiedlichen Nutzungskontexten in Anspruch genommen wird. Wer sind die Nutzer, und für was genau setzen sie das Mittel ein?

Das virtuelle Verkehrsmittel Internet stellt eine neue Herausforderung dar, da nun virtuelle Kommunikationsorte entstehen, die aufgrund ihrer Funktionen jeweils spezifische Anforderungen an den Anwender stellen.

Folgt man der Eingangsbehauptung, dass ein zusätzliches Verkehrsmittel grundsätzlich die Mobilität, d.h. das Bewegungspotenzial erhöht, so trifft dies auch auf ein virtuelles Verkehrsmittel zu. Ob dadurch nur die virtuelle Beweglichkeit, oder aber auch die physische Beweglichkeit der Nutzer erhöht wird, hängt von der tatsächlichen Art der Nutzung des neuen, virtuellen Verkehrsmittels ab. Es stellt sich also die Frage, ob die Erhöhung der virtuellen Mobilität Auswirkungen auf die physische Mobilität hat. Und wenn ja, wie diese Auswirkungen aussehen.

Eine Substitution physischen Verkehrs durch virtuellen Verkehr stellt einen nicht unerwünschten Effekt dar, da er eine Lösung zur Überwindung von verkehrlichen Engpässen sein könnte.

Für eine Untersuchung möglicher Substitutions- oder Komplementaritätseffekte gesellschaftlicher Mobilität durch die Anwendung neuer Informations- und Kommunikationsmedien ist ein geeignetes Konzept von Kommunikationsmustern und -funktionen erforderlich. Mobilität beinhaltet einen bestimmten Aufwand an Mitteln der Zeit und Energie, um einen bestimmten Kommunikationszweck zu erfüllen. Das Mobilitätsparadoxon entsteht beim Versuch, diese „Kosten" auszugleichen. Mit zunehmendem mobilem Verhalten entsteht zwangsläufig ein Druck dieses zu verringern, um die intendierten Kommunikationszwecke in angemessener Zeit verfolgen zu können. Hieraus ergeben sich letztlich auch Anforderungen an die technischen Funktionen zur Unterstützung kommunikativen Austauschs: Erhöhung der Geschwindigkeit und der Fähigkeit zur Raumüberwindung.

Die Möglichkeiten der Bewegung nehmen zu – manifestieren sie sich auf sozialer, räumlicher und kultureller Ebene?

Mobilität und das mit ihr konkret ausgeführte Verkehrsverhalten ist somit ein Teil kommunikativer Handlungen einer Gesellschaft. Der in unserer Gesellschaft zu beobachtende Trend der Individualisierung und der Flexibilisierung (im Sinne von Beck 1986 bzw. Luhmann 1986 und 1998) und die damit konstatierte zunehmende Flexibilisierung des individuellen Handelns hinsichtlich Raum, Beziehung und Zeit stützt die Hypothese der Komplementarität virtueller Mobilität, da die Möglichkeiten der Beweglichkeit zunehmen.

Diese Beweglichkeit der Möglichkeit nach (= Mobilität) führt zu einem Modell der Gesellschaft, in dem nicht herkömmliche Unterscheidungsmuster wie ökonomischer Status oder Bildung ausschlaggebend sind, sondern die Flexibilität der Personen innerhalb der sozialen Handlungsfelder und somit die Chance der Teilnahme an den unterschiedlichen sozialen Prozessen. Somit kann die Betrachtung der Mobilität einer Gesellschaft eine Darstellung der Zugangsmöglichkeiten der Gesellschaftsmitglieder zu den sozialen Handlungsbereichen herbeiführen. Die Partizipation an sozialen Teilbereichen ist eng an das Bewegungspotenzial der Person gekoppelt. Eine Erhöhung dieses Potenzials kann eine soziale Inklusion fördern bzw. erweitern. So ist Freizeit als ein Ausdruck der Flexibilisierung des Handelns (vgl. Schuck-Wersig/Wersig 1994) anzusehen. Das soziale Phänomen des Zeitmangels ist ein Ausdruck des Bedürfnis nach mehr Handlungsflexibilität, welches in der aktuellen Diskussion der Ausweitung der Ladenöffnungszeiten konkrete Formen annimmt: Durch eine Lockerung der Kernarbeitszeiten stößt das individuelle Flexibilisierungspotenzial an organisatorisch-institutionalisierte Grenzen. Schuck-Wersig und Wersig stellen in diesem Zusammenhang die Frage, ob sich eine Substitution bestimmter Verkehrswege durch neue IuK-Technologien ergibt, oder ob dadurch nur zusätzliche Aktivitäten ermöglicht werden, die vorher physisch nicht durchzuführen waren. Sie vermuten, dass es dann statt zu einer Umschichtung eher zu einer Intensivierung der Nutzung von Zeitkapazitäten führt. Eine erhöhte Mobilität würde demnach auch voll ausgeschöpft werden und zu einem zusätzlichen Verkehrsaufkommen führen. Wird ein Teil dieser Wege „virtuell" erledigt, z.B. durch die Nutzung von Internetangeboten, so hat auch dies direkte physische Folgen, da Ressourcen wie Energie und Zeit beansprucht werden. Indirekte physische Folgen wären in diesem Fall das Angebot zusätzlicher Dienstleistungen, die Verdrängung klassischer Dienstleistungen und die Kopplung dieser neuen IuK-Dienstleistungen an klassische Geschäftsprozesse.

Die durchschnittlich von einer Person überwundene virtuelle Verkehrsleistung beträgt etwa das Fünffache der physisch erbrachten Verkehrsleistung (Zumkeller 1997). Die Verkehrsleistungen, gemessen in Personenkilometern, haben sich im Zeitraum 1991–1998 von 876 auf 940 Milliarden Kilometer pro Jahr erhöht. 80 Prozent dieser Personenkilometer werden mit dem Auto zurückgelegt (Bundesministerium für Verkehr 2000). Dabei ist das zeitliche Verkehrsverhalten unserer Gesellschaft seit Jahrzehnten konstant, lediglich die zurückgelegten Entfernungen steigen seit Jahren drastisch an (Canzler/Knie 2000: 32). Vor diesem Hintergrund entwickelt Zumkeller folgende Arbeitshypothese: Personen mit hoher physischer Mobilität neigen komplementär zu einer hohen Nutzung von Telekommunikation. Er kommt in seiner Studie zu dem Ergebnis, dass Komplementarität eine wesentlich größere Bedeutung als Substitution hat, dass die Messung des Ausmaßes allerdings noch weitergehender Analysen bedarf (Zumkeller 1997: 19). Die in den Kapi-

Eine intensive Nutzung des Internet verhält sich komplementär zu einer starken physischen Beweglichkeit.

teln vier bis sechs dargelegten Analysen zur Beziehung virtuellen und physischen Mobilitätsverhaltens knüpfen an diese Forderung Zumkellers an, ohne allerdings den Anspruch zu verfolgen, die gestellten Fragen abschließend beantworten zu können. Vielmehr liegt es in der Absicht der Autoren aufzuzeigen, dass zum Verhältnis physischer und virtueller Mobilität bei weitem noch nicht alle offenen Forschungsfragen identifiziert und als Forschungsaufgaben gestellt wurden.

3 Delphi

3.1 Mobilität der Zukunft: Welchen Weg weist das Orakel?

Mit der Jahrtausendwende wurden Auseinandersetzungen über die technische Entwicklung und die Veränderungen, die jene in naher Zukunft für die Menschheit bereithalten, populär. Im Kontext solcher Diskussionen wird den modernen Informations-, Kommunikations- und Medientechniken eine herausragende Rolle zugewiesen. Kaum bestritten gelten diese als technologischer Motor unzähliger Innovationen.[15] Dabei gewinnen verstärkt breitere Bevölkerungsschichten eine konkrete Vorstellung von der Leistungsfähigkeit und Nützlichkeit dieser Technologien, die seit den späten 80er Jahren zunehmend eine Computerisierung des Alltags bewirkt haben. Das Angebot von immer leistungsfähigeren Speicher- und Übertragungsmedien beflügelt die Phantasie. Nahezu jede Vorstellung scheint grundsätzlich machbar zu sein, gleich ob im Arbeits- oder Freizeitbereich; ein radikaler gesellschaftlicher Wandel ist wohl nur eine Frage der Zeit! Die Visionen werden wesentlich durch das Internet angetrieben, dessen Erfolg an weltweit rasch ansteigenden Nutzerzahlen überprüft werden kann. Der Siegeszug des Internets setzte unmittelbar mit der Bereitstellung von multimedialen Bedienoberflächen für das World Wide

Neue Informations- und Kommunikationstechnologien gelten als Grundlage für weitere technologische Innovationen

15 Innovationen sind im folgenden definiert als „alle technisch neuen oder verbesserten Produkte und Verfahren und deren Einführung in den Markt bzw. die Produktion, die überwiegend auf Forschung und Entwicklung zurückgeführt werden können" (Zoche 1998: 100). Innovation ist somit technologischer Fortschritt, resultierend aus vertikalen und horizontalen Technologietransferprozessen und verweist auf zivilisatorische und kulturelle Wertprobleme (Zoche 1998: 100, vgl. Krupp 1972: 20ff).

Das Internet stellt eine Schlüsseltechnologie dar

Web[16] ein. Die damit einhergehende weltweite Popularisierung des Internets ist es, aus der sich die Erwartung an einen ebenso breiten wie schnellen wirtschaftlich-gesellschaftlichen Wandel nährt. Diesem *Internet-Hype* entzieht sich auch eine wissenschaftlich-nüchterne Betrachtungsweise nicht vollständig. Und so kann vermutet werden, dass wohl auch die Beteiligten an einem Prozeß der wissenschaftlichen Technikvorausschau nicht gänzlich frei von diesem „Innovationsfieber" ihre Überlegungen zur Zukunft formulieren. Allerdings sind die betreffenden Personen an einem wissenschaftlichen Verfahren durch methodische Vorgaben angehalten, fachbezogene Expertise darzulegen und sich an kategorialen Vorgaben zu orientieren, um beispielsweise im Verbund mit anderen Fachleuten in einem Delphi-Prozeß[17] Zukunftsbilder zu entwerfen. Denn hier steht weniger die individuelle, emotional geprägte und spontan getroffene Meinung oder Wunschvorstellung, sondern vielmehr eine sachbezogene Einschätzung der Zukunft im Vordergrund. Vermutete Voraussetzungen denkbarer Entwicklungsverläufe sollen auf wissenschaftlichen Erkenntnissen beruhen und im Grunde müssen diese nachprüfbar begründet sein.

Die Auswirkungen, die technologische Entwicklungen und die Einführung und Verbreitung neuer Informations- und Kommunikationsanwendungen (IuK) auf den menschlichen Alltag haben, interessieren nicht nur die di-

---

16 World Wide Web war die Projektbezeichnung und gleichzeitig der offizielle Prototyp des Projekts, mit dem am European Laboratory for Particle Physics (CERN) die Entwicklung eines global verteilten Hypermedia-Systems vorangetrieben wurde. Vgl. hierzu Wilde (1999).

17 Eine systematische Methode zur Ermittlung technologischer Trends, auch hinsichtlich ihrer zeitlichen Einordnung, ist die Delphi-Methode. Dabei handelt es sich um eine Expertenumfrage auf der Basis von Ideenfindung, Meinungsbildung und Prognose, die die Einsichten und Zukunftseinschätzungen ausgewählter Fachleute systematisch erhebt und auswertet. Dabei werden die verschiedenen Umfrageergebnisse den Beteiligten einmal oder mehrmals zur erneuten Urteilsbildung vorgelegt, damit ihre Auffassungen im Licht der anderen Expertenmeinungen überprüft werden können. Der Erfolg dieser Methode hängt entscheidend von der Auswahl der Fachleute sowie der Generierung der abgefragten Thesen ab. Die Delphi-Methode ist konvergenzbildend und favorisiert Mehrheitsmeinungen. Insbesondere wenn es um langfristige Untersuchungen mit einer zeitlichen Vorausschau von 20 bis 30 Jahren geht, sind Expertenmeinungen oft die verlässlichste Quelle und die Delphi-Methode kommt entsprechend zum Einsatz (Zoche 1998: 107, vgl. BMBF 1993: 12ff).

rekt an diese Entwicklungen gekoppelte IuK-Industrie, sondern alle wirtschaftlichen Sektoren, die mit Hilfe IuK-gestützter Innovationen rationeller, effizienter und mit weniger Ressourcen operieren möchten. Der prognostizierte Wandel des beruflichen und privaten Alltags ruft zudem eine veränderte und insgesamt intensivierte Nachfrage nach Dienstleistungsangeboten hervor, da Information und Wissen als Serviceleistungen einen neuen Stellenwert erhalten. Ein sich neu herausbildendes Beziehungsgeflecht veränderten Verbraucherverhaltens und neuer Serviceangebote seitens der Anbieter könnte substanziell auf die bisherigen Kreisläufe zwischen Freizeit-, Alltags- und Wirtschaftsaktivitäten einwirken; und dies so elementar, daß bisher gültige Regeln der Ökonomie ihre Gültigkeit verlieren könnten[18].

... und verändert den beruflichen und privaten Alltag nachhaltig

Doch was charakterisiert diesen sozial-kulturellen und wirtschaftlichen Wandel jenseits der ökonomischen Kräfte, die er entfaltet? Durch welche Visionen ist er gekennzeichnet? Auf welchen allgemeinen Trends beruht er und wie lauten die prognostischen Einschätzungen eines absehbaren Entwicklungsverlaufs für die ersten beiden Dekaden des 3. Jahrtausends? Im Zusammenhang mit der Ausgangsfrage eines künftig stärkeren Stellenwertes virtueller Mobilitätsformen stellt sich die Frage, ob diese bereits heute näher eingegrenzt werden können. Auch, was virtuelle Mobilitätsangebote für breite Bevölkerungsschichten attraktiv machen könnte? Welche Konsequenzen sich aus ihrer Nutzung ergeben könnten? Und wie qualitative und quantitative Effekte beschrieben werden können? Ferner: ob die vielfach postulierte Beziehung zwischen virtueller und physisch manifester Mobilität überhaupt zulässig ist?

Um sich der Beantwortung dieser Fragen zu nähern, soll nachfolgend zunächst auf Ergebnisse der umfangreichen Delphi '98-Studie zurückgegriffen werden, mit der grundlegende Einschätzungen zur absehbaren globalen Entwicklung von Wissenschaft und Technik bereitgestellt werden.

18 Solche neuen Regeln höhlen nach Ansicht von Vertretern einer neuen Internet-Ökonomie traditionelle Wertschöpfungsketten kontinuierlich aus und erfordern neue Strategien, die beispielsweise unter Schlagworten wie „Verschenken von Produkten als Erfolgsrezept", „Individualisierung von Massenmärkten" zusammengefaßt werden. Vgl. Zerdick et al. (1999: 15ff), auch Shapiro/Varian (1999).

3.2
Zum Stellenwert IuK-basierter Innovationen für die Mobilität der Zukunft

Technikvorausschau mit Delphi ´98: Mobilitätsrelevante Thesen

Die Delphi '98-Befragung wurde in den Jahren 1996 und 1997 vom Fraunhofer-Institut für Systemtechnik und Innovationsforschung ISI im Auftrag des Bundesministeriums für Bildung, Wissenschaft, Forschung und Technologie (BMBF) durchgeführt[19]. Delphi '98 ist die gegenwärtig wohl umfassendste wissenschaftliche Technikvorausschau[20] und mithin eine der nützlichsten Informationsquellen um zu erfahren, welche Visionen fachkundige Personen aus Industrie, Hochschulen und anderen Einrichtungen in ihren Köpfen bewegen. Diese analysierten in zwei schriftlichen Befragungsrunden insgesamt 12 Untersuchungsfelder, die als zentral für die weitere technisch-wirtschaftliche und gesellschaftliche Entwicklung in Deutschland angesehen wurden. Die von Fachkommissionen ermittelten Thesen in den jeweiligen Untersuchungsfeldern wurden pro Untersuchungsfeld einer sorgfältig zusammengesetzten Befragtengruppe zur Beurteilung vorgelegt, die möglichst zu je einem Drittel der Industrie, Hochschulen sowie anderen Forschungseinrichtungen, dem öffentlichen Dienst und Verbänden zugeordnet werden konnten (Zoche 1998: 109). Insgesamt wurden 1070 Thesen oder innovative Ideen[21] formuliert. In einem qualitativen Bewertungsverfahren wurden im Rahmen der vorliegenden Untersuchung jene Delphi-Thesen herausgesucht, mit denen IuK-technische Innovationen verbunden sind, die das Mobilitätsverhalten privater Haushalte im Hinblick auf virtuelle Mobilität beeinflussen könnten. Bei insgesamt 127 Thesen aus acht von zwölf Themengebieten der Delphi '98-Studie ist dieser Bezug gegeben. Die Verteilung der Thesen nach Themengebieten dokumentiert Abb. 3.1.

19 Vgl. auch die voran- und nach gestellte Fußnote.

20 Delphi-Studien erheben nicht den Anspruch die Zukunft zu prognostizieren, wollen also auch nicht ein Bild von der Zukunft liefern, sondern liefern eine Informationsgrundlage für die Entscheidung, was heute zu tun oder zu lassen ist. Dabei führt das Delphi-Verfahren nach aller Erfahrung zu einer recht verläßlichen Datengrundlage (Blind/Zoche 1999).

Thesen nach Delphi'98-Themenfelder

	Anzahl der Thesen	Prozent
Information und Kommunikation	54	42,5
Dienstleistung und Konsum	42	33,1
Gesundheit und Lebensprozesse	3	2,4
Landwirtschaft und Ernährung	1	0,8
Energie und Rohstoffe	1	0,8
Bauen und Wohnen	7	5,5
Mobilität und Transport	17	13,4
Management und Produktion	2	1,6

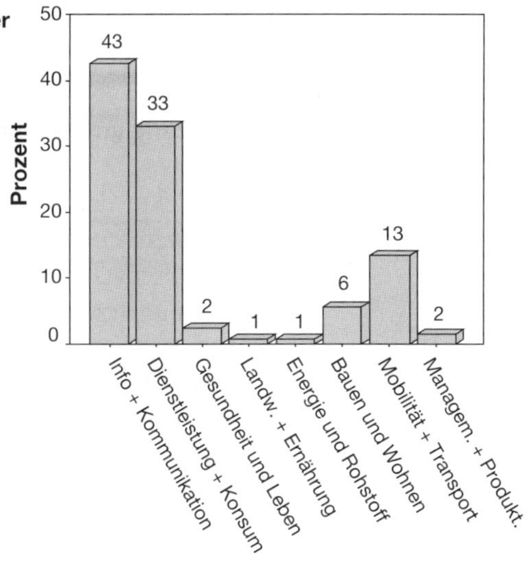

Abb. 3.1. Mobilitätsbezogene IuK-Innovationen (Thesen) nach Delphi'98-Themenfeldern

Die wesentlichen mobilitätsverändernden Innovationen gehen von den Themenfeldern „Information und Kommunikation" bzw. „Dienstleistung und Konsum" aus, aber auch im Themenfeld „Mobilität und Transport" finden sich erwartungsgemäß noch viele IuK-basierte Anwendungen, die Mobilitätslösungen privater Haushalte modernisieren. Bezogen auf die gesamte Delphi-Studie kann festgehalten werden, daß 12 Prozent aller Thesen diesen Bezug zum Mobilitätsverhalten aufweisen – das allein ist schon ein wichtiges Ergebnis, illustriert es doch recht deutlich, welch hohes Veränderungspotential sich

21 Bezogen auf die vier wesentlichen Innovationsstufen (Aufklärung, Entwicklung, Anwendung, allgemeine Verwendung) enthalten die Formulierungen der Delphi-Thesen stereotype Wörter, die zwischen wissenschaftlichem, technischem oder wirtschaftlichen Fortschritt unterscheiden. Die vier Innovationsstufen können wie folgt skizziert werden: 1. Aufklärung … Prinzipien werden theoretisch geklärt oder Phänomene im Rahmen der wissenschaftlichen Forschung entdeckt. 2. Entwicklung … Auf der technischen Ebene wird an der Realisierung gearbeitet, das heißt z.B., daß das erste Modell (z.B. ein Prototyp) gebaut wird. 3. Anwendung … Die Anwendbarkeit wird in der wirtschaftlichen Praxis bewiesen. Die These führt zu praktischen Anwendungen, das heißt, daß das erste vermarktete Objekt gebaut wird. 4. Allgemeine Verwendung … In der Praxis verwendete Objekte werden in großer Anzahl und unter wirtschaftlichen Bedingungen gebaut. (vgl. Cuhls, K. et al. 1998: Delphi '98, Bd.2, S.6).

insbesondere im Bereich der virtuellen Mobilität in den nächsten Jahren verwirklichen könnte.

3.3 Typisierung unterschiedlicher Mobilitätsfelder

Der Einsatz neuer IuK-Systeme verändert virtuelle und reale Bewegungsfelder

Um Effekte der virtuelle Mobilität erzeugenden neuen IuK-Systeme und -Anwendungen auf die physische Mobilität abschätzen zu können, wurden an die Delphi-Thesen drei unterschiedliche Selektionskriterien angelegt:

- IuK-Systeme eröffnen zum einen *neue virtuelle Bewegungsfelder*, die den privaten Haushalten neue Anwendungsgebiete erschließen oder bestehende Nutzungsbereiche erweitern bzw. ergänzen. Für deren Effekte auf die Mobilität ist das Augenmerk darauf zu richten, inwieweit die neuen virtuellen Bewegungsfelder Mobilität beeinflussen können (Substitutions-, Marginalisierungs-, Verstärkungseffekte) oder es nur zu Verschiebungen innerhalb bereits bestehender Nutzungsbereiche kommen kann[22]. (Kategorie I)
- Zweitens werden mit der Etablierung neuer IuK-Systeme und -Anwendungen für manche Personengruppen *neue reale Bewegungsfelder* eröffnet (beispielsweise behinderte oder chronisch kranke Menschen, deren Bewegungsspielraum im öffentlichen Raum erheblich erweitert werden kann). (Kategorie II)
- Und drittens kann vermutet werden, daß infolge von *strukturellen Veränderungen* im physischen Verkehr, z. B. durch eine telekommunikativ erfolgte Optimierung des Verkehrsflusses oder durch öffentliche Bereitstellung von zusätzlichen Verkehrsmitteln, ebenfalls Effekte auf das Mobilitätsverhalten privater Haushalte zu erwarten sind. (Kategorie III)

Exemplarische Anwendungsgebiete informations- und kommunikationstechnischer Innovationen und deren Zuordnung zu den gebildeten drei Kategorien sind in Tabelle 3.1 zusammengestellt.

22 Das Fernsehen hat weder das Kino noch das Radio verdrängt, sondern nur das Spektrum an Medien erweitert. – Allerdings kam es in den Anfangszeiten der verstärkten Diffusion des Fernsehers zu einem drastischen Kinosterben. Erst in diesem Jahrzehnt hat sich vor dem Hintergrund veränderter Konzepte eine neue Kinokultur etabliert.

Wie sich die ausgewählten Thesen auf die nach den vorgestellten Kategorien systematisierten Mobilitätsfelder verteilen, dokumentiert Abb. 3.2. Dabei veranschaulichen die Säulendiagramme dieser Abbildung sehr überzeugend, auf welche prognostische Vermutung sich die Expertenmeinung der Delphi-Teilnehmer schwerpunktmäßig richtet: auf *virtuelle* Bewegungsfelder. Diese werden in erster Linie die Organisation des Alltags verändern und die Freizeitgestaltung dominieren. Ein weiterer Schwerpunkt wird im Bereich der Bildung und Weiterbildung liegen. Reale Bewegungsfelder hingegen werden die Gesundheits- und Pflegebereiche innovieren und auch unsere soziale Kommunikation sowie den Bereich der Arbeit berühren. Strukturelle Veränderungen beziehen sich insbesondere auf die Organisation des Alltags und den Freizeitbereich.

Virtuelle Bewegungsfelder stehen im Mittelpunkt der mobilitätsrelevanten Delphi-Thesen

Die analytische Zergliederung von Mobilität in unterschiedliche Effektmodi zeigt, dass das mobilitätsexpansive Element der unter der Kategorie „neue reale Bewegungsfelder" zusammengestellten Beispiele als recht schlüssig angenommen werden kann. Aber ebenso trifft

Tabelle 3.1. Moilitätswirkungsbereiche informations- und kommunikationstechnischer Lösungen

Kategorien	Anwendungsgebiete
neue virtuelle Bewegungsfelder	• Durch Online-Dienste, Internet u. ä. verfügbar werdende Angebote wie Teleshopping, Telelearning, Telemedizin, E-Mail, virtuelle Serviceangebote und Informationsdienstleistungen, virtuelle Kontaktaufnahmen, Ausweitung bestehender Medien auf den neuen Übertragungskanal (Telefonie, Radio, Presse) oder neue Angebote (Online-Zeitungen), virtuelle Freizeitmöglichkeiten (Computerspiele im Netz, virtuelle Museen), • alles Zusätzliche rund um den Multimediabereich (Computer als Hobby (Programmierer oder Spielefreak) oder Gehilfe (Steuererklärung), TV, Video, etc.).
neue reale Bewegungsfelder	• Durch Prothesen, künstliche Organe, etc., • durch Einsatz von Sprachübersetzungstechnik (sprach-)räumliche Ausweitung individueller Mobilität.
strukturelle Veränderungen physischen Verkehrs	• Serviceangebote wie Car-Sharing, Smartcards, • Verkehrsregulierung wie Erhebung von Nutzungsentgelten, • Verkehrswegeoptimierung.

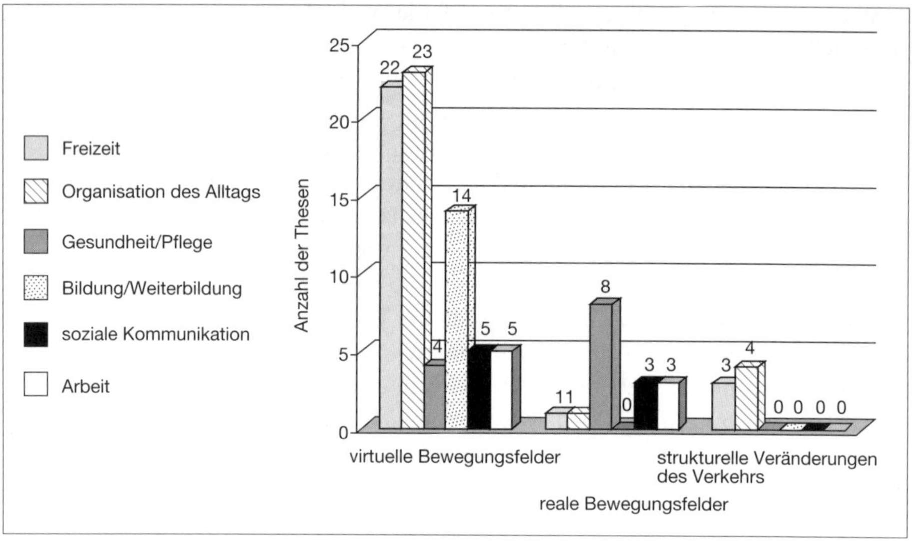

Abb. 3.2. Verteilung der Thesen auf die Mobilitätsfelder

zu, was insbesondere auch für die unter den Kategorien „neue virtuelle Bewegungsfelder“ und „strukturelle Veränderungen physischen Verkehrs“ genannten Anwendungsgebiete auf das Mobilitätsverhalten, anzuführen ist: Wir wissen bislang zu wenig über die Mobilitätseffekte; es bedarf der empirischen Überprüfung.

3.4 Mobilitätseffekte IuK-basierter Anwendungen

Die empirische Prüfung der Veränderungen steht bislang noch aus

Aufgrund der unzulänglichen theoretischen wie empirischen Ausgangslage lassen wir uns zunächst von der plausiblen Ausgangshypothese leiten, nach der IuK-Systeme (IuKS) das Mobilitätsverhalten von Menschen beeinflussen können. Mögliche Wirkungen können strukturell nach räumlichen oder nach zeitlichen Dimensionen unterschieden werden (Abb. 2.3), sofern der Bewegungsradius der Verkehrsteilnehmer oder das für Aktivitäten zur Verfügung stehende Zeitbudget beeinflußt wird. So könnte der Einfluß von IuK-Systemen auf die Zahl der Verkehrsteilnehmer wirken, sei es in mittelbarer Folge von informationstechnisch veränderten Verkehrsinfrastrukturen (z.B. Nutzungsentgeltsysteme) oder als unmittelbare Konsequenz neuer IuK-Systeme. Diese erlauben einzelnen Personengruppen einen veränderten Mobilitätsradius (z.B. Orientierungssysteme für Sehbehinderte und Blinde) und könnten somit verkehrsinduzierende Wirkungen entfalten. Andererseits könnten sich verkehrssubstituierende Wirkungen durch Nutzung von telekommunikativen Lösungen ergeben (z.B. Videokonferenzen an Stelle von Reisen). Die Wirkung einer IuK-gestützten Anwendung auf das tatsächliche Mobilitätsverhalten von Anwendern kann zudem individuell verschieden sein. Verkehrsinduzierendes und -substituierendes Potenzial von IuK-Systemen stehen in einem spannungsvollen Verhältnis, das bislang noch wenig erforscht ist und dessen Abschätzung sowohl auf individueller, gruppenbezogener als auch auf gesamtgesellschaftlicher Ebene mit großen Unsicherheiten behaftet ist.

Zeitliche und räumliche Änderungen des Mobilitätsverhaltens sind abhängig von den individuellen Rahmenbedingungen

Mit Bezug auf den Raum können die mobilitätsbezogenen Anwendungen danach sortiert werden, ob verringerter oder vergrößerter Bewegungsradius ermöglicht wird oder ob der Bewegungsradius der Verkehrsteilnehmer eher konstant bleibt – dies u.U. auch als Folge von internen Verlagerungsprozessen im Zeitbudgethaushalt für Freizeit, Organisation des Alltags, Gesundheit und Pflege, Bildung, Sozialkontakte, Verkehr oder Arbeit (Telearbeit ermöglicht den Verzicht auf die Autofahrt zum Büro, das Auto wird jedoch ggf. während dieser Zeitspanne von anderen Familienmitgliedern insgesamt intensiver genutzt). Ähnlich wie der Zeithaushalt für Aktivitäten, so ist auch der Bewegungsradius der Verkehrsteilnehmer nicht (nur) eine unmittelbare und immer in der gleichen Weise wirkende Folge der Nutzung von IuK-Systemen, sondern abhängig von den jeweiligen Rahmenbedingungen grundsätzlich als offen zu betrachten. Wir wissen bislang noch wenig darüber, ob die vermehrte Nutzung des Internets die Reiseintensität der Nutzer erhöhen wird oder tendenziell zu einer Verringerung der Außenkontakte führen wird. Selbst für den individuellen Nutzer könnte sich abhängig von den jeweiligen Sozialbezügen auf unterschiedlichen Bewegungsradien (z.B. hausintern, nachbarschaftlich, lokal, regional, national, international) eine voneinander verschiedene Situation ergeben.

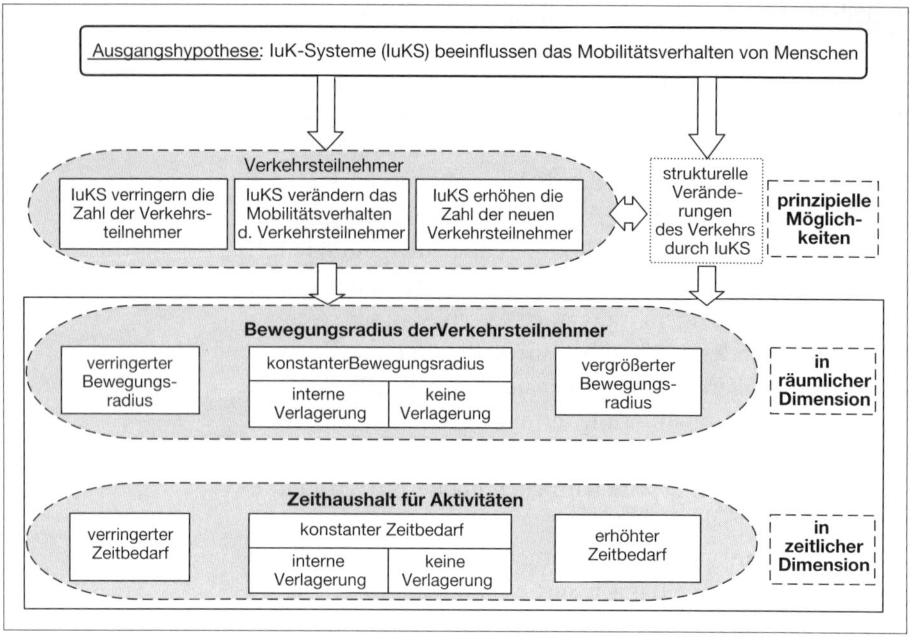

Abb. 3.3. IuK-Einflüsse auf das Mobilitätsverhalten

3.5 Realisierungszeiträume mobilitätsbezogener Innovationen

Die Analyse der verschiedenen Delphi-Thesen ermöglicht auf Grundlage der in den Thesen zum Ausdruck gebrachten Innovationsstufe[23] und des vermuteten Realisierungszeitraums[24] das Entwerfen einer „Prognose-Chronologie". Diese kennzeichnet verschiedene Schnittpunkte möglicher Realisierungshorizonte – sowohl innerhalb der verwendeten Kategorien als auch zwischen ihnen. Am Beispiel neuer virtueller Bewegungsfelder im privaten Nutzerbereich veranschaulicht Abb. 3.4 exemplarisch an den Kategorien Arbeit, Gesundheit/Pflege, soziale Kommunikation, Bildung/Weiterbildung das Ergebnis der zeitbezogenen Prognose. Die Abbildung visualisiert

---

23 Siehe Fußnoten 15 und 20.

24 Jede These wurde durch die Teilnehmer bezüglich ihres vermuteten Realisierungszeitraums eingeordnet. Dabei standen folgende Zeitkategorien zur Verfügung: bis 2000, 2001–2005, 2006–2010, 2011–2015, 2016–2020, nach 2020, nie.

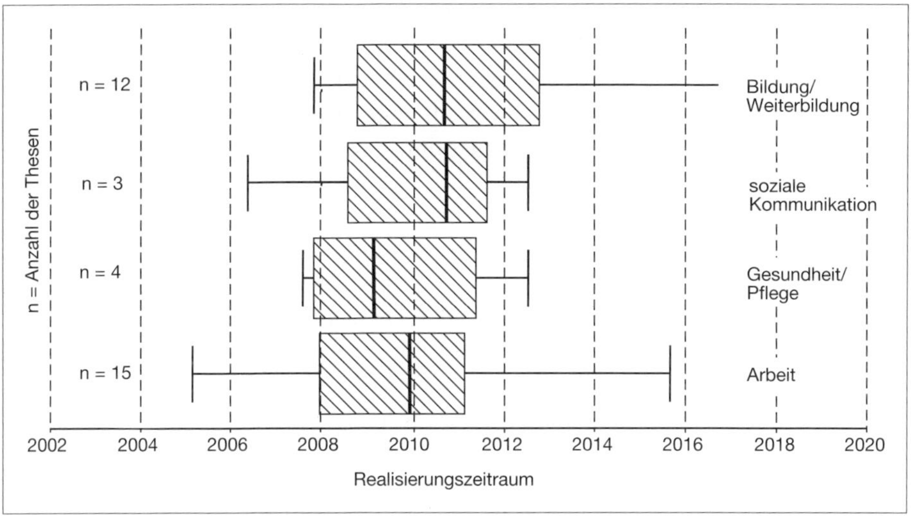

Abb. 3.4. Prognose-Chronologie: Neue virtuelle Bewegungsfelder

durch eine jeweils innerhalb des markierten Bereichs der Rechtecke eingezeichnete vertikale Linie den gemittelten Zeitpunkt, der von der Hälfte der Befragten als Realisierungszeitpunkt bestimmter Anwendungen des betreffenden Bereichs prognostiziert wird. In diesem Sinne wird virtuelles Mobilitätsverhalten im Zeitraum zwischen den Jahren 2008 und 2013 „allgemein weit verbreitet" zur Realität gehören und in das gewöhnliche Alltagshandeln integriert sein.[25]

Realisierungszeiträume liegen zwischen 2008 und 2013

Einige der Thesen, die die verschiedenen Kategorien dieser „Alltagsorganisationen" wiederspiegeln, seien an dieser Stelle beispielgebend genannt:

- Einrichtungen sind in gewöhnlichen deutschen Haushalten weit verbreitet, mit denen man unter Nutzung virtueller Realität das Erlebnis von Reisen, Filmveranstaltungen, Sportwettkämpfen usw. haben kann.
- Electronic Banking ist in Privathaushalten weit verbreitet.
- Der Handel in Netzwerken ist weit verbreitet, indem elektronische Abrechnungs- oder Geldsysteme genutzt werden.

25 Zoche (1999).

- Ein Computernetz ist weit verbreitet, mit dem eine künstliche Realität (z.B. Virtual Mall) suggeriert wird, bei der einer beliebigen Anzahl von Menschen, die räumlich verteilt wohnen, zur selben Zeit eine gemeinsame Wahrnehmung vermittelt wird.
- Mehr als 30 Prozent der Güter des täglichen Lebens für Kleidung, Nahrung und Wohnung werden in Deutschland durch Teleshopping erworben.
- Elektronische Supermärkte sind weit verbreitet, in denen man zu jeder Tages- und Nachtzeit einkaufen kann (von der Bestellung bis zum Ausliefern zu vereinbarten Zeiten).
- Es ist üblich geworden, zur Freizeitgestaltung die Wohnung nicht mehr zu verlassen.

Zukünftige Alltagsorganisation ist vornehmlich an virtuelle Handlungen gekoppelt

Insbesondere die letztgenannte These bringt klar zum Ausdruck, daß eine solche Zukunft der Virtualität drastische Konsequenzen für unsere physische Mobilität hervorbringen könnte. Denn viele dieser Zukunftsentwürfe laufen darauf hinaus, dass schon in wenigen Jahren die Organisation des Alltags vornehmlich an virtuelle (Mobilitäts-) Prozesse und nicht, wie heute im allgemeinen üblich, an physische Ortsveränderungen gebunden sein wird.

Gleichwohl sind auch andere Effekte auf das Mobilitätsgeschehen absehbar. So können zunächst unter Umgehung vorausgreifender Mutmaßungen darüber, wie sich innerhalb bzw. zwischen den Kategorien Substitutions-, Verstärkungs- und Marginalisierungseffekte in Bezug auf privates Mobilitätsverhalten auswirken könnten, mit Hilfe einer weiteren Kategorienbildung **potentiell Mobilität erzeugende** und **potentiell Mobilität ersetzende** Anwendungen unterschieden werden (Tabelle 3.2). Ausgangspunkt der Unterscheidung ist dabei die *Möglichkeit* der jeweiligen Technik/Anwendung bzw. die mit dieser intendierten Wirkung. Mögliche Sekundär- oder Rebound-Effekte bleiben hier noch unberücksichtigt.

Damit sich eine Mobilitätswirkung virtueller Anwendungen überhaupt entfalten kann, müssen diese akzeptiert werden. Unabhängig von der kategorialen Zuordnung der Anwendungen ist somit die Erfassung von quantitativen Mobilitätswirkungen einzelner Angebote

Tabelle 3.2. Mobilitätswirkung informations- und kommunikationstechnischer Lösungen

Kategorie	Anwendungen
Mobilitäterzeugend	„Prothesen", Sprachübersetzungstechnik, Internet-Cafes
Mobilitätersetzend	Teleshopping, -learning, -medizin, Serviceangebote, Inf-Dienstleistungen, virtuelle Kommunikationsräume

maßgeblich für die Einschätzung von Beziehungen zwischen physischer und virtueller Mobilität. Es bedarf der Klarheit über den möglichen Entwicklungsverlauf.

Prognostisch wird insgesamt solchen Innovationen ein besonders hoher Diffusionsgrad unterstellt, die bereits heute technisch möglich sind, denen es jedoch zurzeit der Umfrage an ausreichender Verbreitung der technologischen Voraussetzungen mangelte. So bedarf es gewöhnlich zur Nutzung von Teleworking, Teleshopping oder Homebanking eines Internetzugangs im Privathaushalt des Nutzers, was wiederum durch die Bereitstellung ausreichend sicherer und schneller Übertragungsinfrastruktur gefördert werden kann. Unter dem Stichwort e-commerce wird der elektronische Handel im weitesten Sinne beschrieben, der einen Wandel in Dienstleistung und Konsumverhalten bewirken soll. Laut der Experteneinschätzung in Delphi '98 wird davon ausgegangen, dass zwischen 2006 und 2014 „mehr als 30 Prozent der Güter des täglichen Lebens für Kleidung, Nahrung und Wohnung in Deutschland durch Teleshopping erworben werden". Für eine derartige Ausweitung des elektronischen Handels ist die Entwicklung von Datenverschlüsselungstechniken von Bedeutung, mit denen laut der Experteneinschätzung „informationssicher gewordene Netzwerke" größere Verbreitung erlangen und in denen „elektronische Abrechnungs- oder Geldsysteme genutzt werden". Eine Realisierung dieser Verschlüsselungstechniken wird bereits für den Zeitraum 2002 bis 2005 vorhergesehen.

Neben technologischer Umsetzung ist Akzeptanz seitens der Nutzer entscheidend für den breiten Einsatz neuer IuK-Technologien

Diese Entwicklung wird eine Zunahme personalisierter Tele-Bestellsysteme fördern. Die hierdurch ermöglichten Vereinfachungen der Geschäftsprozesse und Kaufentscheidungen wirken sich voraussichtlich enorm auf die Kostenstruktur der Hersteller bzw. Lieferanten aus, die

Information als immaterielles Gut gewinnt an Bedeutung in Wirtschaft und Gesellschaft ...

neue Wege der Bedarfsermittlung, Produktentwicklung und Distribution nutzen können. Hier kommt der vielzitierte Einfluss des neuen, immateriellen Gutes *Information* auf sämtliche Stufen der Wertschöpfungskette zum Tragen (Shapiro/Varian 1999; Tapscott D. et al. 2000).

... und verstärkt Virtualisierungsprozesse

Innovationen dienen der Überwindung organisatorischer, struktureller oder wirtschaftlicher Engpässe. Einer dieser Engpässe ist das Verkehrsaufkommen einer Gesellschaft. Sowohl der Individualverkehr als auch der Güterverkehr wachsen stetig an, wobei nahezu die Hälfte des Verkehrsaufkommens durch das Freizeitverhalten in unserer Gesellschaft bestimmt wird (BMV 1998)[26] und der Anteil des Verkehrs an den CO_2–Emissionen erheblich ist[27]. Die in der Delphi '98-Studie dargelegten Innovationen im Bereich der Informations- und Kommunikationsanwendungen werden dieses Verkehrsaufkommen nachhaltig verändern. Betroffen ist sowohl der berufsbedingte, als auch zunehmend der private, freizeitbezogene – oder alltagsorganisatorische Verkehr. Wie eine der Thesen in Delphi '98 es beschreibt, ist eine „spürbare Substitution von geschäftlich bedingtem Verkehr durch Teleworking und Videoconferencing" zu erwarten. Durch die „Entmaterialisierung" von einzelnen Transportströmen durch informationstechnologischen Fortschritt wird eine Entkopplung der Wirtschafts- und Verkehrsentwicklung möglich, wirtschaftliches Wachstum muß nicht mehr unbedingt mit einer Zunahme des Verkehrs einhergehen (Zoche 1998: 115; Delphi '98). Die Digitalisierung von Verkehrs- und Datenströmen und damit die Zunahme der virtuellen Mobilität als Alternative zum physischen Verkehr wird auch ein neues Freizeitverhalten ermöglichen. Hier liegen die Prognosen allerdings zeitlich etwas mehr in der Zukunft als in den bisher vorgestellten Thesen. Die meisten der entsprechenden Visionen werden sich erst zwischen den Jahren 2006 und 2015 bzw. noch später realisieren.

---

26 Eine differenzierte Analyse zum Stellenwert der Freizeitmobilität findet sich bei Zängler (2000: 57 ff).

27 Vgl. Halbritter et al. (1999). Nach eigenen Berechnungen auf Basis von OECD-Quellen läßt sich für das Jahr 1998 in Deutschland der Anteil von CO_2–Emissionen auf 21% beziffern (vgl. IEA/OECD 2000).

3.6 Resümee für den weiteren Gang der Untersuchung

In diesem Kapitel wurden anhand der Delphi '98-Studie Ergebnisse präsentiert, die den hohen Stellenwert virtueller Anwendungen im zukünftigen Alltag aufzeigen. Die möglichen Effekte dieser denkbaren Enwicklung wurden beispielhaft erläutert, systematisiert und zeitlich eingeordnet. Eine zuverlässige quantitative Einschätzung der künftigen Mobilitätswirkungen bleibt allerdings auf dieser Grundlage spekulativ, fundiert sie doch ausschließlich auf den Hypothesen der Experten. Um die Mobilitätswirkungen besser vorhersehen zu können, wird anhand einer repräsentativen Befragung von Online-Nutzern zumindest das heutige virtuelle Mobilitätsverhalten einer avancierten Anwendergruppe eruiert. Hierzu wurden einzelne virtuelle Anwendungen im Handlungskontext der Befragten thematisiert. Allerdings ist auch damit eine Prognose des künftigen virtuellen Mobilitätsverhaltens nicht bezweckt. Wohl aber der Versuch, am Beispiel von heutigen Nutzergruppen beispielhafte Anwendungen detailliert zu betrachten und im Hinblick auf Mobilitätseffekte zu analysieren. Bei der Auswahl der Anwendungen wurde darauf geachtet, solche Anwendungen herauszugreifen, die einerseits bereits heute in Teilpopulationen relativ stark verbreitet sind und die gleichzeitig eine hohe Relevanz für die Neuordnung des Verhältnisses zwischen virtueller und physischer Mobilität erwarten lassen. Aus erhebungsstatistischen Gründen war es notwendig darauf zu achten, dass die ausgewählten Anwendungen bereits eine möglichst breite Akzeptanz unter Online-Nutzern genießen. Im Rahmen der empirischen Erhebung wurden Daten zum Online-Banking, zur Inanspruchnahme von Angeboten der Tourismusbranche sowie die Nutzung von Chats und vernetzten Online-Spielen erhoben. Die Ergebnisse dieser Befragung werden in den nächsten Kapiteln vorgestellt.

quantitative Aussagen zur Veränderungen des Mobilitätsverhaltens sind noch nicht möglich – qualitative Aussagen können den Blick schärfen.

Methodisch stützen sich die folgenden Analysen auf eine im Zeitraum 18. Juni bis 18. Juli 1999 durchgeführte Telefonbefragung. Diese wurde im Auftrag des ISI durch das Institut für Markt- und Sozialforschung ENIGMA, Wiesbaden, durchgeführt. Es wurde eine repräsentative

Stichprobe von 800 privaten Online-Nutzer und Online-Nutzerinnen aus der Grundgesamtheit aller deutschsprachigen Online-Nutzer/innen im Alter von 14 bis 64 Jahren anhand eines standardisierten Fragebogens befragt. Die Auswahl der Zielpersonen erfolgte nach Zufall aus dem Pool wiederbefragbarer privater Online-Nutzer/-innen aus repräsentativen Großstichproben (Ausschöpfung 73%). Die iterative Gewichtung erfolgte nach Alter, Geschlecht, Ortsgröße und Bundesland. Als Grundlage hierzu wurde eine national repräsentative Untersuchung aus dem Jahr der Umfrage herangezogen.

Die in dieser Publikation vorgestellten Befunde basieren auf statistischen Analysen, in denen Zusammenhänge zwischen Variablen auf einem Signifikanzniveau von 5% getestet wurden, soweit nicht explizit ein abweichendes Niveau angegeben wurde.

4 Online-Reisen

„Deutsche entdecken das Web für Reisevorbereitungen". Mit dieser Schlagzeile kündigte das Internetmagazin Firstsurf[28] bereits im September letzten Jahres den zu erwartenden Boom der Online-Reiseangebote an.

Das folgende Kapitel beschäftigt sich mit der Nutzung von Online-Reiseangeboten als eine Form virtueller Mobilität. Online-Reiseangebote werden im folgenden definiert als „aus dem Internet abrufbare Informationen, die im Zusammenhang mit Reiseplanung und Reisezielen stehen". Folglich beschränkt sich die Nutzung von Online-Reiseangeboten nicht auf die Buchung von Reisen über das Internet, sondern umfasst ebenso den Abruf von Reiseverbindungen, Vorabinformationen über Land, Leute oder über das Wetter. Der Begriff wurde in dieser Breite definiert, da auch Wege ins Reisebüro zu einem nicht unbeträchtlichen Anteil zu Zwecken der Beratung und Information getätigt werden, ohne dass es zum Kaufabschluss kommt.

Online-Reiseangebote: Transaktion, Beratung und Information

Für die Reiseinteressierten, die Online-Reisesites besuchen, ist das Internet bereits die wichtigste Informationsquelle für ihre Reiseplanung. Dies bedeutet, dass Konsumenten von den Online-Reiseangeboten die benötigte Information erwarten, um preis-/leistungsorientierte Kaufentscheidungen treffen zu können[29]. Dies wurde auch von Infratest Burke in ihrer Studie Reisemarkt Internet 1999/2000 festgestellt (Infratest Burke 2000). Sie verzeichnen des weiteren einen starken Anstieg der Reisebuchungen über das Internet sowohl für private als auch für

28 www.firstsurf.de, in Zusammenarbeit mit Travel Trade und Infratest Burke.

29 Vgl. auch eine Studie von PhoCus Whright, Inc., zit. nach Cyberatlas, http://cyberatlas.internet.com/markets/travel/, Stand 15.09.2000.

geschäftliche Nutzung. Hinsichtlich der Mobilität der Online-Nutzer wurde festgestellt, dass Reisesites im Vergleich zur Gesamtbevölkerung vor allem von solchen Personen genutzt werden, die sowohl privat als auch beruflich häufig reisen.

Die Nutzer von Online-Reiseangeboten werden zunächst anhand demographischer Merkmale, hinsichtlich ihrer Internetnutzung und anhand ihres Reiseverhaltens näher beschrieben (4.1). Untersucht werden des weiteren die der Nutzung zu Grunde liegenden Motivationsfaktoren (4.2) sowie Hinweise auf die zukünftige Nutzung (4.3). Der letzte Teil beschäftigt sich schließlich mit Zusammenhängen zwischen der Nutzung von Online-Reiseangeboten und Formen physischer Mobilität (4.4).

4.1 Nutzermerkmale

„Reiseaktive Personen" stehen im Focus der Analyse

Da sich Personen hinsichtlich ihres Reiseverhaltens und Reiseinteresses unterscheiden, galt es zunächst eine Teilgruppe „reiseaktiver" Personen zu identifizieren, welcher grundsätzlich ein Bedarf an Informationen zu Reise-Angebote unterstellt werden kann. Zu diesem Zwecke wurden Personen ausgewählt, die in den letzten 3 Jahren mindestens eine Reise mit einer Dauer von mindestens 13 Tagen getätigt haben. Die Teilgruppe der „reiseaktiven" Personen umfasst mit 581 Befragten nahezu drei Viertel aller Personen im Untersuchungssample (72,5 %).

Um die „reiseaktiven" Befragten hinsichtlich ihrer virtuellen Mobilität im Bereich Online-Reiseangebote zu unterscheiden, wurden sie zunächst gefragt, ob sie *„schon mal aus dem Internet Informationen abgerufen haben, die im Zusammenhang mit Reiseplanung und Reisezielen standen"*. Dabei zeigt sich, dass dies für 328 Personen und damit für über die Hälfte aller „reiseaktiven" Befragten im Sample zutrifft (56,4 %).

Die im Internet vorgehaltenen Online-Reiseangebote sind vielfältig und sie unterscheiden sich auf einzelnen Websites teils beträchtlich. Den Untersuchungspersonen wurden, sofern sie bereits in der Vergangenheit schon einmal reisebezogene Informationen abgerufen hatten, ver-

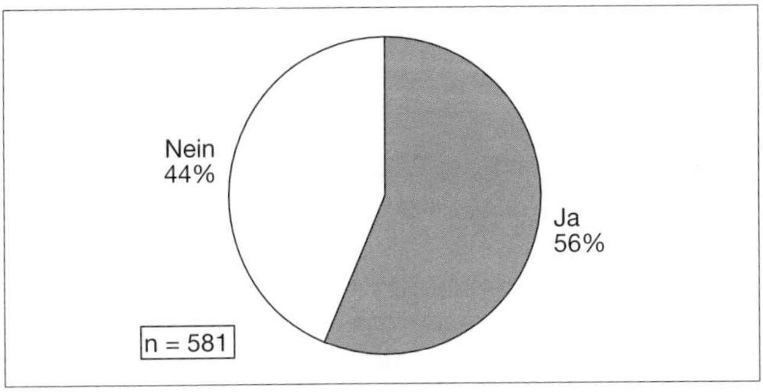

Abb. 4.1: Reiseinformationen aus dem Internet abgerufen

schiedene Nutzungsarten von Online-Reiseangeboten vorgelesen und gebeten, jeweils anzugeben, ob diese „häufig, gelegentlich, selten oder nie" zutreffen.

Tabelle 4.1 stellt die Nutzungsarten und -häufigkeiten von Online-Reiseangeboten bezogen auf alle Personen dar, die schon mal Online-Reiseangebote genutzt haben (n=328). Mit Blick auf die Antwortkategorie „häufig" zeigt sich: Über die Hälfte der Nutzer von Online-Reiseangeboten gibt an, häufig Informationen über ein Reiseziel abzurufen (57,2 %). Knapp die Hälfte nutzen Online-Reiseangebote häufig als Vorabinformation über Reiseangebote bzw. um sich einen Überblick zu verschaffen (48,8 %). Etwa ein Drittel nutzt das Internet häufig um Reiseverbindungen zu finden (32,4 %) und knapp ein Viertel für die Reiseroutenplanung (23,3 %). Nur 6,9 Prozent der Befragten buchen häufig Reisen über das Internet.

Informationen über Reiseziele werden am häufigsten abgerufen

Um die Befragten hinsichtlich ihrer gesamten Nutzungshäufigkeit von Online-Reiseangeboten zu unterscheiden, wurden die Angaben zur Nutzung der 5 abgefragten Angebotstypen durch Addition zu einem Indexwert zusammengefasst. Die möglichen Ausprägungen des Index liegen auf einer Skala zwischen 5 und 20[30]. Jeder Wert spiegelt einen Grad der Nutzungshäufigkeit hinsichtlich aller abgefragten Angebotstypen wider. Dabei gilt: Je kleiner (größer) der Wert, desto häufiger (seltener) nutzen die Untersuchungspersonen die abgefragten Online-Reiseangebote.

30 Den Antwortkategorien wurden folgende Codes zugeordnet: „Häufig" Code 1, „Gelegentlich" Code 2, „Selten" Code 3 und „Nie" Code 4.

Tabelle 4.1. Nutzungsarten verschiedener Online-Reiseangebote

		Anzahl	Spalten %
um Reiseverbindungen zu finden	häufig	106	32,4
	gelegentlich	83	25,3
	selten	52	15,8
	nie	87	26,5
Gesamt		328	100,0
als Vorabinformation über Reiseangebote, um mir einen Überblick zu verschaffen	häufig	160	48,8
	gelegentlich	94	28,7
	selten	38	11,6
	nie	36	10,9
Gesamt		328	100,0
um Informationen über ein Reiseziel abzurufen, z.B. über Land, Leute, etc.	häufig	188	57,2
	gelegentlich	80	24,2
	selten	42	12,9
	nie	18	5,6
Gesamt		328	100,0
für die Reiseroutenplanung	häufig	76	23,3
	gelegentlich	84	25,5
	selten	61	18,7
	nie	107	32,5
Gesamt		328	100,0
für Reisebuchungen	häufig	23	6,9
	gelegentlich	24	7,3
	selten	54	16,5
	nie	227	69,2
Gesamt		328	100,0

Tabelle 4.2. Nutzergruppen Online-Reiseangebote: Wenig- und Viel-User

		Häufigkeit	Prozent „Reiseaktive Personen“	Prozent Nutzer Online-Reise- Angebote
Gültig	Wenig	248	42,6	75,5
	Viel	80	13,8	24,5
	Gesamt	328	56,4	100,0
Nie		253	43,6	
Gesamt		581[a]	100,0	

[a] „Reiseaktive“ sind alle Befragten, die in den letzten drei Jahren mindestens eine Reise von mindestens 13 Tagen getätigt haben.

Die Befragten wurden anschließend 3 Gruppen zugewiesen. Personen mit Indexwerten zwischen 5 und 9 wurden der Gruppe der „Viel-User" zugeordnet. Die Gruppe stellt knapp ein Viertel aller Nutzer von Online-Reiseangeboten dar (24,5 %). Personen mit Indexwerten zwischen 9 und 20 wurden der Gruppe der „Wenig-User" zugeordnet (75,5 %). Personen, die aus dem Internet noch nie Informationen im Zusammenhang mit Reiseplanung und Reisezielen abgerufen haben, bilden die Gruppe „Nie".[31]

4.1.1 Demographie

4.1.1.1 *Geschlecht*

Die statistische Prüfung einer möglicherweise geschlechtsspezifischen „Nutzung von Online-Reiseangeboten" ergab Abweichungen, die in den beiden Gruppen weniger als 3 Prozent vom Gesamtanteil der Nutzer von Online-Reiseangeboten aller reiseaktiven Befragten betragen (56,5 %). Dabei zeigt sich die ermittelte Verteilung als nicht signifikant. Insofern ist die Nutzung von Online-Reiseangeboten unter Männern und Frauen als vergleichbar und nicht geschlechtsspezifisch geprägt einzuordnen.

4.1.1.2 *Alter*

Ein Vergleich der Altersstrukturen von reiseaktiven Personen, die Online-Reiseangebote nutzen und Personen, die diese nicht nutzen, macht deutlich: Befragte im Alter von unter 20 Jahren sind in der Gruppe der Nutzer von Online-Reiseangeboten – im Vergleich zur Altersstruktur al-

31 Die Skala wurde auf interne Konsistenz geprüft. Für den Idealfall gilt: Befragte mit einem niedrigen Indexwert nutzen die einzelnen Angebotstypen häufiger als Befragte mit einem hohen Indexwert. Zur Kontrolle wurden für jeden Angebotstyp die Mittelwerte der Antwortpunktzahlen für die Gruppen der Wenig- und Viel-User getrennt gebildet. Anschließend wurde durch ein Mittelwertvergleich geprüft, ob sich die Antworten der beiden Gruppen signifikant unterscheiden. Dies traf bei allen abgefragten Angebotstypen zu.

Tabelle 4.3. Reiseinformationen aus dem Internet abgerufen

			Nutzung von Online-Reiseangeboten „zumindest selten“		
			Nein	Ja	Gesamt
Alter	14–19 Jahre	Anzahl	62	33	95
		Spalten %	24,6 %	10,0 %	16,4 %
	20–29 Jahre	Anzahl	48	69	117
		Spalten %	19,0 %	21,0 %	20,1 %
	30–39 Jahre	Anzahl	63	97	160
		Spalten %	25,0 %	29,5 %	27,5 %
	40–49 Jahre	Anzahl	39	82	121
		Spalten %	15,5 %	24,9 %	20,8 %
	50 Jahre oder älter	Anzahl	40	48	88
		Spalten %	15,9 %	14,6 %	15,1 %
Gesamt		Anzahl	252	329	581
		Spalten %	100,0 %	100,0 %	100,0 %

Cramer-V=0,21

40–49jährige nutzen Angebote am ehesten

ler reiseaktiven Nutzer – eher unterrepräsentiert. Dagegen sind die Altersklassen zwischen 30 und 50 Jahren tendenziell überrepräsentiert. Während beispielsweise 20,8 Prozent aller reiseaktiven Befragten zwischen 40 und 49 Jahre alt sind, trifft dies für 24,9 Prozent aller Nutzer von Online-Reiseangeboten zu. Der größte Anteil von Nutzern findet sich mit 29,5 Prozent in der Altersgruppe der 30 bis 39-jährigen. Diese stellt auch in der Gesamtheit aller reiseaktiven Befragten die am häufigsten vertretene Altersgruppe dar (27,5 %). Relativ betrachtet ist somit die Gruppe der 40–49jährigen Online-Nutzer am ehesten als Nutzer von Online-Reiseangeboten zu gewinnen. Die ermittelten Zusammenhänge sind signifikant.

4.1.1.3 *Haushalte mit Kindern unter 14 Jahren*

Um zu prüfen, in welchem Maße Online-Reiseangebote von jungen Familien genutzt werden, wurden die Untersuchungspersonen nach der Anzahl der in ihrem Haushalt lebenden Kindern unter 14 Jahren gefragt. Dabei fällt auf, dass Personen, die in Haushalten mit einem Kind le-

Tabelle 4.4. Haushalte mit Kindern unter 14 Jahren und Nutzung von Online-Reiseangeboten

			Nutzung von Online-Reiseangeboten „zumindest selten"		
			Nein	Ja	Gesamt
Anzahl Kinder	kein Kind	Anzahl	166	236	402
		Spalten %	65,6 %	71,7 %	69,1 %
	1 Kind	Anzahl	54	44	98
		Spalten %	21,3 %	13,4 %	16,8 %
	2 Kinder	Anzahl	28	35	63
		Spalten %	11,1 %	10,6 %	10,8 %
	3 und mehr Kinder	Anzahl	5	14	19
		Spalten %	2,0 %	4,3 %	3,3 %
Gesamt		Anzahl	253	329	582
		Spalten %	100,0 %	100,0 %	100,0 %

Cramer-V=0,12

ben, unter den Nutzern von Online-Reiseangeboten leicht unterrepräsentiert sind (13,4 % zu 16,8 %). Dagegen sind Personen, die in kinderlosen Haushalte leben, leicht überrepräsentiert (71,7 % zu 69,1 %). Personen, die mit zwei oder drei und mehr Kindern leben, sind in der Gruppe der Nutzer von Online-Reiseangeboten in etwa genau so häufig vertreten wie unter allen reiseaktiven Personen. Da die Verteilung insgesamt nur geringfügige Abweichungen zeigt, lässt sich auf statistisch geprüfter Basis festhalten, dass zum Erhebungszeitpunkt die Online-Reiseangebote im großen und ganzen nahezu unabhängig von der Anzahl der im Haushalt lebenden Kinder genutzt wurden.

4.1.1.4 *Bildung*

Eine Verbindung der Merkmale „Nutzung von Online-Reiseangeboten" und „höchster angestrebter oder abgeschlossener Bildungsabschluss" konnte nicht festgestellt werden. Verglichen wurden die prozentualen Anteile der Nutzer von Online-Reiseangeboten unter reiseaktiven Personen mit a) Volksschule mit oder ohne abgeschlossene Lehre b) weiterführende Schule ohne Abitur c) Abitur und d) Studium. Die jeweiligen Anteile der Online-Reiseangebot-Nutzer weichen in den analysierten Bildungsgruppen in keinem Fall um mehr als 3 Prozent vom Gesamtanteil der Online-Reiseangebot-Nutzer unter allen reiseaktiven Befragten ab (56,4 %). Die sich ergebende Verteilung zeigt sich als nicht signifikant. Die Angebote in den verschiedenen Bildungsgruppen des Samples in vergleichbarer Weise genutzt.

4.1.1.5 *Berufstätigkeit*

Tabelle 4.5 beschreibt den Zusammenhang zwischen Berufstätigkeit und der Nutzung von Online-Reiseangeboten. Während 64,6 Prozent aller reiseaktiven Befragten voll berufstätig sind, trifft dies für 71,7 Prozent aller Online-Reiseangebot-Nutzer zu. Umgekehrt ist weniger als ein Fünftel dieser Gruppe nicht berufstätig (18,5 %), während dies für mehr als ein Viertel aller reiseaktiven Personen zutrifft (26,1 %). Die ermittelten Zusammenhänge sind signifikant. Insofern kann festgehalten werden, dass sich die Gruppe der Online-Reiseangebot-Nutzer tendenziell eher aus voll-berufstätigen und seltener aus nicht berufstätigen Personen zusammensetzt.

Voll-Berufstätige sind unter Nutzern überrepräsentiert

Tabelle 4.5. Berufstätigkeit und Nutzung von Online-Reiseangeboten

			Nutzung von Online-Reiseangeboten „zumindest selten“		
			Nein	Ja	Gesamt
Berufstätigkeit	voll-berufstätig (inkl. Wehrdienst/Ersatzdienst)	Anzahl	140	236	376
		Spalten %	55,3%	71,7%	64,6%
	teil-berufstätig (halbtags/stundenweise)	Anzahl	22	32	54
		Spalten %	8,7%	9,7%	9,3%
	nicht berufstätig	Anzahl	91	61	152
		Spalten %	36,0%	18,5%	26,1%
Gesamt		Anzahl	253	329	582
		Spalten %	100,0%	100,0%	100,0%

Cramer-V=0,20

4.1.1.6
Tätigkeit nichtberufstätiger Personen

Im letzten Abschnitt wurde festgestellt, dass nicht-berufstätige Personen in der Gruppe der Online-Reiseangebot-Nutzer eher unterrepräsentiert sind. Dabei wurden in der Gruppe der nicht berufstätigen Personen Azubis, Hausfrauen und Schüler, u.a. zunächst zusammengefasst. In einem nächsten Schritt galt es zu prüfen, inwieweit sich innerhalb der Gruppe der Nicht-Berufstätigen Unterschiede hinsichtlich der Nutzung von Online-Reiseangeboten ergeben, welche sich über diese unterschiedlichen Tätigkeiten der Personen erklären lassen.

In einer Kreuztabellierung konnten jedoch keine signifikanten Zusammenhänge zwischen den Tätigkeiten nicht berufstätiger Personen und der Nutzung von Online-Reiseangeboten festgestellt werden. Anders ausgedrückt: Unter den Online-Reiseangebot-Nutzern befinden sich anteilsmäßig genauso viele a) Azubis b) Hausfrauen c) Schüler/Studenten d) Rentner und e) Arbeitslose wie unter allen reiseaktiven Personen. Die betreffenden Reiseangebote werden von nichtberufstätigen Personen unabhängig von ihrer Tätigkeit in etwa gleich genutzt.

Nutzung erfolgt unabhängig von der Tätigkeit nichtberufstätiger Personen

4.1.1.7
Berufsstellung berufstätiger Personen

Die Gruppe der Online-Reiseangebot-Nutzer wurden in einem nächsten Arbeitsschritt hinsichtlich des Merkmals „Berufsstellung der Berufstätigen“ näher analysiert. Dabei konnten in einer Kreuztabellierung auch hier keine oder nur marginale Zusammenhänge zwischen Berufsstellung und Nutzung von Online-Reiseangeboten identifiziert werden.

Verglichen wurde die prozentuale Verteilung von a) Selbstständigen/Freiberuflern b) Angestellten c) Beamten d) selbstständigen Landwirten und e) (Fach-)Arbeitern in der Gruppe der Online-Reiseangebot-Nutzer mit der entsprechenden Verteilung unter allen reiseaktiven Befragten. Die jeweiligen Anteile der Berufsstellungen weichen in der Gruppe der Online-Reiseangebot-Nutzer in keinem Fall um mehr als 2 Prozent von den jeweiligen Anteilen unter allen Befragten ab. Die sich ergebende Verteilung zeigt sich als nicht signifikant.

Auf dieser Grundlage ist der Schluss zulässig, dass im Sample der Intenet-User die vorgehaltenen Online-Reiseangebote von Personen aller Berufsstellungen in etwa gleich genutzt werden.

4.1.1.8
Nettohaushaltseinkommen

Zur Erhebung des Nettohaushaltseinkommen wurden die Befragten aufgefordert, einmal alle Einnahmen zusammenzurechnen, die Personen im eigenen Haushalt verdienen, nach Abzug von Steuern und Sozialversicherungsbeiträgen. Anschließend wurden sie gebeten anzugeben, ob diese Summe über oder unter 4.000,– DM[32] liegt.

Tabelle 4.6 verdeutlicht einen kleinen aber deutlichen Zusammenhang zwischen Nettohaushaltseinkommen und der Nutzung von Online-Reiseangeboten. So sind reiseaktive Personen mit einem Nettohaushaltseinkommen unter 4.000,- DM in der Gruppe der Online-Reiseangebot-Nutzer eher unterrepräsentiert (20,7 % zu 24,6 %). Umgekehrt finden sich in dieser Gruppe im Vergleich zu allen reiseaktiven Befragten besonders häufig Personen, deren Haushaltsnettoeinkommen den Betrag von 4.000,– DM übersteigt (60,4 % zu 57,5 %). Pointiert kann zusammengefasst werden: Personen mit einem Nettohaushaltseinkommen über 4.000,– DM nutzen Online-Reiseangebote eher als Personen mit einem Nettohaushaltseinkommen unter 4.000,– DM.

4.1.1.9
Zwischenresümee

Die Analyse der Befragungsdaten belegt einen hohen Stellenwert der im Internet präsentierten Reiseangebote. Danach haben mehr als die Hälfte aller „reiseaktiven" Befragten bereits Informationen aus dem Internet abgerufen, die im Zusammenhang mit Reiseplanung und

---

32 Tiefer untergliederte Einkommensangaben wurden ebenfalls erhoben. Diese werden nachfolgend jedoch nicht weiter betrachtet.

Tabelle 4.6. Nettohaushaltseinkommen

			Nutzung von Online-Reiseangeboten „zumindest selten"		
			Nein	Ja	Gesamt
Einkommens-gruppen	unter 4000 DM	Anzahl	75	68	143
		Spalten %	29,6 %	20,7 %	24,6 %
	über 4000 DM	Anzahl	136	198	334
		Spalten %	53,8 %	60,4 %	57,5 %
	(keine Angabe)	Anzahl	42	62	104
		Spalten %	16,6 %	18,9 %	17,9 %
Gesamt		Anzahl	253	328	581
		Spalten %	100,0 %	100,0 %	100,0 %

Cramer-V=0,10

Reisezielen standen (56,4 %). Hierzu zählen u.a. das Abrufen von Informationen über Reiseziele und Online-Buchungen.

Die Nutzer solcher Reise-Sites sind tendenziell eher zwischen 30- und 50 Jahre alt, sind im Vergleich eher vollberufstätig und sie verfügen häufiger als die Vergleichsgruppe der Nicht-Nutzer über ein Nettohaushaltseinkommen von 4.000,– DM oder mehr. Es ist jedoch anzumerken, dass es sich hierbei um eher schwach ausgeprägte Tendenzen handelt, und im Gesamtbild die Nutzer anderer Alters- oder Einkommensklassen nur leicht unterrepräsentiert sind. Grundsätzlich gilt, dass sich alle demographischen Gruppen von Reise-Sites angesprochen fühlen. Bei Merkmalen wie Bildung, Tätigkeit berufstätiger Personen und Anzahl der Kinder im Haushalt konnten keine statistisch bedeutsamen Zusammenhänge festgestellt werden. Auch ist der Anteil von Online-Reiseangebot-Nutzern unter Männern und Frauen in etwa gleichverteilt.

4.1.2 Internetnutzungsmerkmale

Im folgenden Kapitel wird die Gruppe der Online-Reiseangebot-Nutzer (n=327) anhand ihrer Internetnutzung und anhand verfügbarer technologischer Rahmenbedingungen beschrieben. Ziel dieses Auswertungsschrittes ist es herauszufinden, welche Rahmenbedingungen der Nutzung von Online-Reiseangeboten – als eine Form virtueller Mobilität – zu Grunde liegen.

4.1.2.1
Nutzung eines privaten Internetanschlusses

Tabelle 4.7 verdeutlicht einen kleinen aber deutlichen Zusammenhang zwischen der Häufigkeit der Nutzung eines privaten Internetanschlusses und der Nutzung von Online-Reiseangeboten: Während 56,8 Prozent aller reiseaktiven Personen angeben, das Internet/Online-Dienste „häufig" von zu Hause aus zu nutzen, trifft dies auf 62,1 Prozent aller Nutzer von Online-Reiseangeboten zu. Dagegen nutzen nur 15,9 Prozent aller Online-Reiseangebot-Nutzer das Internet „nie" von zu Hause, während dies für 20,8 Prozent aller reiseaktiven Befragten zutrifft. Hinsichtlich der „gelegentlichen" und „seltenen" Nutzung lassen sich keine Unterschiede zwischen Online-Reiseangebot-Nutzer und der Gruppe aller Befragten feststellen.

Tabelle 4.7. Nutzung von Online-Reiseangeboten und Nutzung eines privaten Internetanschlusses

			Nutzung von Online-Reiseangeboten „zumindest selten"		
			Nein	Ja	Gesamt
zu Hause	häufig	Anzahl	127	203	330
		Spalten %	50,0 %	62,1 %	56,8 %
	gelegentlich	Anzahl	44	54	98
		Spalten %	17,3 %	16,5 %	16,9 %
	selten	Anzahl	14	18	32
		Spalten %	5,5 %	5,5 %	5,5 %
	nie	Anzahl	69	52	121
		Spalten %	27,2 %	15,9 %	20,8 %
Gesamt		Anzahl	254	327	581
		Spalten %	100,0 %	100,0 %	100,0 %

Cramer-V=0,15

Im Vergleich zu allen reiseaktiven Befragten greifen die Nutzer von Online-Reiseangeboten tendenziell eher „häufiger" von zu Hause aus, auf das Internet zu.

4.1.2.2
Erfahrung mit dem Internet (Nutzungszeitraum)

Tabelle 4.8 stellt einen Zusammenhang zwischen der Nutzung von Online-Reiseangeboten und dem Gesamtzeitraum der Internetnutzung dar. Wie aus der Verteilung zu ersehen ist, nutzt knapp die Hälfte aller reiseaktiven Personen, die das Internet das erste mal vor weniger als einem Jahren genutzt haben, Online-Reiseangebote *zumindest selten* (47,1 %). Von den Personen, die das Internet bereits mehr als vier Jahre nutzen, sind dagegen 70,6 Prozent der Gruppe der Online-Reiseangebot-Nutzer zuzuordnen. Der Anteil der Nutzer von Online-Reiseangeboten nimmt demnach mit steigendem Internetnutzungszeitraum zu.

Je länger Personen bereits das Internet nutzen, desto eher nutzen sie Online-Reiseangebote

Eine Differenzierung von Wenig- und Viel-Nutzern nach dem Gesamtzeitraum der Internetnutzung verdeutlicht zudem, dass die tendenzielle Zunahme der Online-Reiseangebot-Nutzer auf einen Anstieg der Anteile an Viel-Usern zurückzuführen ist (vgl. Tabelle 4.9).

Tabelle 4.8. Nutzung von Online-Reiseangeboten nach Internetnutzung in Jahren

			Internet-Nutzung in Jahren				
			Weniger als 1 Jahr	1 bis 2 Jahre	3 bis 4 Jahre	mehr als 4 Jahre	Gesamt
Nutzung von Online- Reiseangeboten „zumindest selten"	Nein	Anzahl	37	153	48	15	253
		Spalten %	52,9 %	49,2 %	32,2 %	29,4 %	43,5 %
	Ja	Anzahl	33	158	101	36	328
		Spalten %	47,1 %	50,8 %	67,8 %	70,6 %	56,5 %
Gesamt		Anzahl	70	311	149	51	581
		Spalten %	100,0 %	100,0 %	100,0 %	100,0 %	100,0%

Cramer-V=0,18

Tabelle 4.9. Nutzung von Online-Reiseangeboten: Wenig- und Viel-User nach Internetnutzung in Jahren

			Internet-Nutzung in Jahren				
			Weniger als 1 Jahr	1 bis 2 Jahre	3 bis 4 Jahre	mehr als 4 Jahre	Gesamt
Nutzungsskala Online-Reisen: Nie, wenig,viel	Nie	Anzahl	37	153	48	15	253
		Spalten %	52,9 %	49,2 %	32,2 %	29,4 %	43,5 %
	Wenig	Anzahl	30	124	71	22	247
		Spalten %	42,9 %	39,9 %	47,7 %	43,1 %	42,5 %
	Viel	Anzahl	3	34	30	14	81
		Spalten %	4,3 %	10,9 %	20,1 %	27,5 %	13,9 %
Gesamt		Anzahl	70	311	149	51	581
		Spalten %	100,0 %	100,0 %	100,0 %	100,0 %	100,0 %

Cramer-V=0,16

4.1.2.3 *Internetnutzung in Tagen pro Woche (beruflich und privat)*

Tabelle 4.10 gibt einen Überblick über die Häufigkeit der privaten und/oder beruflichen Nutzung des Internets bzw. von Online-Diensten in Tagen pro Woche, differenziert nach dem Merkmal „Nutzung von Online-Reiseangeboten".

Nutzer von Online-Reiseangeboten sind häufiger online

Während aus der Gruppe der Online-Reiseangebot-Nutzer etwa ein Viertel der Befragten an 4 bis 5 Tagen (24,0 %) und ein Drittel an 6 Tagen oder häufiger online gehen (33,1 %), trifft dies auf nur 21,3 und 28,0 Prozent aller reiseaktiven Befragten zu. Umgekehrt sind Personen, die das Internet bzw. Online-Dienste an 2 bis 3 Tagen oder seltener nutzen, in der Gruppe der Online-Reiseangebot-Nutzer eher unterrepräsentiert.

Nutzer von Online-Reiseangeboten nutzen das Internet tendenziell eher an 4 oder mehr Tagen pro Woche für berufliche oder private Zwecke.

Eine Differenzierung des Merkmals *Nutzungshäufigkeit von Online-Reiseangeboten* nach Wenig- und Viel-Usern zeigt, dass über die Hälfte aller Viel-User das Internet/ Online-Dienste an 6 Tagen und mehr nutzen (53,1 %) (vgl. Tabelle 4.11).

Tabelle 4.10. Internetnutzung Mo-So (beruflich und privat) und Nutzung von Online-Reiseangeboten

			Nutzung von Online-Reiseangeboten „zumindest selten"		
			Nein	Ja	Gesamt
Internetnutzung Mo-So	weniger als 1 mal die Woche	Anzahl	20	10	30
		Spalten %	7,9 %	3,0 %	5,2 %
	1 Tag	Anzahl	46	32	78
		Spalten %	18,2 %	9,7 %	13,4 %
	2–3 Tage	Anzahl	88	99	187
		Spalten %	34,8 %	30,1 %	32,1 %
	4–5 Tage	Anzahl	45	79	124
		Spalten %	17,8 %	24,0 %	21,3 %
	> 6 Tage	Anzahl	54	109	163
		Spalten %	21,3 %	33,1 %	28,0 %
Gesamt		Anzahl	253	329	582
		Spalten %	100,0 %	100.0 %	100,0 %

Cramer-V=0,21

Tabelle 4.11. Internetnutzung Mo-So (beruflich und privat) und Nutzung von Online-Reiseangeboten

			Nutzungshäufigkeit von Online-Reiseangeboten			
			Nie	Wenig	Viel	Gesamt
Internetnutzung Mo-So	weniger als 1 mal die Woche	Anzahl	20	10		30
		Spalten %	7,9 %	4,0 %		5,2 %
	1 Tag	Anzahl	46	28	4	78
		Spalten %	18,2 %	11,3 %	4,9 %	13,4 %
	2–3 Tage	Anzahl	88	81	18	187
		Spalten %	34,8 %	32,7 %	22,2 %	32,1 %
	4–5 Tage	Anzahl	45	63	16	124
		Spalten %	17,8 %	25,4 %	19,8 %	21,3 %
	> 6 Tage	Anzahl	54	66	43	163
		Spalten %	21,3 %	26,6 %	53,1 %	28,0 %
Gesamt		Anzahl	253	248	81	582
		Spalten %	100,0 %	100,0 %	100,0 %	100,0 %

Cramer-V=0,20

4.1.2.4
Private Internetnutzung unter der Woche (Mo-Fr) und am Wochenende (Sa-So)

Aus dem letzten Abschnitt geht hervor, dass Online-Reiseangebot-Nutzer das Internet bzw. Online-Dienste tendenziell eher häufiger nutzen bzw. mit steigender Nutzungserfahrung des Internets auch der Anteil an Online-Reiseangebot-Nutzern steigt. Dieser Zusammenhang wurde nochmals ausschließlich für die private Nutzung unter der Woche und am Wochenende für Wenig- und Viel-User untersucht.

Viel-User von Online-Reiseangeboten nutzen das Internet unter der Woche am häufigsten für private Zwecke …

Für die Zeit von Montag bis Freitag zeigt sich, dass Viel-User von Online-Reiseangeboten das Internet bzw. Online-Dienste im Vergleich zu allen reiseaktiven Befragten unter der Woche häufiger „täglich" (18,5 % zu 13,9 %) und „mehrmals täglich" (14,8 % und 5,9 %) privat nutzen. Wenig-User unterscheiden sich hinsichtlich ihrer privaten Nutzung unter der Woche dagegen kaum von allen reiseaktiven Befragten (vgl. Tabelle 4.12).

Tabelle 4.12. Nutzung von Online-Reiseangeboten: Private Internetnutzung unter der Woche (Mo-Fr) nach Wenig- und Viel-Usern

			Nutzungshäufigkeit von Online-Reiseangeboten			
			Nie	Wenig	Viel	Gesamt
Mo-Fr Private Online-Nutzung	mehrmals täglich	Anzahl	13	9	12	34
		Spalten %	5,1 %	3,6 %	14,8 %	5,9 %
	täglich	Anzahl	33	33	15	81
		Spalten %	13,0 %	13,4 %	18,5 %	13,9 %
	alle 2–3 Tage	Anzahl	101	119	40	260
		Spalten %	39,9 %	48,2 %	49,4 %	44,8 %
	1 mal in der Woche	Anzahl	51	46	11	108
		Spalten %	20,2 %	18,6 %	13,6 %	18,6 %
	seltener	Anzahl	47	27	2	76
		Spalten %	18,6 %	10,9 %	2,5 %	13,1 %
	nie	Anzahl	8	13	1	22
		Spalten %	3,2 %	5,3 %	1,2 %	3,8 %
Gesamt		Anzahl	253	247	81	581
		Spalten %	100,0 %	100,0 %	100,0 %	100,0 %

Cramer-V=0,17

Viel-User von Online-Reiseangeboten nutzen das Internet bzw. Onlinedienste im Vergleich zu allen Befragten eher „an 2–3 Tagen", „täglich" oder „mehrmals täglich" unter der Woche für private Zwecke; die Nutzungsintensität von Onlinediensten liegt damit insgesamt höher als in der Gruppe der Personen, die Online-Reiseangebote „nie nutzen".

In Bezug auf die Nutzung am Wochenende zeigt sich: Während 37,3 Prozent aller reiseaktiven Befragten angeben, „jedes bzw. fast jedes Wochenende" online zu gehen, trifft dies für 41,1 Prozent der Wenig-User und immerhin 47,5 Prozent der Viel-User von Online-Reiseangeboten zu. Es lässt sich demnach feststellen, dass Online-Reiseangebot-Nutzer im Hinblick auf die private Internet- bzw. Onlinenutzung am Wochenende im Vergleich zu allen reiseaktiven Befragten weitaus häufiger online gehen.

... und sind häufiger am Wochenende online

Je eher Personen Online-Reiseangebote nutzen, desto eher gehen sie „jedes bzw. fast jedes Wochenende" für private Zwecke online.

Tabelle 4.13. Nutzung von Online-Reiseangeboten: Private Internetnutzung unter der Woche (Mo-Fr) nach Wenig- und Viel-Usern

			Nutzungshäufigkeit von Online-Reiseangeboten			
			Nie	Wenig	Viel	Gesamt
Sa-So Private Online-Nutzung	nie	Anzahl	59	35	12	106
		Spalten %	23,3 %	14,2 %	15,0 %	18,3 %
	seltener	Anzahl	36	35	3	74
		Spalten %	14,2 %	14,2 %	3,8 %	12,8 %
	mind. 1 mal im Monat	Anzahl	81	75	27	183
		Spalten %	32,0 %	30,5 %	33,8 %	31,6 %
	jedes, bzw. fast jedes Wochenende	Anzahl	77	101	38	216
		Spalten %	30,4 %	41,1 %	47,5 %	37,3 %
Gesamt		Anzahl	253	246	80	579
		Spalten %	100,0 %	100,0 %	100,0 %	100,0 %

Cramer-V=0,13

4.1.2.5
Zwischenresümee

Reiseaktive Personen, die Online-Reiseangebote nutzen, geben eher an, ihren privaten Internetanschluss „häufig“ zu nutzen als Personen, auf die dies nicht zutrifft. Im Vergleich zu allen reiseaktiven Befragten nutzt diese Personengruppe das Internet unabhängig vom Anschlussort tendenziell eher an 4 oder mehr Tagen pro Woche (Mo-So) für berufliche oder private Zwecke. Hinsichtlich der ausschließlich privaten Nutzung des Internets unter der Woche (Mo-Fr) und am Wochenende zeigt sich, dass eine stärkere Nutzung des Internets bei dieser Personengruppe vornehmlich auf die Viel-User von Online-Reiseangeboten zurückgeführt werden kann. Während sich Wenig-User von Online-Reiseangeboten hinsichtlich ihrer Internetnutzung nur marginal von der Gesamtheit aller reiseaktiven Befragten unterscheiden, sind Viel-User vergleichsweise eher an „2–3 Tagen“, „täglich“ oder „mehrmals täglich“ unter der Woche (Mo-Fr) sowie „Jedes bzw. fast jedes Wochenende“ für private Zwecke online. Festzustellen ist des weiteren, dass der Anteil der Viel-User von Online-Reiseangeboten mit steigender Internetnutzung in Jahren deutlich zunimmt.

4.1.3
Reisemerkmale

Nachdem Nutzer von Online-Reiseangeboten in den letzten Abschnitten anhand demographischer Merkmale und hinsichtlich ihrer Internetnutzung beschrieben wurden, richtet sich das Augenmerk im folgenden auf Reisetätigkeiten. Dem Kapitel liegt die erkenntnisleitende Frage zu Grunde, inwieweit sich Nutzer von Online-Reiseangeboten hinsichtlich qualitativer wie quantitativer Aspekte ihrer Reiseaktivitäten unterscheiden.

4.1.3.1
Anzahl der Reisen in den letzten 3 Jahren mit Dauer von mindestens 13 Tagen

Wie eingangs beschrieben, wurden zum Thema Online-Reiseangebote nur „reiseaktive“ Personen befragt. Dabei handelt es sich um Untersuchungspersonen, die in den letzten 3 Jahren mindestens eine Reise von mindestens 13 Tagen Dauer unternommen haben (n=581).

Tabelle 4.14 stellt die Verteilung der Anzahlen unternommener Reisen dar. Dabei zeigt sich, dass reiseaktive Personen in diesem Zeitraum durchschnittlich 3,3 Reisen mit einer Länge von mindestens 13 Tagen getätigt haben. Auf die Antwortkategorie „3 Reisen" entfallen mit 37,5 Prozent die häufigsten Antworten. Etwa ein Fünftel aller reiseaktiven Personen gibt an, 2 Reisen unternommen zu haben (20,5 %) und nur 13,5 Prozent tätigten in diesem Zeitraum 1 Reise. 4-6 mal oder häufiger waren über ein Viertel der Befragten verreist (28,5 %).

Im Ergebnis lässt sich für Reisen von mindestens 13 Tagen Dauer ein durchaus unterschiedliches Reiseverhalten erkennen. In einem nächsten Schritt wurde nun geprüft, inwieweit sich das quantitative Merkmal für die Beschreibung der Nutzer von Online-Reiseangeboten eignet. So ließe sich vermuten, dass eine höhere Reiseaktivität positiv mit der Nutzungshäufigkeit von Online-Reiseangeboten korreliert. In diesem Fall müssten Personen, die Online-Reiseangeboten nutzen, in diesem

Tabelle 4.14. Reisen in den letzten 3 Jahren mit Dauer von mindestens 13 Tagen in 6 Gruppen

		Häufigkeit	Prozent	Kumulierte Prozente
Gültig	1 Reise	78	13,5	13,5
	2 Reisen	119	20,5	34,0
	3 Reisen	218	37,5	71,5
	4 Reisen	57	9,7	81,2
	5 Reisen	33	5,6	86,8
	6 Reisen	36	6,3	93,1
	mehr als 6 Reisen	40	6,9	100,0
	Gesamt	581	100,0	

Mittelwert = 3,3 Reisen

Zeitraum häufiger Reisen von 13 Tagen unternommen haben. Zweitens erschiene es naheliegend, dass Viel-User von Online-Reiseangeboten häufiger als Wenig-User mindestens 13 Tage verreisten.

Wie in zwei Kreuztabellierungen festgestellt wurde, können diese beiden Annahmen nicht bestätigt werden: Online-Reiseangebot-Nutzer unterscheiden sich hinsichtlich getätigter Reisen von mindestens 13 Tage Dauer nur marginal von Personen, die keine Online-Reiseangebote nutzen. Auch bezüglich der Unterscheidung nach Wenig- und Viel-Usern lassen sich keine eindeutige Tendenzen identifizieren. Die entsprechenden Verteilungen lassen keine statistisch gesicherten Zusammenhänge erkennen.

Nutzer von Online-Reiseangeboten haben in den letzten 3 Jahren in etwa genau so viele Reisen mit mindestens 13 Tagen Dauer unternommen, wie Personen, die Online-Reiseangebote nicht nutzen.[33]

4.1.3.2
Anzahl der privaten Reisen in den letzten 12 Monaten

Es wäre voreilig, auf Basis der im vorangestellten Abschnitt zusammengestellten Ergebnisse den Schluss zu ziehen, dass sich quantitative Aspekte des Reiseverhaltens grundsätzlich nicht zur Beschreibung der Nutzer von Online-Reiseangeboten eignen. Vielmehr ist die Anzahl der Reisen möglicherweise gerade dann für die Beschreibung entscheidend, wenn keine Einschränkung bezüglich der Reisedauer vorgenommen wird. Daher wurden die Untersuchungspersonen im nächsten Schritt nach der Häufigkeit privater Reisen in den letzten 12 Monaten befragt. Im Unterschied zur vorhergehenden Frage wurden hier Kurzreisen ausdrücklich mit eingeschlossen: „*Wie oft waren Sie in den letzten 12 Monaten privat verreist, egal ob für eine Kurzreise bis 3 Übernachtungen oder für einen längeren Aufenthalt, und egal, weshalb?*"

33 Anzumerken ist, dass die Nutzung verschiedener Online-Reiseangebote hier aus forschungsökonomischen Gründen zusammengefasst in einer einheitlichen Kategorie analysiert wurde. Insofern wurden für einzelne Nutzungstypen keine Korrelationsanalysen und Signifikanztests durchgeführt, diese bleiben künftigen Studien vorbehalten.

Tabelle 4.15. Anzahl privater Reisen der letzten 12 Monate

		Häufigkeit	Prozent
Gültig	keine Reise	36	6,2
	1 Reise	118	20,3
	2 Reisen	132	22,8
	3 Reisen	121	20,8
	4–5 Reisen	101	17,4
	mehr als 5 Reisen	73	12,6
	Gesamt	581	100,0

Mittelwert = 3,5 Reisen

Wie aus Tabelle 4.15 hervorgeht, haben die Befragten innerhalb der letzten 12 Monate durchschnittlich 3,5 private Reisen dieser Art unternommen. Aufgrund der rechtsschiefen Verteilung entspricht der Mittelwert nicht der am häufigsten genannten Antwort.

Jeweils etwa ein Fünftel aller reiseaktiven Personen gibt an, eine, zwei oder drei Reisen unternommen zu haben (20,3/22,8/20,8 %). Immerhin 30 Prozent aller Befragten haben zusammengenommen 4 oder mehr Reisen in den letzten 12 Monaten unternommen.

Im Gegensatz zur Anzahl der Reisen mit einer Mindestdauer von 13 Tagen in den letzten 3 Jahren, eignet sich dieses Merkmal zur Beschreibung von Online-Reiseangebot-Nutzern: Im Vergleich zu allen reiseaktiven Befragten geben Viel-User von Online-Reiseangeboten besonders häufig an, 4 bis 5 Reisen (27,2 % zu 17,3 %) und mehr als 5 Reisen unternommen zu haben (23,5 % zu 12,7 %). Wenig-User verreisten innerhalb der letzten 12 Monate hingegen eher 2 mal (29,0 % zu 22,8 %) und 3 mal (25,0 % zu 20,8 %). In der Gruppe der Personen, die Online-Reiseangebote nie nutzen, sind dagegen Befragte überrepräsentiert, die kein mal (9,1 % zu 6,2 %) oder nur ein mal verreisten (26,4 % zu 20,2 %).

Viel-User verreisen häufiger privat

Die Anzahl privater Reisen in den letzten 12 Monaten nimmt mit steigender Nutzungshäufigkeit von Online-Reiseangeboten zu.

Tabelle 4.16. Anzahl privater Reisen der letzten 12 Monate und Nutzungshäufigkeit von Online-Reiseangeboten: Nie, Wenig- und Viel-Usern

			Nutzungshäufigkeit von Online-Reiseangeboten			
			Nie	Wenig	Viel	Gesamt
Anzahl Reisen der letzten 12 Monate	keine Reise	Anzahl	23	9	4	36
		Spalten %	9,1 %	3,6 %	4,9 %	6,2 %
	1 Reise	Anzahl	67	36	15	118
		Spalten %	26,4 %	14,5 %	18,5 %	20,2 %
	2 Reisen	Anzahl	47	72	14	133
		Spalten %	18,5 %	29,0 %	17,3 %	22,8 %
	3 Reisen	Anzahl	52	62	7	121
		Spalten %	20,5 %	25,0 %	8,6 %	20,8 %
	4–5 Reisen	Anzahl	36	43	22	101
		Spalten %	14,2 %	17,3 %	27,2 %	17,3 %
	mehr als 5 Reisen	Anzahl	29	26	19	74
		Spalten %	11,4 %	10,5 %	23,5 %	12,7 %
Gesamt		Anzahl	254	248	81	583
		Spalten %	100.0 %	100.0 %	100,0 %	100,0 %

Cramer-V=0,20

4.1.3.3
Dauer der längsten privaten Reise in den letzen 12 Monaten (Tage)

Im Anschluss an die Frage nach der Häufigkeit privater Reisen wurden die Untersuchungspersonen nach der Dauer der längsten privaten Reise in den letzten 12 Monaten gefragt. Diese betrug im Durchschnitt 17 Tage. Bei etwas mehr als einem Drittel dauerte sie zwischen 8 und 14 Tagen (35,3 %) und bei einem etwas geringeren Anteil zwischen 15 und 21 Tagen (31,9 %). Knapp ein Fünftel aller Befragten verreisten für 1 bis 7 Tage (19,6 %) und nur 13,2 Prozent für mehr als 21 Tage.

Die Dauer der längsten Reise steht in keinem Zusammenhang zur Nutzung

Wie aus einer Kreuztabellierung hervorging, steht das Merkmal „Dauer der längsten Reise innerhalb der letzten 12 Monate“ in keiner Beziehung zur Nutzungshäufigkeit von Online-Reiseangeboten. Die in Abb. 4.2 dargestellte Verteilung findet sich tendenziell in der Gruppe der We-

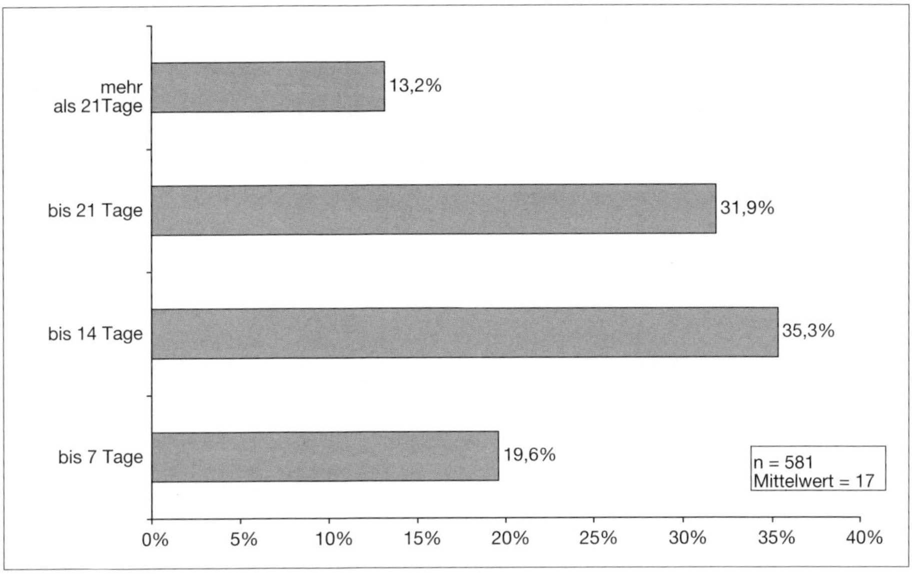

Abb. 4.2. Dauer der längsten privaten Reise in Tagesgruppen

nig- und Viel-User als auch in der Gruppe der Personen wieder, die Online-Reiseangebote nie nutzen.

Hinsichtlich der Dauer der längsten privaten Urlaubsreise innerhalb der letzten 12 Monate unterscheiden sich Online-Reiseangebot-Nutzer nicht von Personen, die Online-Reiseangebote nicht nutzen.

4.1.3.4
Ziele der längsten Reise innerhalb der letzten 12 Monate

In diesem Abschnitt wird die Frage untersucht, inwieweit sich Online-Reiseangebot-Nutzer hinsichtlich ihrer besuchten Reiseziele unterscheiden. Da Reiseziele i.d.R. variieren, wurde zu Zwecken der Vergleichbarkeit ausdrücklich nach dem Ziel der längsten Reise *innerhalb der letzten 12 Monate* gefragt.

Knapp die Hälfte aller reiseaktiven Befragten verreisten innerhalb Europas (48,5 %). Über ein Viertel gaben an, Ziele außerhalb von Europa besucht zu haben (27,9 %) und weniger als ein Fünftel verbrachten ihre längste private Urlaubsreise in Deutschland (16,8 %).

Viel-User verreisen eher außerhalb Europas

Eine Kreuztabellierung der Merkmale „Reiseziel" und Nutzungshäufigkeit von Online-Reiseangeboten weist

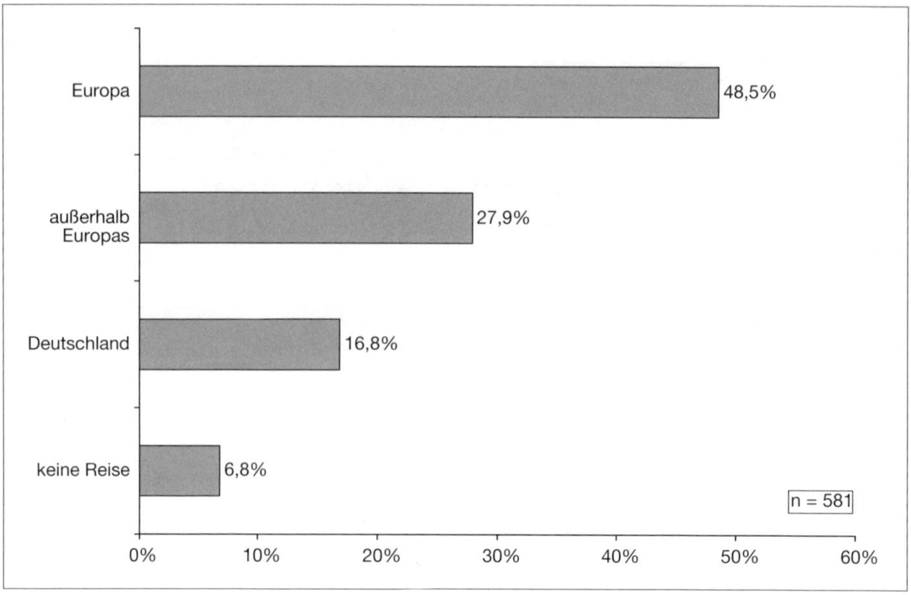

Abb. 4.3. Ziel der längsten privaten Reise innerhalb der letzten 12 Monate

auf einen kleinen aber signifikanten Zusammenhang hin:

- Personen, die nie Online-Reiseangebote nutzen, verbrachten ihren längsten Urlaub in den letzten 12 Monaten im Vergleich zu allen reiseaktiven Befragten eher in Deutschland (21,1 % zu 17,9 %) oder in Europa (54,8 % zu 52,0 %).
- Viel-User von Online-Reiseangeboten verreisten hingegen häufiger außerhalb Europas (43,4 % zu 30,1 %) und seltener innerhalb Deutschlands (14,5 % zu 17,9 %) oder Europas (42,1 % zu 52,0 %).
- Die Verteilungen der Reiseziele innerhalb der Gruppe der Wenig-User entspricht in etwa der Verteilung aller reiseaktiven Befragten.

4.1.3.5
Benutzte Verkehrsmittel bei der längsten privaten Reise innerhalb der letzten 12 Monate

Die Frage nach den bei der längsten privaten Reise innerhalb der letzten 12 Monate benutzten Verkehrsmittel ergab, dass die deutliche Mehrheit aller reiseaktiven Unter-

Tabelle 4.17. Nutzungshäufigkeit von Online-Reiseangeboten und Ziel der längsten privaten Reise innerhalb der letzten 12 Monate

			Nutzungshäufigkeit von Online-Reiseangeboten			
			Nie	Wenig	Viel	Gesamt
Ziel der längsten privaten Reise innerhalb der letzten 12 Monate	Deutschland	Anzahl	48	38	11	97
		Spalten %	21,1 %	16,0 %	14,5 %	17,9 %
	Europa	Anzahl	125	125	32	282
		Spalten %	54,8 %	52,5 %	42,1 %	52,0 %
	außerhalb Europas	Anzahl	55	75	33	163
		Spalten %	24,1 %	31,5 %	43,4 %	30,1 %
Gesamt		Anzahl	228	238	76	542
		Spalten %	100,0 %	100,0 %	100,0 %	100,0 %

Cramer-V=0,10

suchungspersonen u.a. einen PKW nutzte (62,3 %). Etwas weniger als die Hälfte aller Befragten verreiste per Flugzeug (46,3 %). Nur 13,5 Prozent geben an, die Bahn auf dieser Reise genutzt zu haben. Die Anteile der Verkehrsmittel Schiff, Wohnwagen/Wohnmobil, Motorrad und Fahrrad liegen jeweils unter 5 Prozent.
Abb. 4.5 zeigt Zusammenhänge zwischen der Nutzung von PKW, Flugzeug und Bahn bei der längsten privaten Reise innerhalb der letzten 12 Monate und der Nutzungshäufigkeit von Online-Reiseangeboten.

Bahn und Flugzeug werden von Viel-Usern tendenziell eher genutzt

Die Abbildung verdeutlicht, dass Viel-User von Online-Reiseangeboten im Vergleich zu allen reiseaktiven Befragten eher mit der Bahn (16,1 % zu 13,5 %) und dem Flugzeug verreisten (57,7 % zu 46,3 %). Wenig-User nutzten dagegen eher den PKW (66,7 % zu 62,3 %) sowie das Flugzeug (50,2 % zu 46,3 %). Personen, die nie Online-Reiseangebote nutzen, verreisten vergleichsweise eher selten mit dem Flugzeug (38,4 % zu 46,3 %).

Für das Reisen per Flugzeug ergibt sich ein eindeutiger Trend. So steigen die Anteile der Personen, die angeben, per Flugzeug verreist gewesen zu sein, mit zunehmender Nutzung von Online-Reiseangeboten an. Während 46,3 Prozent der Gesamtheit aller reiseaktiven Befragten in den letzten 12 Monaten in den Urlaub geflogen sind, trifft dies für immerhin 50,2 Prozent aller Wenig-User und

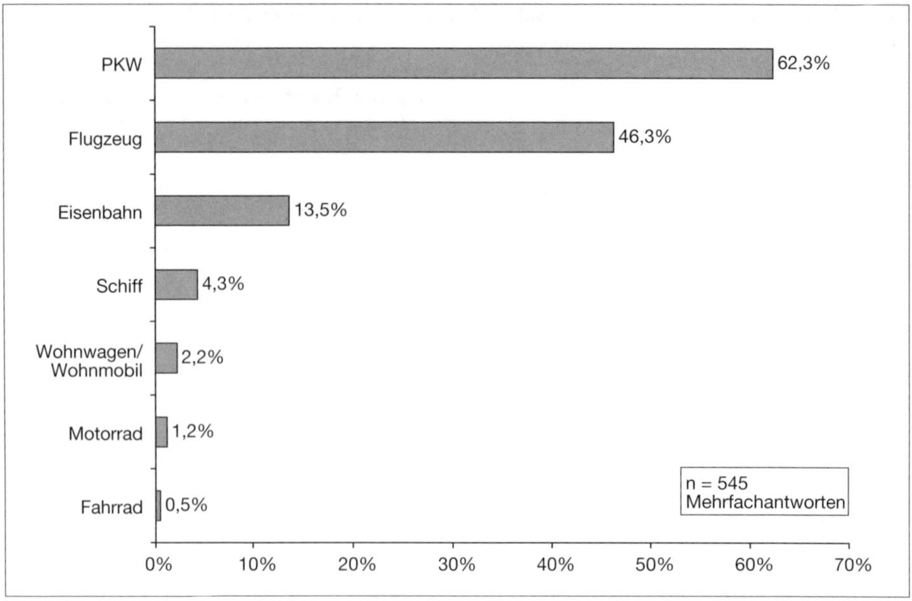

Abb. 4.4. Benutzte Verkehrsmittel bei der längsten privaten Reise innerhalb der letzten 12 Monate

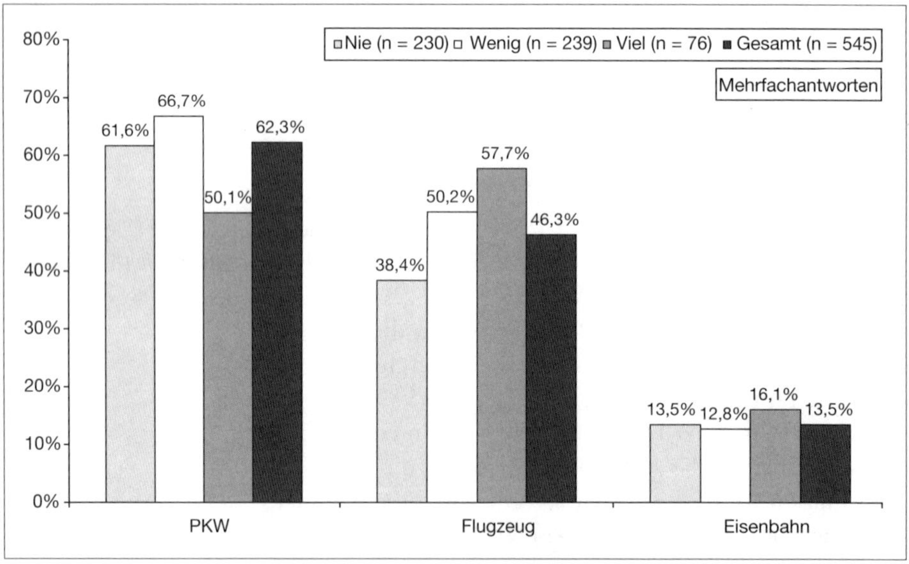

Abb. 4.5. Nutzung von PKW, Flugzeug und Bahn bei der längsten privaten Reise innerhalb der letzten 12 Monate und Nutzungshäufigkeit von Online-Reiseangeboten: Nie, Wenig- und Viel-User

57,7 Prozent aller Viel-User von Online-Reiseangeboten zu.

Je häufiger Personen Online-Reiseangebote nutzen, desto eher verreisten sie bei ihrer längsten Reise innerhalb der letzten 12 Monate mit dem Flugzeug.

4.1.4 Bindung an Stammreisebüro

Der elektronische Bezug von Produkten und Dienstleistungen kann als Bedrohung ortsgebunden offerierter Angebote angesehen werden. Insofern ist von Interesse, inwieweit die sogenannten e-shopper eine Beziehung zu traditionellen ortsgebundenen Geschäften aufweisen. Ferner ist bislang ungeklärt, ob bzw. in welcher Weise sich solche Kundenbeziehungen durch eine vermehrte Inanspruchnahme von elektronischen Angeboten verändern, ggf. auch auflösen. Um denkbare Entwicklungen besser einzuschätzen zu können, wurden Fragen nach einem möglicherweise genutzten Stammreisebüro, der Besuchshäufigkeit sowie der Nutzungshäufigkeit von Online-Reiseangeboten und von online getätigten Reisebuchungen gestellt. Ergebnisse und Analysen dieses Teils der Befragung werden nachfolgend vorgestellt.

Wie Abb. 4-6 veranschaulicht, gaben gut zwei Fünftel (41,8 %) aller reiseaktiven Befragten an, ein Stammreisebüro zu nutzen, „bei dem sie normalerweise ihre Reisen buchen“. Eine Mehrheit von 58,2 Prozent ist an kein ein-

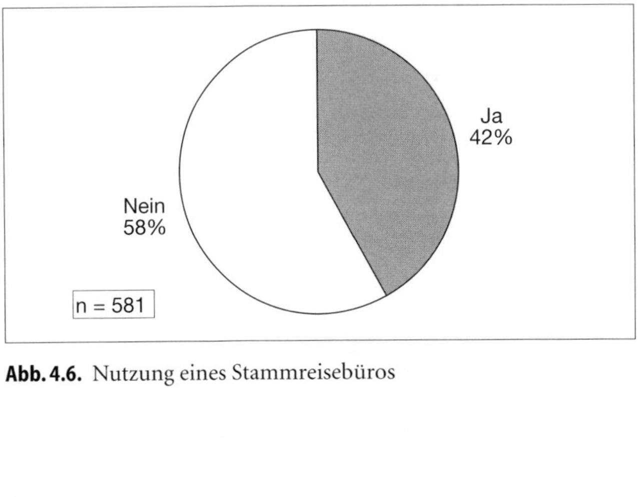

Abb. 4.6. Nutzung eines Stammreisebüros

zelnes Reisebüro gebunden, vielmehr nutzen diese Befragten je nach Anlass unterschiedliches Reisebüros

Im Hinblick auf die Merkmale „Bindung an ein Stammreisebüro“ und „Nutzungshäufigkeit von Online-Reiseangeboten“ ließen sich verschiedene Zusammenhänge vermuten. Einer Substitutionshypothese folgend, nach der Online-Reiseangebote die Informations- und Dienstleistungsangebote von Reisebüros ersetzen, wäre zu erwarten, dass Viel-User von Online-Reiseangeboten sich seltener an ein Stammreisebüro binden. Demgegenüber steht die Ergänzungshypothese, nach der Online-Reiseangebote komplementär zu Informations- und Dienstleistungsangeboten von Reisebüros genutzt werden. Im letzteren Fall wäre zu erwarten, dass Viel-User von Online-Reiseangeboten auch eher ein Stammreisebüro besitzen.

Nutzer von Online-Reiseangeboten binden sich eher an ein Stammreisebüro

Tabelle 4.18 stellt den Zusammenhang zwischen „Bindung an ein Stammreisebüro“ und „Nutzungshäufigkeit von Online-Reiseangeboten“ dar. Wie aus der Verteilung hervorgeht, befinden sich in der Gruppe der Personen, die angeben, ein Stammreisebüro zu haben, verhältnismäßig mehr Nutzer von Online-Angeboten (50,2 % Wenig-User und 17,3 % Viel-User) als unter allen reiseaktiven Befragten (42,7 % und 13,8 %). Die Ergebnisse stützen daher die Ergänzungshypothese, nach der Online-Reiseangebote zum Erhebungszeitpunkt komplementär

Tabelle 4.18. Nutzungshäufigkeit von Online-Reiseangeboten bei Kunden mit/ohne Stammreisesbüro

			Stammreisebüro		
			Ja	Nein	Gesamt
Nutzungshäufigkeit von Online-Reiseangeboten	Nie	Anzahl	79	174	253
		Spalten %	32,5 %	51,5 %	43,5 %
	Wenig	Anzahl	122	126	248
		Spalten %	50,2 %	37,3 %	42,7 %
	Viel	Anzahl	42	38	80
		Spalten %	17,3 %	11,2 %	13,8 %
Gesamt		Anzahl	243	338	581
		Spalten %	100,0 %	100,0 %	100,0 %

Cramer-V=0,19

zu Informations- und Dienstleistungsangeboten eines Stammreisebüros genutzt werden.[34]

Personen, die ein Stammreisebüro haben, nutzen Online-Reiseangebote eher als Personen, auf die dies nicht zutrifft.

4.1.4.1
Anzahl der Besuche eines Reisebüros

Auf die Frage „*Unabhängig davon, ob Sie ein Stammreisebüro haben oder nicht. Wie oft haben Sie in den letzten 12 Monaten ein Reisebüro besucht?*" geben knapp ein Drittel aller reiseaktiven Befragten an, dass sie in diesem Zeitraum kein Reisebüro aufgesucht haben. Jeweils etwas weniger als ein Fünftel aller Befragten haben dies innerhalb der letzen 12 Monate 1 oder 2 mal (17,9 % und 18,5 %) und 14,6 Prozent 3 mal getan. „Mehr als 3 mal" geben zusammengenommen 16,2 Prozent aller Befragten an.

Falls es zutrifft, dass Online-Reiseangebote zum Erhebungszeitraum komplementär zu Informations- und Dienstleistungsangeboten von Reisebüros genutzt werden, so müsste sich dieses Ergebnis auch bei der Anzahl

Tabelle 4.19. Anzahl der Besuche eines Reisebüros (nicht Stammreisebüro) innerhalb der letzten 12 Monate

		Häufigkeit	Prozent
Gültig	kein mal	190	32,8
	1 mal	104	17,9
	2 mal	108	18,5
	3 mal	85	14,6
	mehr als 3 mal	94	16,2
	Gesamt	581	100,0

Mittelwert = 2,4 Besuche

34 Es ist allerdings einschränkend daraufhin zuweisen, dass in dieser Analyse der Gesamtzeitraum der Nutzung von Online-Reiseangeboten nicht berücksichtigt wurde. So wäre in einem nächsten Schritt zu untersuchen, ob und wie sich die Anteile der Personen mit Stammreisbüro mit zunehmender Erfahrung bei der Nutzung von Online-Reiseangeboten verändern.

der Besuche eines Reisebüros niederschlagen. Nachfolgende Tabelle 4.20 verdeutlicht den Zusammenhang zwischen den Merkmalen „Anzahl der Besuche eines Reisebüros in den letzten 12 Monaten" und „Nutzungshäufigkeit von Online-Reiseangeboten".

... und besuchen Reisebüros tendenziell häufiger

In der Gruppe der Viel-User von Online-Reiseangeboten sind Personen deutlich überrepräsentiert, die in den letzten 12 Monaten „mehr als 3 mal" ein Reisebüro besucht haben (32,1 % zu 16,2 %). Wenig-User geben tendenziell eher an, „1 mal" bis „mehr als 3 mal" Reisebüros besucht zu haben. Personen, die Online-Reiseangebote nie nutzen, besuchten innerhalb der letzten 12 Monate tendenziell eher seltener Reisebüros. Somit stützen auch diese Ergebnisse eher die Ergänzungshypothese, nach der Online-Reiseangebote komplementär zu Informations- und Dienstleistungsangeboten von Reisebüros genutzt werden.

Je häufiger Personen Online-Reiseangebote nutzen, desto eher besuchten sie innerhalb der letzten 12 Monate mehr als drei mal ein oder mehrere Reisebüros.

Tabelle 4.20. Anzahl der Besuche eines Reisebüros (nicht Stammreisebüro) innerhalb der letzten 12 Monate nach Nutzungshäufigkeit von Online-Reiseangeboten

			Nutzungshäufigkeit von Online-Reiseangeboten			
			Nie	Wenig	Viel	Gesamt
Anzahl der Besuche eines Reisebüros (nicht Stammreisebüro) innerhalb der letzten 12 Monate	kein mal	Anzahl	112	57	21	190
		Spalten %	44,3 %	23,1 %	25,9 %	32,7 %
	1 mal	Anzahl	45	47	12	104
		Spalten %	17,8 %	19,0 %	14,8 %	17,9 %
	2 mal	Anzahl	41	56	11	108
		Spalten %	16,2 %	22,7 %	13,6 %	18,6 %
	3 mal	Anzahl	33	41	11	85
		Spalten %	13,0 %	16,6 %	13,6 %	14,6 %
	mehr als 3 mal	Anzahl	22	46	26	94
		Spalten %	8,7 %	18,6 %	32,1 %	16,2 %
Gesamt		Anzahl	253	247	81	581
		Spalten %	100,0 %	100,0 %	100,0 %	100,0 %

Cramer-V=0,20

4.1.4.2
Reisebuchungen

Wie eingangs erläutert, zählen zu Online-Reiseangeboten in dieser Studie alle aus dem Internet abrufbare Informationen, die im Zusammenhang mit Reisen stehen. Hierzu zählen Informationen über Reiseverbindungen, Reiseangebote, Länder oder über das Wetter. Eine Form der Nutzung von Reiseangeboten im Internet ist die Reisebuchung. Auf die Frage, ob die Untersuchungspersonen Online-Reiseangebote selten, gelegentlich oder häufig für Reisebuchungen nutzen, zeigt sich, dass dies für 17,4 Prozent aller reiseaktiven Befragten zutrifft (Abb. 4.7).

17,4 Prozent aller Reiseaktiven haben bereits online gebucht

Bezüglich der Frage „*Was haben Sie bereits über das Internet gebucht?*" zeigt sich, dass über die Hälfte dieser Personen bereits eine Unterkunft gebucht haben (61,6 %). Etwas weniger als die Hälfte gibt an, dass es sich dabei um Flüge handelte (48,7 %) und knapp ein Drittel buchte Zugtickets über das Internet (31,1 %). Bei jeweils etwa einem Fünftel aller Personen, die im Internet schon mal Reisebuchungen getätigt haben, handelte es sich um Last-Minute-Reisen (21,0 %), Pauschalreisen (18,2) oder um ein Auto (18,0 %) (Abb. 4.8).

In einem nächsten Schritt wurde untersucht, ob sich Wenig-User hinsichtlich der von ihnen gebuchten Leistungen von Viel-Usern unterscheiden. Diese Annahme ließe sich mit dem Argument der Vertrauensbildung begründen. So wäre es denkbar, dass Personen, die Reisean-

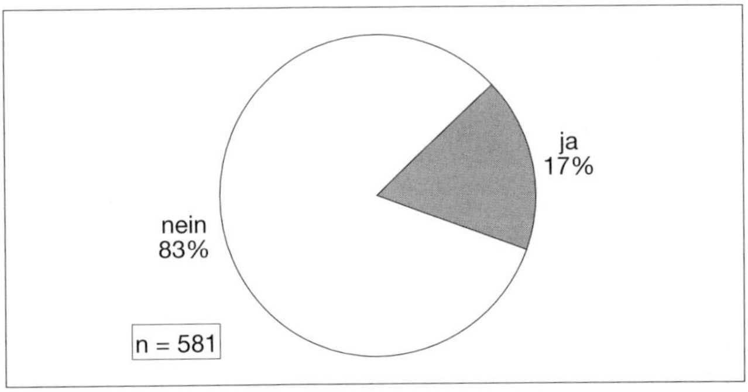

Abb. 4.7. Nutzung von Online-Reiseangeboten für Reisebuchungen

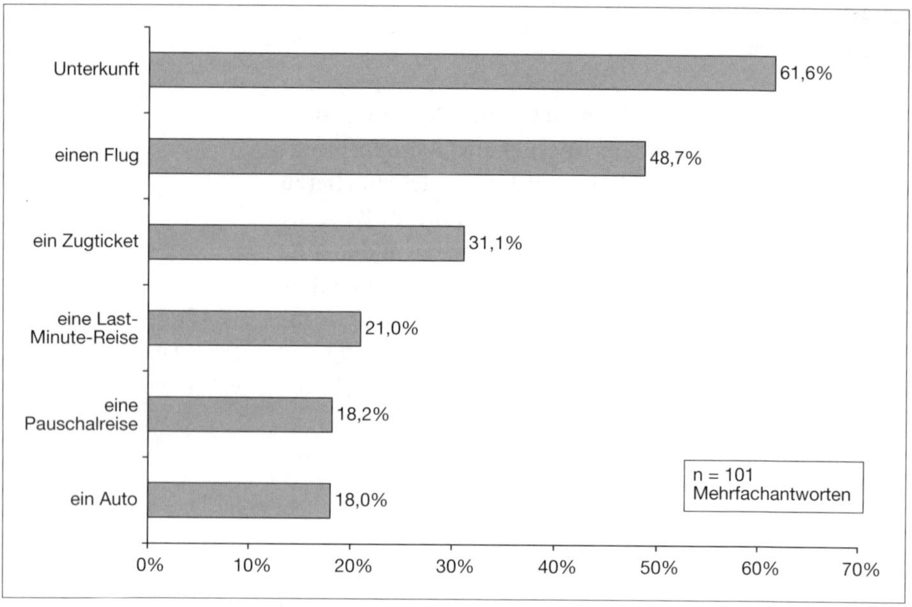

Abb. 4.8. Was haben Sie schon mal über das Internet gebucht?

gebote eher seltener nutzen, Produkte/Leistungen von niedrigerem Wert wie z.B. Zugtickets buchen.

Ein Vergleich der bereits gebuchten Leistungen von Wenig- und Viel-Usern bestätigt diese Annahme nicht. Vielmehr ergibt sich innerhalb der beiden Gruppen die gleiche Rangfolge hinsichtlich der Häufigkeit bereits online gebuchter Produkte/Leistungen. Viel-User heben sich vielmehr durch die Tatsache hervor, dass sie alle abgefragten Produkte/Leistungen eher „schon mal" gebucht haben.

4.1.4.3
Zwischenresümee

In diesem Kapitel wird aufgezeigt, inwieweit sich Nutzer von Online-Reiseangeboten hinsichtlich ihrer Reiseaktivitäten von anderen Nutzern unterscheiden. Dabei wird deutlich, dass die Anzahl der in den letzten 12 Monaten getätigten privaten Reisen mit steigender Nutzungshäufigkeit von Online-Reiseangeboten zunimmt. Dieser Zusammenhang gilt allerdings nur für die Anzahl der Reisen und nicht für die Dauer der Reisen: Für die Dauer der

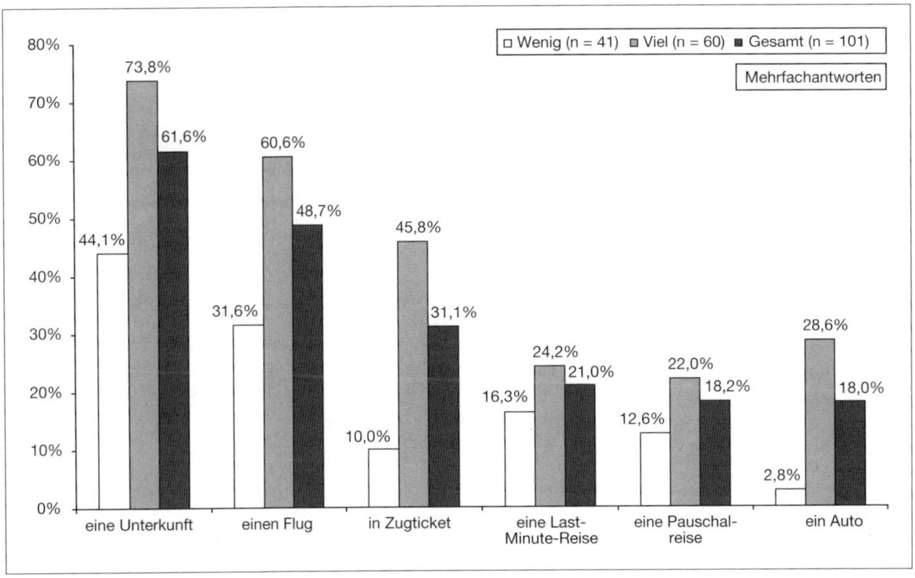

Abb. 4.9. „Was haben Sie schon mal über das Internet gebucht?" nach Nutzungshäufigkeit: Wenig- und Viel-User

längsten privaten Reise in den letzten 12 Monaten und für Reisen von mindestens 13 Tagen bestehen keine Auffälligkeiten.

Eine Betrachtung der Reiseziele macht deutlich, dass Viel-User von Online-Reiseangeboten ihre längste private Reise im Vergleich zu allen Befragten eher außerhalb Europas unternehmen, während die Reiseziele der Wenig-User in etwa denen aller Befragten entsprechen. Analog hierzu nimmt die Nutzung des Flugzeuges bei den längsten privaten Reisen mit steigender Zuwendung zu Online-Reiseangeboten zu.

Die Ergebnisse zur Bindung an ein Stammreisebüro lassen zunächst darauf schließen, dass Online-Reiseangebote komplementär zu Beratung in einem Stammreisebüro vor Ort erfolgen. So nutzen Personen, die angeben, ein Stammreisebüro zu haben Online-Reiseangebote eher, als Personen, auf die dies nicht zutrifft. Des weiteren kann festgestellt werden, dass Personen mit einer häufigeren Nutzung von Online-Reiseangeboten auch häufiger ein Reisebüro aufsuchen. Aus diesen Ergebnissen kann allerdings nicht der Schluss gezogen werden, dass sich mit anwachsender Internetnutzung bzw. -erfahrung die Bindung an ein Stammreisebüro/Anzahl der Reisebürobesuche nicht verändert (vgl. weitere Ausführungen zu diesem Sachzusammenhang in Abschn. 4.4.4).

17,4 Prozent aller reiseaktiven Befragten haben bereits über das Internet Buchungen im Zusammenhang mit einer Reise getätigt. Unterkünfte (61,6 %) und Flüge (48,7 %) werden hierbei am ehesten online gebucht.

4.2 Nutzungsmotivation

Die Wirkungen virtueller Verkehrsformen auf das physische Mobilitätsverhalten werden sich vor allem in Abhängigkeit von der nutzerseitig empfundenen Attraktivität virtueller Angebote einstellen, da diese beim Anwender die Bereitschaft zur Nutzung virtueller Angebote motivieren. Mithin ist in der Schaffung von Anreizen eine grundlegende Voraussetzung dafür zu sehen, dass potentielle Online-Nutzer bzw. -Nutzergruppen verstärkt elektronische Angebote akzeptieren und diese als Bestandteil ihrer Alltagsroutinen in wachsendem Ausmaß anwenden.

Nachfolgend werden Ergebnisse dokumentiert, die einzelne Motive der Nutzung von elektronischen Reiseangeboten aufzeigen. Unterschieden werden Motive, die eine Nutzung von Online-Reiseangeboten veranlassen sowie perzipierte Vor- bzw. Nachteile, die mit der Inanspruchnahme entsprechender Angebote einhergehen. In den Analysen werden ergänzend zu den Durchschnittswerten aller Befragten Online-Reiseangebot-Nutzer auch Auswertungen der Teilgruppen Viel- bzw. Wenig-Nutzer vorgenommen.

4.2.1 Anlässe der Nutzung

Um mögliche Anlässe zu erfassen, die der Nutzung von Online-Reiseangeboten zu Grunde liegen, wurden den Befragten 4 Statements vorgelesen. Die Untersuchungspersonen wurden anschließend gebeten anzugeben, ob sie diesen „voll und ganz", „weitgehend", „weniger" oder „gar nicht" zustimmen. Die ausgewählten Statements erlauben die Zuordnung einer am konkreten Bedarf orientier-

Bedarfs- versus Spaß-Orientierung

ten Nutzung, die Einschätzung der Relevanz von Nutzungsmotiven wie Spaß, Zeitvertreib, Neugier. Ferner wurde die Bedeutung des Internets ermittelt im Zusammenhang mit spontanen Reisewünschen sowie als automatisierter, individueller und zugleich regelmäßiger Angebotslieferant (vgl. Abb. 4.10).

Zwei Drittel aller Nutzer von Online-Reiseangeboten geben an, diese Angebote nur bei konkreten Bedarf zu nutzen (66,3 %). Etwas weniger als die Hälfte besucht Reise-Websites „nur zum Spaß, als Zeitvertreib oder aus Neugier" (45,8 %). Etwas über ein Viertel greifen „vor allem für spontane, kurz entschlossene Reisen" auf Online-Angebote zurück (26,7 %). Nur 14,9 Prozent nutzen die Möglichkeit vieler Online-Reiseangebote, ein Nutzungsprofil zu hinterlassen und bekommen regelmäßig Angebote zugeschickt.

Ein Vergleich der Antworten von Wenig- und Viel-Usern von Online-Reiseangeboten ergibt, dass Viel-User all diesen vier Statements tendenziell eher zustimmen (Abb. 4.11). In beiden Gruppen ergibt sich hinsichtlich der abgefragten Anlässe die gleiche Rangfolge. Wenig- und Viel-User nutzen Reise-Angebote im Internet dem-

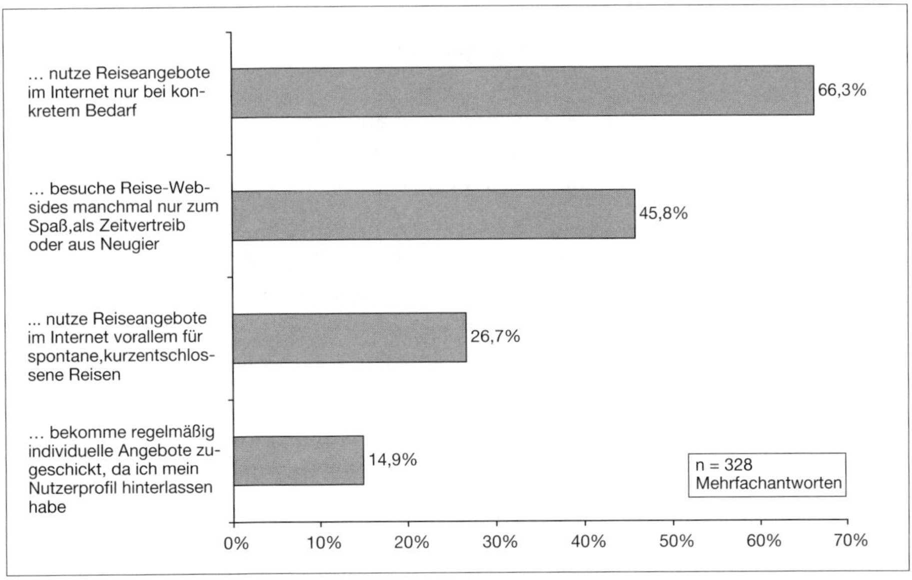

Abb. 4.10. Anlässe der Nutzung

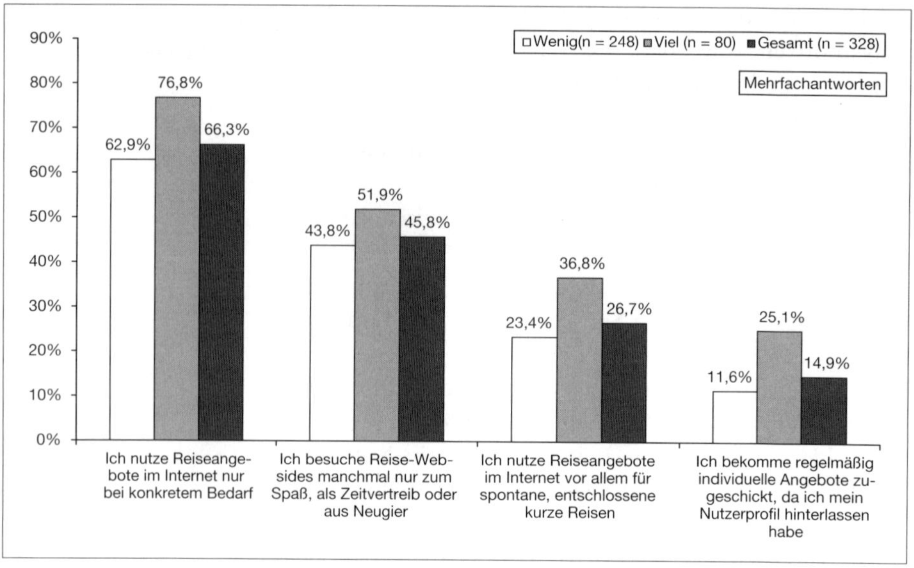

Abb. 4.11. Anlässe der Nutzung nach Nutzungshäufigkeit: Wenig- und Viel-User

nach nicht zu verschiedenen Anlässen. Festzustellen ist vielmehr, dass die abgefragten Anlässe auf Viel-User generell eher zutreffen.[35]

4.2.2 Wahrnehmung möglicher Vorteile von Online-Reiseangeboten

Bedingt die Perzeption von Vorteilen die Nutzung von Online-Reiseangeboten?

Wie bereits einleitend angemerkt, könnte in einer unterschiedlichen Wahrnehmung der Vorteile von Online-Reiseangeboten eine Erklärung liegen, weshalb sie Online-Reiseangebote in unterschiedlicher Weise nutzen. Um einen Überblick über mögliche Perzeptionen zu erhalten und deren Bedeutung für die Beschreibung unterschiedlicher Nutzungsgrade zu ermitteln, wurden den Nutzern von Online-Reiseangeboten 9 Aussagen vorgelesen, welche Vorteile von Reiseangeboten im Internet beschreiben.

35 Dieses Ergebnis könnte auf eine allgemeine Zustimmungstendenz bei Viel-Usern zurückzuführen sein. So sind Viel-User möglicherweise zu einem höheren Grade in das Thema Online-Reiseangebote involviert und schenken den Anlässen ihrer Nutzung mehr Aufmerksamkeit. Zweitens existieren eventuell andere Anlässe, die hier nicht abgefragt wurden.

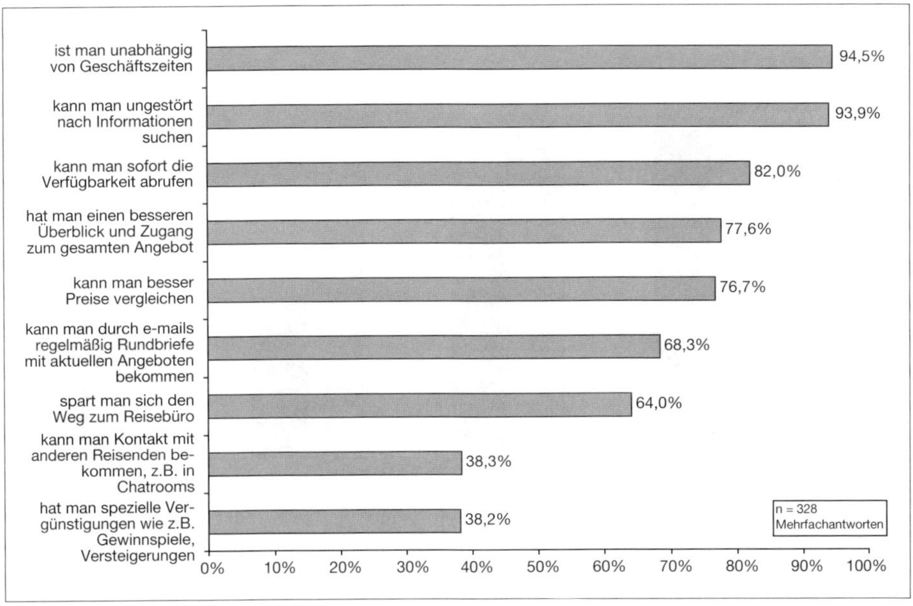

Abb. 4.12. Wahrnehmung möglicher Vorteile von Online-Reiseangeboten

Anschließend wurden diese Teilgruppe der Befragten gebeten anzugeben, ob sie diese Aussagen „voll und ganz", „weitgehend", „weniger" oder „gar nicht" zustimmen.

Abbildung. 4.12 stellt zustimmende Reaktionen auf die vorgelegten Aussagen dar („voll und ganz"/"weitgehend"). Dabei wird deutlich, dass einige Vorteile von nahezu allen Befragten wahrgenommen werden. Hierzu zählen insbesondere „Unabhängigkeit von Geschäftszeiten" (94,5 %) oder die Möglichkeit „ungestört nach Informationen zu suchen" (93,9 %). Hinsichtlich anderer Eigenschaften unterscheiden sich die Befragten stärker in ihren Reaktionen. Beispielsweise sind nur etwas mehr als drei Viertel der Befragten der Meinung, dass man durch das Internet besser Preise vergleichen kann (76,7 %). Etwa zwei Drittel der Befragten stimmen der Aussage zu, nach der Online-Reiseangebote im Internet die Möglichkeit der Versendung regelmäßiger Rundbriefe oder aktueller Angebote per E-Mail ermöglichen (68,3 %). Bemerkenswert ist des weiteren, dass nahezu zwei Drittel der Aussage zustimmen, nach der man sich durch das Internet den Weg ins Reisebüro spart (64 %); im Zusammenhang mit der Bewertung von Mobilitätseffekten virtueller

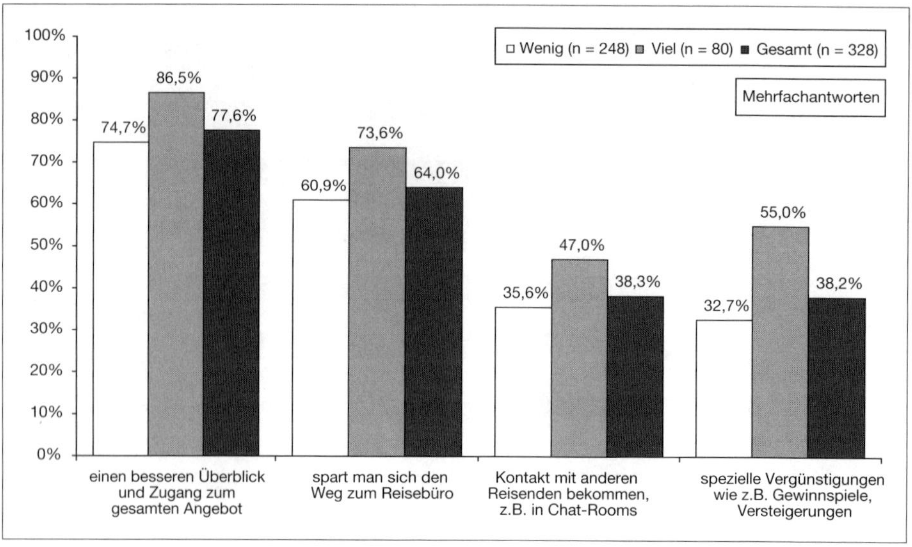

Abb. 4.13. Wahrnehmung möglicher Vorteile von Online-Reiseangeboten nach Nutzungshäufigkeit: Wenig- und Viel-User

Kommunikationsformen wird insbesondere auf dieses letztgenannte Item noch einmal zurückzukommen sein (vgl. hierzu Abschn. 4.4.4).

Um Hinweise auf den Erklärungswert dieser wahrgenommenen positiven Eigenschaften für die Häufigkeit der Nutzung von Online-Reiseangeboten zu identifizieren, wurden die zustimmenden Reaktionen von Wenig- und Viel-Usern verglichen (Abb. 4.13).

Viel-User schätzen vier Vorteile besonders …

Eine ausschließliche Betrachtung solcher Statements, bei denen sich Zustimmungsdifferenzen von über 10 Prozent zwischen den Gruppen ergeben, zeigt, dass im Vergleich zu Wenig-Usern vor allem Viel-User vier Vorteile der Nutzung von Online-Reiseangeboten intensiv schätzen:

- den besseren Überblick und Zugang zum gesamten Angebot (86,5 % zu 74,7 %),
- die Einsparung von Wegen ins Reisebüro (73,6 % zu 60,9 %),
- einen leichter herzustellenden Kontakt mit anderen Reisenden (47,0 % zu 35,6 %) sowie
- die Teilhabe an speziellen Vergünstigungen durch Teilnahme an Gewinnspielen, Versteigerungen oder Erhalt von Rabatten (55 % zu 32,7 %).

Hinsichtlich der Reaktionen auf die verbleibenden Aussagen lassen sich keine oder nur marginale Unterschiede zwischen Wenig- und Viel-Usern von Online-Reiseangeboten feststellen.[36]

Die dargestellten Ergebnisse lassen sich in verschiedene Richtungen interpretieren. Viel-User nutzen Online-Reiseangebote eventuell eher, weil die bevorzugten Eigenschaften bei den von ihnen präferierten Anbietern eher vorhanden sind und insofern eine Maximierung des Gesamtnutzens erreicht werden kann. In diesem Fall wäre zu überprüfen, ob Viel-User im Vergleich zu Wenig-Usern andere Anbieter nutzen.

Perzeption als Ursache oder Folge der Nutzung

Denkbar wäre auch, dass Viel-User bei Nutzung gleicher Angebote vorhandene Eigenschaften eher wahrnehmen, da sie aus anderen Gründen Websites häufiger besuchen und spezielle Features der Sites mit höherer Wahrscheinlichkeit entdecken und sich aneignen. Denkbar ist auch, dass Viel-User diesen Eigenschaften eine höhere Bedeutung zuweisen und sie diesen eher Aufmerksamkeit schenken.

Je nach Interpretation des Ergebnisses kann die unterschiedliche Wahrnehmung von Eigenschaften sowohl Ursache als auch Folge einer häufigeren Nutzung von Online-Reiseangeboten sein.

4.2.3 Wahrnehmung möglicher Nachteile von Online-Reiseangeboten

Bedingt Perzeption von Nachteilen die Nutzung von Online-Reiseangeboten?

Reiseangebote im Internet weisen neben möglichen Vorteilen auch Eigenschaften auf, denen mit Skepsis, Vorbehalten und Bedenken begegnet werden kann. Im folgenden werden eher negative Eigenschaften untersucht und dabei der Frage nachgegangen, in welchem Zusammenhang deren Wahrnehmung mit der Nutzungshäufigkeit von Online-Reiseangeboten stehen.

Auch hier wurden wieder alle reiseaktiven Untersuchungspersonen befragt, die angegeben haben, schon einmal Informationen zu Reise-Angeboten aus dem Internet abgerufen zu haben. Den Befragten wurden 8 Aussagen

36 Auf die Darstellung dieser Ergebnisse wird deshalb verzichtet.

vorgelesen, welche Bedenken hinsichtlich möglicher Nachteile von Reiseangeboten im Internet beschreiben. Anschließend wurden sie gebeten anzugeben, ob sie diesen Aussagen „voll und ganz“, „weitgehend“, „weniger“ oder „gar nicht“ zustimmen (Abb. 4.14).

Sicherheitsbedenken und Kosten

Abbildung 4.14 macht deutlich, dass mögliche Nachteile von den Befragten z.T. sehr unterschiedlich wahrgenommen werden. Die größte Übereinstimmung zeigt sich vergleichsweise bei Sicherheitsbedenken bezüglich der Angabe von Kreditkartennummern (81,9 %) und dem Bewusstsein über die Kosten, die das Suchen im Internet verursacht (80,2 %). Etwa zwei Drittel aller Befragten sind sich der rechtlichen Situation in bezug auf Internet-Buchungen unklar (66,5 %) oder haben Bedenken hinsichtlich der Einhaltung des Datenschutzes (64,8 %). Nur ein Viertel aller Befragten empfinden Reise-Angebote im Internet als eingeschränkt oder nicht individuell genug (25,7 %).

Um zu prüfen, welchen Erklärungswert die Wahrnehmung negativer Eigenschaften von Online-Reiseangeboten für die Beschreibung der Nutzungshäufigkeit dersel-

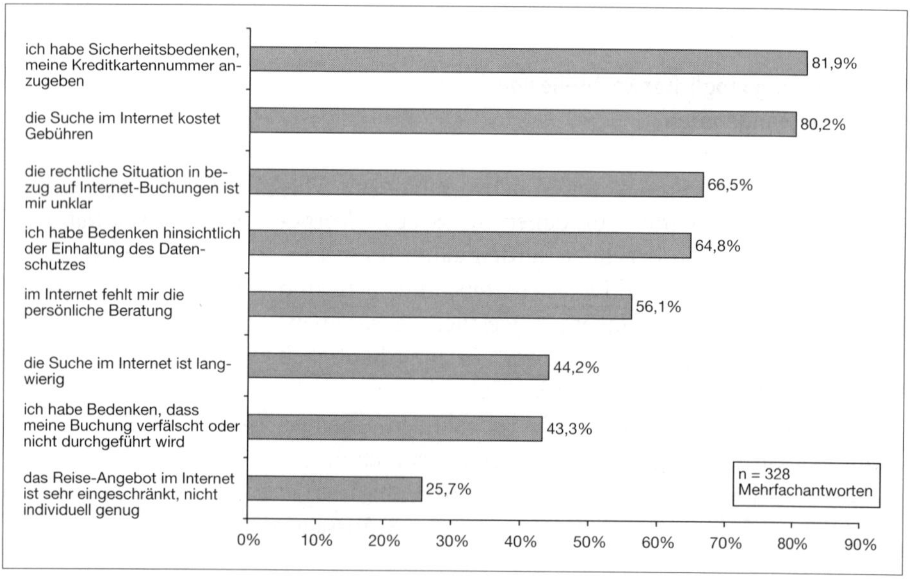

Abb. 4.14. Verbreitungsbarrieren

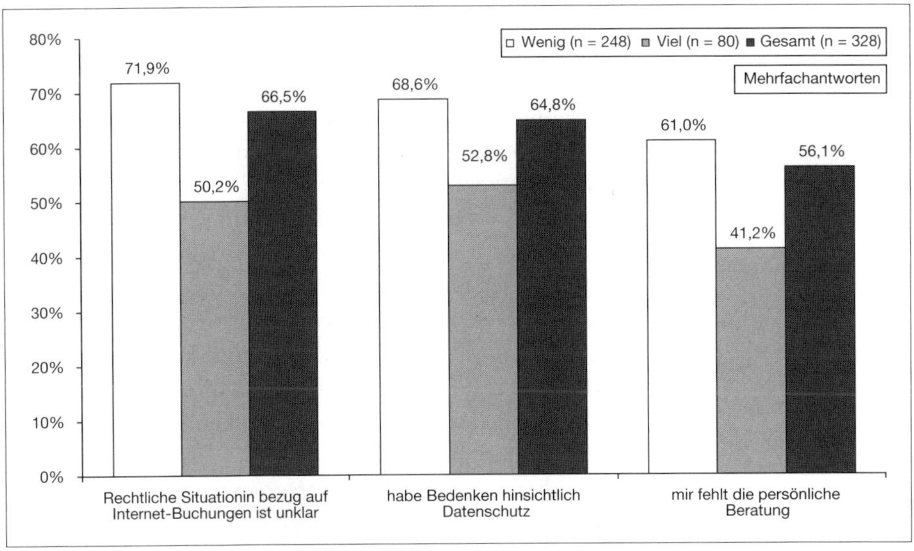

Abb. 4.15. Verbreitungsbarrieren nach Nutzung von Online-Reiseangeboten: Wenig- und Viel-User

ben aufweist, wurden die zustimmenden Reaktionen von Wenig- und Viel-Usern verglichen (Abb. 4.15):

Eine ausschließliche Betrachtung solcher Statements, bei denen sich Zustimmungsdifferenzen von über 10 Prozent zwischen den beiden Gruppen ergeben, zeigt, dass Wenig-User im Vergleich zu Viel-Usern vor allem drei Nachteile von Online-Reiseangeboten häufiger wahrnehmen:

Wenig-User nehmen 3 Nachteile besonders häufig war

- eine rechtliche Situation der Unsicherheit in bezug auf Internet-Buchungen (71,9 % zu 50,2 %),
- Bedenken hinsichtlich der Einhaltung datenschutzrechtlicher Bestimmungen (68,6 % zu 52,8 %) sowie
- eine unpersönlichere Beratung bei Reiseangeboten im Internet (61,0 % zu 41,2 %).

Bemerkenswert ist, dass sich die beiden Gruppen hinsichtlich anderer Vorbehalte gegenüber Reiseangeboten im Internet nicht oder nur marginal unterscheiden.[37] So stehen etwa Bedenken zur Langwierigkeit der Suche im Internet oder das Kostenbewusstsein in keinem Zusammenhang zur Nutzungshäufigkeit. Insbesondere im Hin-

37 Insofern wird auf eine ausführliche Darstellung der Ergebnisse verzichtet.

Sicherheitsbedenken alleine erklären die Nutzungsunterschiede nicht

blick auf Sicherheitsbedenken ergibt sich zwischen den Gruppen nur ein marginaler Unterschied von unter 10 Prozent. D.h.: Obwohl Viel-User in etwa genauso häufig wie Wenig-User Bedenken hegen, ihre Kreditkartennummer anzugeben, nutzen sie Reiseangebote im Internet weitaus häufiger.

Die drei vorgefundenen Beziehungen lassen sich in zweierlei Hinsicht interpretieren. Möglicherweise sammeln Personen aufgrund häufigerer Nutzung von Online-Reiseangeboten mehr Erfahrungen und eignen sich Wissen (z.B. zur rechtlichen Situation) und Fertigkeiten (z.B. im Umgang mit Datenbanken) an. In diesem Fall sind die unterschiedlichen Grade an Bedenken als Folgen der Nutzungshäufigkeit zu verstehen.

Denkbar wäre auch, dass Personen aufgrund dieser Bedenken Reiseangebote im Internet eher seltener nutzen. In diesem Fall wäre die geringere Nutzungshäufigkeit als Folge dieser Bedenken zu interpretieren; für diese Interpretation sprechen auch die Ergebnisse der im folgenden Kapitel vorgenommenen Potentialeinschätzungen eines „idealen Internets".[38]

4.2.4 Zwischenresümee

Mehr als die Hälfte aller Nutzer von Online-Reiseangeboten nutzen diese *„nur bei konkretem Bedarf"*, etwas weniger besuchen Reise-Websites *„manchmal nur zum Spaß, als Zeitvertreib oder aus Neugier"*. Die Mehrheit der Nutzer ordnet Online-Reisangeboten zentrale Vorteile des E-Commerce zu, wie z.B. die Unabhängigkeit von Geschäftszeiten oder die Möglichkeit, ungestört nach Informationen zu suchen. Die Wahrnehmung einiger Vorteile kann als Erklärung für die Nutzungshäufigkeit dieser Angebote herangezogen werden. So nehmen Viel-User von Online-Reiseangeboten einige dieser Eigenschaften ten-

38 Offen bleiben muss im Rahmen dieser Analyse die Frage, weshalb Sicherheitsrisiken, die im Wortsinn grundlegende Faktoren verkörpern, letztlich einer Nutzung nicht entgegenstehen. Es ist anzunehmen, dass diese faktisch wohl weniger als Diffusionsbarrieren wirken, die eine *Nicht*-Nutzung erklären, sondern eher nutzerseitige „Bedenken" zum Ausdruck bringen, die lediglich einer *stärkeren* Nutzung entgegenstehen.

denziell eher wahr als Wenig-User. Viel-User stimmen z.B. eher dem Statement zu, nach dem man durch das Internet einen besseren Überblick und Zugang zum gesamten Angebot habe.

Zu den am häufigsten genannten Nachteilen zählen Sicherheitsbedenken bei der Angabe der Kreditkartennummer und die bei der Suche entstehenden Kosten. Auch bei den abgefragten Nachteilen sind in einigen Fällen Unterschiede in deren Wahrnehmung zwischen Wenig- und Viel-Usern zu beobachten. So geben Wenig-User u.a. vergleichsweise eher an, dass ihnen die rechtliche Situation in bezug auf Internetbuchungen unklar sei. Bemerkenswert erscheint, dass Sicherheitsbedenken sowohl von Viel- als auch von Wenig-Usern gleich häufig genannt werden und insofern keinen unmittelbar messbaren Einfluss auf die Nutzungshäufigkeit von Online-Reiseangeboten ausüben.

4.3 Hinweise auf zukünftige Nutzung

Die folgenden Ausführungen dokumentieren Ergebnisse der Internet-Nutzer-Befragung, die Einschätzungen des zukünftigen Nutzerverhaltens im Bereich Online-Reiseangebote erlauben. Den an die Teilnehmer gerichteten Fragen wurden vom Interviewer als Stimulus verschiedene angebotsseitige Rahmensetzungen genannt, die zwar heute nicht gegeben sind, jedoch allgemein als Entwicklungsziel eines leistungsfähigeren und von größerer Bevölkerungsschichten genutzten Internet-Dienstes anerkannt werden. Mithin ist die von den Befragten vorgenommene Vorausschau des (eigenen, zukünftigen) Nutzerverhaltens gleichzeitig an die (perzipierte) Relevanz solcher Vorgaben gekoppelt. Insofern steht die Einschätzung möglicher Wirkungen einer positiver(en) Gestaltung des Internet auf die Inanspruchnahme von Online-Reiseangeboten im Zentrum des Interesses. Die Daten erlauben eine Abschätzung des tatsächlichen Nutzerpotentials unter den Teilnehmern.

4.3.1 Nutzung von Online-Reiseangeboten unter Idealbedingungen

Um Hinweise auf die zukünftige Nutzung von Online-Reiseangeboten zu erlangen, wurden die Untersuchungspersonen danach gefragt, ob sie diese in Zukunft „vielleicht häufiger nutzen würden", wenn es das ideale Internet gäbe, d.h. ohne Zeitverzögerung, kostenlos und unter absoluter Gewährleistung des Datenschutzes.

Rahmensetzungen der Internetnutzungen als Hemmfaktoren

Wie aus Abb. 4.16 hervorgeht, beantwortet nahezu die Hälfte aller Befragten diese Frage mit „Ja" (47,4 %), m.a. W.: die im Erhebungszeitraum gegebenen Rahmensetzungen der Internetnutzung werden von etwa der Hälfte aller Internetnutzer als Hemmnisse wahrgenommen werden, die einer (noch) intensiveren Nutzung des Internets entgegenstehen.[39]

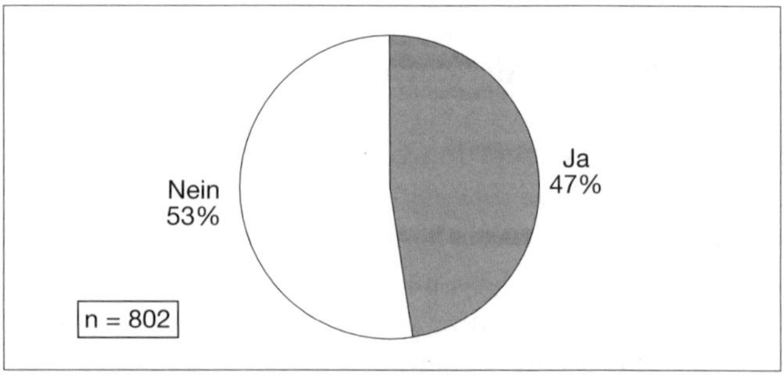

Abb. 4.16. „Vieleicht häufiger Online-Reiseangebote nutzen" unter Idealbedingungen

4.3.1.1 *Nutzungspotenziale und gegenwärtiger Auslastungsgrad.*

Um das gesamte Nutzungspotential und den gegenwärtigen Auslastungsgrad zu ermitteln, gilt es die Befragten zu identifizieren, die heute noch keine Online-Reiseangebote nutzen, jedoch angeben, diese unter den angegebenen „idealisierten Rahmensetzungen" in Zukunft „vielleicht häufiger" nachzufragen.

39 In der Befragtengruppe sind auch Personen, die heute bereits Online-Reiseangebote nutzen.

Tabelle 4.21. „Vieleicht häufiger Online-Reiseangebote nutzen“ unter Idealbedingungen und „Abruf von Reiseinformationen heute“ (nach Gesamtanteilen)

			Nutzung von Online-Reiseangeboten „zumindest selten“		
			Ja	Nein	Gesamt
„Vielleicht häufiger Online-Reiseangebote nutzen“ unter Idealbedingungen	Ja	Anzahl	217	119	336
		% der Gesamtzahl	32,1 %	17,6 %	49,7 %
	Nein	Anzahl	139	201	340
		% der Gesamtzahl	20,6 %	29,7 %	50,3 %
Gesamt		Anzahl	356	320	676
		% der Gesamtzahl	52,7 %	47,3 %	100,0 %

Cramer-V=0,24

Wie aus Tabelle 4.21 hervorgeht, haben zum Zeitpunkt der Erhebung bereits 52,7 Prozent aller Befragten schon mal Informationen aus dem Internet abgerufen, die im Zusammenhang mit Reiseplanung und Reisezielen standen. 17,6 Prozent aller Befragten haben es noch nicht getan und geben an, dies unter Idealbedingungen vielleicht häufiger zu tun. Somit beträgt das gesamte Nutzungspotential für die Nutzung von Online-Reiseangeboten unter Idealbedingungen 70,3 Prozent aller Befragten (52,7 % +17,6 %).

Nutzungspotential und Auslastungsgrad

Aus dem Verhältnis zwischen gegenwärtigem Nutzungsanteil und möglichem Nutzungsanteil unter Idealbedingungen errechnet sich für die Nutzung von Online-Reiseangeboten zum Erhebungszeitraum ein Auslastungsgrad von knapp 75 Prozent (52,7 %/70,3 %).

4.3.1.2
Veränderung der Nutzungshäufigkeit

Um zu prüfen, welchen Einfluss eine Verbesserung der technisch-organisatorischen Infrastruktur des Internets auf die Nutzungshäufigkeit von Online-Reiseangeboten bei Personen besitzt, die heute bereits schon mal Informationen zu Online-Reiseangeboten aus dem Internet abgerufen haben, wird die zuvor bereits in Tabelle 4.21 dargestellte Verteilung nach Spaltenprozenten umsortiert (vgl. Tabelle 4.22).

Tabelle 4.22. „Vieleicht häufiger Online-Reiseangebote nutzen" unter Idealbedingungen und „Abruf von Reiseinformationen heute" (nach Gruppenanteilen)

			Nutzung von Online-Reiseangeboten „zumindest selten"		
			Ja	Nein	Gesamt
„Vielleicht häufiger Online-Reiseangebote nutzen" unter Idealbedingungen	Ja	Anzahl	217	119	336
		Spalten %	61,0 %	37,2 %	49,7 %
	Nein	Anzahl	139	201	340
		Spalten %	39,0 %	62,8 %	50,3 %
Gesamt		Anzahl	356	320	676
		Spalten %	100,0 %	100,0 %	100,0 %

Die in Tabelle 4.22 dokumentierten Ergebnisse weisen auf erhebliche Nutzungspotentiale bei heutigen Nutzern von Reiseangeboten hin, die allein aufgrund unzureichender Rahmensetzungen des Internets bislang unerschlossen bleiben: Drei Fünftel aller Personen, die schon mal Informationen zu Online-Reiseangeboten aus Internet abgerufen haben, geben an, diese unter Idealbedingungen vielleicht häufiger zu nutzen (61,0 %). Bei den verbleibenden zwei Fünfteln der Befragten wird sich die Nutzungshäufigkeit unter Idealbedingungen nach eigener Einschätzung nicht erhöhen (39,0 %).

4.3.2 Zwischenresümee

Auf Basis der Frage nach der zukünftigen Nutzung des Internets unter Idealbedingungen, wurde für Online-Reiseangebote ein Gesamtnutzungspotential von 70,3 Prozent ermittelt. Dieses ist zum Erhebungszeitpunkt zu etwa 75 Prozent ausgelastet.

4.4 Mobilitätseffekte

Von zentralem Interesse ist die Frage, inwieweit die Nutzung von Reiseangeboten im Internet das physische Mobilitätsverhalten im Zusammenhang mit Reisen beeinflusst. Um etwaige Beziehungen aufzudecken, wurden

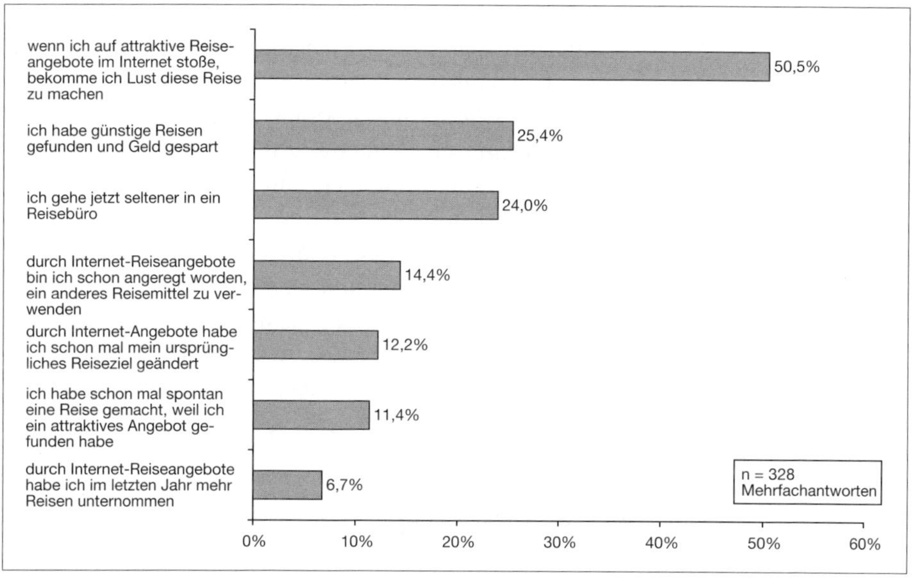

Abb. 4.17. Erfahrungen mit Reise-Buchungen im Internet

persönliche Erfahrungen im Zusammenhang mit der Buchung von Reisen im Internet erhoben.

Dabei wurden nur Personen befragt, die zumindest selten Reiseangebote im Internet nutzen[40]. Dieser Teilgruppe wurden sieben Statements vorgelesen, welche Erfahrungen beschreiben, die durch Online-Reiseangebote möglicherweise eintreten können bzw. eingetreten sind. Die Befragten wurden jeweils gebeten anzugeben, ob diese für sie zutreffen (Ja/Nein; vgl. Abb. 4.17).

Wahrgenommene Folgen der Nutzung von Online-Reiseangeboten

Im Ergebnis zeigt sich, dass etwa die Hälfte aller Nutzer durch die Angebote „Lust auf eine Reise bekommen" (50,5 %). Damit ist „Motivierung zu Reisen" der weitaus am häufigsten eintretende Effekt der Nutzung von Online-Reiseangeboten. Etwa ein Viertel der Befragten gibt an, günstige Reisen gefunden und Geld gespart zu haben (25,4 %). Ein weiteres Viertel geht nach eigenen Angaben jetzt seltener ins Reisebüro (24,0 %). 14,4 Prozent der Befragten sind durch Internet-Reiseangebote angeregt worden, ein anderes Reisemittel als ursprünglich gedacht, zu

40 Online-Reiseangebote wurden eingangs definiert als „aus dem Internet abrufbare Informationen, die im Zusammenhang mit Reiseplanung und Reisezielen stehen".

verwenden und 12,2 Prozent haben schon mal ihr ursprüngliches Reiseziel geändert. Jeder zehnte Nutzer von Online-Reiseangeboten hat aufgrund eines attraktiven Angebotes schon mal spontan eine Reise gemacht (11,4 %). Demnach glauben nur 6,7 Prozent, durch Internet-Reiseangebote im letzten Jahr mehr Reisen als sonst unternommen zu haben.

Um zu prüfen, inwieweit diese Effekte mit der Nutzungshäufigkeit von Online-Reiseangeboten korrespondieren, werden diese in den folgenden Abschnitten nochmals für die Gruppen der Wenig- und Viel-User von Online-Reiseangeboten differenziert betrachtet und beschrieben.

4.4.1 Motivationssteigerung

24 Prozent der Nutzer „gehen jetzt seltener ins Reisebüro"

Tabelle 4.23 zeigt einen deutlichen Zusammenhang zwischen der Nutzungshäufigkeit von Online-Reiseangeboten und der Zustimmung auf das Statement „*Wenn ich auf attraktive Reiseangebote im Internet stoße, bekomme ich Lust, diese Reise zu machen*". Während insgesamt die Hälfte aller Nutzer von Online-Reiseangeboten diesem Statement zustimmen (50,5 %), trifft dies für immerhin 70,4 Prozent der Viel-User und nur für 44,0 Prozent der Wenig-User zu. Demnach werden Viel-User durch attraktive Reiseangebote eher motiviert, eine Reise zu machen,

Tabelle 4.23. „Wenn ich auf attraktive Reiseangebote im Internet stoße, bekomme ich Lust, diese Reise zu machen" nach Nutzungshäufigkeit von Online-Reiseangeboten: Wenig- und Viel-User

			Nutzung von Online-Reiseangeboten „zumindest selten"		
			Wenig	Viel	Gesamt
„Wenn ich auf attraktive Reiseangebote im Internet stoße, bekomme ich Lust diese Reise zu machen"	Ja	Anzahl	109	57	166
		Spalten %	44,0 %	70,4 %	50,5 %
	Nein	Anzahl	139	24	163
		Spalten %	56,0 %	29,6 %	49,5 %
Gesamt		Anzahl	248	81	329
		Spalten %	100,0 %	100,0 %	100,0 %

Cramer-V=0,23

als Wenig-User – ähnliche selbstverstärkende Effekte zeigen sich bei anderen Nutzergruppen.[41]

4.4.2 Günstige Reisen gefunden/Geld gespart

Eine Kreuztabellierung der Merkmale „Nutzungshäufigkeit von Online-Reiseangeboten" und „Zustimmung auf das Statement „*Ich habe günstige Reisen gefunden und Geld gespart*" ergibt einen deutlichen Zusammenhang: Während insgesamt ein Viertel aller Nutzer von Online-Reiseangeboten dem Statement zustimmen (25,3 %), trifft dies für immerhin 55,0 Prozent der Viel-User und für nur 15,7 Prozent der Wenig-User zu (vgl. Tabelle 4.24).

Viel-User haben bereits eher günstige Reisen gefunden und Geld gespart als Wenig-User.

Tabelle 4.24. „Ich habe günstige Reisen gefunden und Geld gespart" nach Nutzungshäufigkeit von Online-Reiseangeboten: Wenig- und Viel-User

			Nutzungshäufigkeit von Online-Reiseangeboten		
			Wenig	Viel	Gesamt
„Ich habe günstige Reisen gefunden und Geld gespart"	Ja	Anzahl	39	44	83
		Spalten %	15,7 %	55,0 %	25,3 %
	Nein	Anzahl	209	36	245
		Spalten %	84,3 %	45,0 %	74,7 %
Gesamt		Anzahl	248	80	328
		Spalten %	100,0 %	100,0 %	100,0 %

Cramer-V=0,39

4.4.3 Anregung zur Änderung des Reisemittels

Tabelle 4.25 veranschaulicht einen deutlichen Zusammenhang zwischen der Nutzungshäufigkeit von Online-Reiseangeboten und der Zustimmung auf das Statement „*Durch Internet-Reiseangebote bin ich schon angeregt worden, ein*

41 Z.B. bei Chattern und Nutzern von Online-Banking, wie in anderen Kapiteln dieser Studie dargelegt wird.

Tabelle 4.25. „Durch Internet-Reiseangebote bin ich schon angeregt worden, ein anderes Reisemittel als ursprünglich gedacht, zu verwenden" nach Nutzungshäufigkeit von Online-Reiseangeboten: Wenig- und Viel-User

			Nutzungshäufigkeit von Online-Reiseangeboten		
			Wenig	Viel	Gesamt
„durch Internet-Reiseangebote bin ich schon angeregt worden, ein anderes Reisemittel als ursprünglich gedacht, zu verwenden"	Ja	Anzahl	21	26	47
		Spalten %	8,5 %	32,5 %	14,3 %
	Nein	Anzahl	227	54	281
		Spalten %	91,5 %	67,5 %	85,7 %
Gesamt		Anzahl	248	80	328
		Spalten %	100,0 %	100,0 %	100,0 %

Cramer-V=0,30

anderes Reisemittel als ursprünglich gedacht, zu verwenden". Während insgesamt nur 14,3 Prozent aller Nutzer von Online-Reiseangeboten diesem Statement zustimmen, trifft dies für immerhin ein Drittel aller Viel-User zu (32,5 %).[42]

Viel-User werden von Internet-Reiseangeboten eher angeregt, ein anderes Reisemittel als ursprünglich gedacht, zu verwenden.

4.4.4
Reduzierung der Besuche im Reisebüro

Wie aus Tabelle 4.26 hervorgeht, besteht ein deutlicher Zusammenhang zwischen der Nutzungshäufigkeit von Online-Reiseangeboten und der Zustimmung auf das Statement „*Ich gehe jetzt seltener ins Reisebüro*". Während insgesamt knapp ein Viertel aller Nutzer von Online-Reiseangeboten diesem Statement zustimmen (24,1 %), trifft dies immerhin für die Hälfte aller Viel-User (50,0 %) und nur für 15,7 Prozent der Wenig-User zu.

Viel-User gehen „jetzt", also seitdem sie das Internet für Reiseangelegenheiten nutzen, seltener ins Reisebüro als

42 Hier nicht dokumentierte Analysen haben ergeben, dass nutzerspezifische Verhaltensänderungen zu beobachten sind. So beispielsweise, dass junge Anwender insbesondere weit entfernte Urlaubsziele ansteuern während ältere Nutzer verstärkt Angebote von Kurzreisen (Städtetouristik) präferieren.

Tabelle 4.26. „Ich gehe jetzt seltener in ein Reisebüro" nach Nutzungshäufigkeit von Online-Reiseangeboten: Wenig- und Viel-User

			Nutzungshäufigkeit von Online-Reiseangeboten		
			Wenig	Viel	Gesamt
„Ich gehe jetzt seltener in ein Reisebüro"	Ja	Anzahl	39	40	79
		Spalten %	15,7 %	50,0 %	24,1 %
	Nein	Anzahl	209	40	249
		Spalten %	84,3 %	50,0 %	75,9 %
Gesamt		Anzahl	248	80	328
		Spalten %	100,0 %	100,0 %	100,0 %

Cramer-V=0,34

Wenig-User. In Abschnitt 4.1.3.6 wurde hierzu festgestellt, dass eine häufigere Nutzung von Online-Reiseangeboten durchaus mit der Häufigkeit eines „eigenen" Stammreisebüros und generell häufigeren Besuchen in Reisebüros korrespondiert. Damit stützen die Ergebnisse sowohl die Komplementaritäts- als auch die Substitutionsthese: Je umfassender der Bedarf nach reisebezogenen Dienstleistungen ist, desto eher werden sich ergänzende Möglichkeiten des Dienstleistungsbezugs genutzt – gleichwohl, bzw. gerade aus diesem Grund, sind damit Möglichkeiten verbunden, das physische Mobilitätsverhalten zu Gunsten der virtuellen Nutzungen zu überdenken und neu zu ordnen.

4.4.5 Änderung des ursprünglichen Reiseziels

Tabelle 4.27 zeigt einen Zusammenhang zwischen der Nutzungshäufigkeit von Online-Reiseangeboten und der Zustimmung auf das Statement „*Durch Internet-Reiseangebote habe ich schon mal mein ursprüngliches Reiseziel geändert*". Während insgesamt nur 12,2 Prozent aller Nutzer von Online-Reiseangeboten diesem Statement zustimmen, trifft dies für knapp ein Viertel der Viel-User (24,7 %) und nur für 8,1 Prozent der Wenig-User zu.

Viel-User geben eher an, durch Reiseangebote im Internet schon mal ein ursprüngliches Reiseziel geändert zu haben, als Wenig-User.

Tabelle 4.27. „Durch Internet-Angebote habe ich schon mal mein ursprüngliches Reiseziel geändert“ nach Nutzungshäufigkeit von Online-Reiseangeboten: Wenig- und Viel-User

			Nutzungsskala Online-Reisen: Wenig, Viel		
			Wenig	Viel	Gesamt
„Durch Internet-Angebote habe ich schon mal mein ursprüngliches Reiseziel geändert“	Ja	Anzahl	20	20	40
		Spalten %	8,1 %	24,7 %	12,2 %
	Nein	Anzahl	227	61	288
		Spalten %	91,9 %	75,3 %	87,8 %
Gesamt		Anzahl	247	81	328
		Spalten %	100,0 %	100,0 %	100,0 %

Cramer-V=0,22

4.4.6 Induzierung von Reiseverkehr (spontane Kurzreisen)

Wie aus Tabelle 4.28 hervorgeht, besteht ein deutlicher Zusammenhang zwischen der Nutzungshäufigkeit von Online-Reiseangeboten und der Zustimmung auf das Statement *„Ich habe schon mal spontan eine Reise gemacht, weil ich ein attraktives Angebot beim Surfen im Internet gefunden habe“*. Während insgesamt nur etwa jeder zehnte Nutzer von Online-Reiseangeboten diesem Statement zustimmt (11,3 %), trifft dies immerhin für knapp jeden

Tabelle 4.28. „Ich habe schon mal spontan eine Reise gemacht, weil ich ein attraktives Angebot beim Surfen im Internet gefunden habe“ nach Nutzungshäufigkeit von Online-Reiseangeboten: Wenig- und Viel-User

			Nutzungshäufigkeit von Online-Reiseangeboten		
			Wenig	Viel	Gesamt
„Ich habe schon mal spontan eine Reise gemacht, weil ich ein attraktives Angebot beim Surfen im Internet gefunden habe“	Ja	Anzahl	12	25	37
		Spalten %	4,9 %	31,3 %	11,3 %
	Nein	Anzahl	235	55	290
		Spalten %	95,1 %	68,8 %	88,7 %
Gesamt		Anzahl	247	80	327
		Spalten %	100,0 %	100,0 %	100,0 %

Cramer-V=0,36

dritten Viel-User (31,3 %) aber nur für jeden zwanzigsten Wenig-User zu (4,9 %).

Viel-User sind eher geneigt, aufgrund von Online-Reiseangeboten eine spontane Reise zu unternehmen, als Wenig-User.

4.4.7 Induzierung von Reiseverkehr (mehr Reisen unternommen)

Tabelle 4.29 veranschaulicht einen geringen aber signifikanten Zusammenhang zwischen der Nutzungshäufigkeit von Online-Reiseangeboten und der Zustimmung auf das Statement „*Durch Internet-Reiseangebote habe ich im letzten Jahr mehr Reisen unternommen als sonst*". Während insgesamt nur 6,7 Prozent aller Nutzer von Online-Reiseangeboten diesem Statement zustimmen, trifft dies 13,8 Prozent aller Viel-User und nur für 4,4 Prozent der Wenig-User zu.

Viel-User haben eher durch Internet-Reiseangebote mehr Reisen unternommen als Wenig-User.

Tabelle 4.29. „Durch Internet-Reiseangebote habe ich im letzten Jahr mehr Reisen unternommen als sonst" nach Nutzungshäufigkeit von Online-Reiseangeboten: Wenig- und Viel-User

			Nutzungshäufigkeit von Online-Reiseangeboten		
			Wenig	Viel	Gesamt
„Durch Internet-Reiseangebote habe ich im letzten Jahr mehr Reisen unternommen als sonst"	Ja	Anzahl	11	11	22
		Spalten %	4,4 %	13,8 %	6,7 %
	Nein	Anzahl	237	69	306
		Spalten %	95,6 %	86,3 %	93,3 %
Gesamt		Anzahl	248	80	328
		Spalten %	100,0 %	100.0 %	100,0 %

Cramer-V=0,16

4.4.8 Häufiger unternommene Reisetypen bei idealem Angebot

Im letzten Abschnitt wurde festgestellt, dass knapp 7 Prozent aller Personen, die bereits Informationen im Zusammenhang mit Reisen aus dem Internet abgerufen haben, angeben, durch diese Angebote im letzten Jahr mehr Reisen als sonst unternommen zu haben.

Um Hinweise auf in Zukunft eventuell häufiger unternommene Reisetypen zu erhalten, wurden alle reiseaktiven Personen im Sample danach gefragt, welche Reisen sie eventuell häufiger unternehmen würden, wenn es die Möglichkeit gäbe, ganz gezielt auf ihre individuellen Reisewünsche zugeschnittene kostengünstige Reiseangebote aus der ganzen Welt abzurufen.

Häufiger Kurzreisen oder Fernreisen unter Idealbedingungen

Dabei zeigt sich, dass jeweils etwa zwei Drittel aller reiseaktiven Befragten angeben, unter diesen Rahmenbedingungen „bestimmt" oder „wahrscheinlich" häufiger spontane Kurzreisen (65,9 %) und/oder Fernreisen (64,8 %) zu unternehmen. Mehr als die Hälfte der Befragten nennen Städtereisen (60,9 %) und etwas mehr als ein Drittel Activity-Reisen (35,2 %). Nur jeweils ein Viertel der Untersuchungspersonen glaubt, eventuell häufiger Cluburlaube zu unternehmen (24,5 %) und/oder Freizeitparks zu besuchen (24,2 %). Schließlich geben etwa ein Fünftel aller reiseaktiven Befragten an, in diesem Fall eventuell häufiger auf Wellness/Gesundheitsreisen zu gehen.

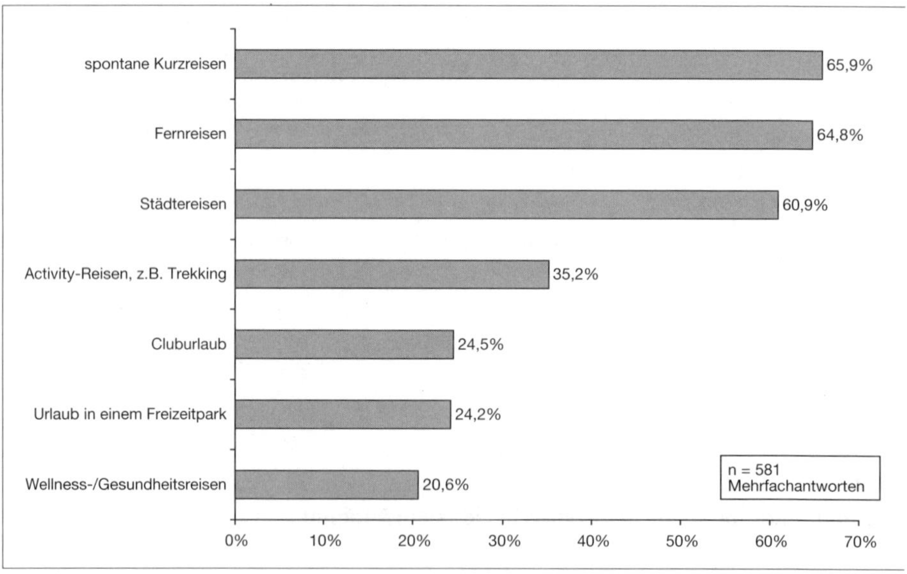

Abb. 4.18. Was für Reisen würden Sie eventuell häufiger unternehmen, wenn es im Internet die Möglichkeit gäbe, ganz gezielt auf ihre individuellen Reisewünsche zugeschnittene kostengünstige Angebote aus der ganzen Welt abzurufen?

4.4.9 Zwischenresümee

Zur Analyse möglicher Mobilitätseffekte wurden die Befragten zunächst nach möglichen Folgen der Nutzung von Online-Reiseangeboten für ihr physisches Mobilitätsverhalten gefragt. Anschließend wurde anhand von Kreuztabellierungen untersucht, inwieweit diese Effekte bei Viel-Usern von Online-Reiseangeboten häufiger auftreten als bei Wenig-Usern.

Zunächst ist festzustellen, dass keiner der abgefragten Effekte bei mehr als einem Viertel der Befragten eintritt[43]. So gehen u.a. knapp ein Viertel aller befragten Nutzer von Online-Reiseangeboten *„jetzt seltener ins Reisebüro"* (24,0 %) und etwa 15 Prozent sind durch Online-Reiseangebote *„schon angeregt worden, ein anderes Reisemittel als ursprünglich gedacht, zu verwenden"*. Wenngleich die untersuchten Effekte demnach nur bei jeweils eher kleinen Anteilen dieser Personengruppe eintreten, erscheinen sie für eine Gesamteinschätzung von Relevanz, da sie z.T. sehr deutlich mit der Nutzungshäufigkeit von Online-Reiseangeboten interdependieren: So sind beispielsweise bereits ein Drittel (32,5 %) aller Viel-User angeregt worden, ein anderes Reisemittel zu verwenden, wenngleich dies nur für knapp 8,5 Prozent der Wenig-User zutrifft. Ein anderes Ergebnis zeigt, dass immerhin die Hälfte aller Viel-User jetzt nach eigenen Angaben seltener ins Reisebüro geht, während nur etwa 15 Prozent der Wenig-User diese Aussage treffen.

Vor diesem Hintergrund lässt sich feststellen, dass die Nutzung von Online-Reiseangeboten bei einem Teil aller Nutzer dieser Angebote zu deutlichen Veränderungen in deren physischem Mobilitätsverhalten führen. Gemäß der in dieser Studie unternommenen Unterscheidung zwischen Wenig- und Viel-Usern, betreffen diese Veränderungen in hohem Maße die Gruppe der Viel-User; insgesamt ergibt sich eine Relevanz für zumindest ein Viertel aller Nutzer von Online-Reiseangeboten.

---

43 Eine Ausnahme stellt die „Motivierung zu Reisen" dar (50,5 %), welche jedoch als „psychographischer Effekt" gesondert betrachtet werden muss.

5 Online-Banking

Online-Banking bezeichnet das Abwickeln von Geldtransfermaßnahmen und die Nutzung von Bankdienstleistungen über das Internet. Hierzu zählen in erster Linie das Anlegen und Verwalten von Bankkonten, die Abfrage des Konto- und Depotstandes und die Ausführung von Überweisungsaufträgen. Hinzu kommen Service-Angebote der Online-Banken wie Lastschriftverfahren und Wertpapierhandel, die den Online-Kauf von Aktien und die Verwaltung von Wertpapierdepots ermöglichen. Das Angebot, ein Privatkonto online zu führen, auch Homebanking genannt, erfordert ein (standardisiertes) Softwareprogramm, das seitens der Bank oder des Internet-Providers zur Verfügung gestellt wird. So ist das Homebanking Computer Interface (HBCI) eine von den Anbietern als Standard festgelegte Software, die grundlegende Service- und Sicherheitsstandards erfüllen soll. Gleichwohl determinieren nicht allein objektiv messbare Größen, sondern ebenso subjektive Einschätzungen die Akzeptanz von Homebanking und Online-Banking. Im Zusammenhang mit einem im Vergleich zu anderen Ländern in Deutschland ausgeprägten Anspruch an die Gewährleistung von Sicherheit bei Bankgeschäften, nimmt die Vertrauensbeziehung der Kunden in ihre Bank bzw. ihre Bankberater eine entscheidende und wettbewerbsbestimmende Funktion wahr. Vertrauen erweist sich insofern als ein zentraler Indikator für die Akzeptanz von Homebanking und Online-Banking (vgl. Brauner 1996: 83).

Subjektive Einschätzungen determinieren die Akzeptanz

Vertrauen als zentraler Indikator

In den nächsten Jahren werden dem online-basierten Privatkundengeschäft hohe Zuwachsraten prognostiziert. Für traditionell arbeitende Banken werden daraus enorme Konkurrenzbeziehungen erwachsen. Im europäischen Markt quantifizieren die Analysten von JP Morgan die durch Online-Konkurrenz resultierende Gewinnminderung für die nächsten drei Jahre auf bis zu 7 Milliarden Dollar. In diesem Zeitraum wird erwartet, dass sich die Zahl der Kunden, die Homebanking nutzen werden, nahezu verdreifachen wird. Die im Jahr 2000 erreichte Zahl von etwa 20 Millionen Nutzern wird nach dieser Einschätzung im Jahr 2003 bereits auf 55 Millionen angewachsen sein. Dabei gehen die Prognosen davon aus, dass kurzfristig vor allem die für Banken attraktive Kundengruppe der einkommensstärkeren Personen zu gewinnen sind, da diese vielfach wenig Zeit haben, ihre Bankgeschäfte in den vorherrschenden Öffnungszeiten der Filialen selbst zu erledigen (Brokat Infosysteme 2000).

55 Mio. Nutzer im Jahr 2003

Der sich aus dieser Entwicklung abzeichnende Trend der Kundenabwanderung aus traditionellen Formen der Erledigung von Bankgeschäften führt zu einer größeren Dynamik im Bankgeschäft mit dem privaten (End-)Kunden. Zusätzlich angetrieben wird diese Entwicklung durch den Umstand, dass sich die bislang im klassischen Bankgeschäft gekannte hohe Kundenbindung und –treue im Online-Segment erheblich niedriger ausgeprägt ist bzw. sich allmählich verliert. So wurde in einer 1999 durchgeführten Studie festgestellt, dass die Fluktuationsfrequenz der Online-Kunden mehr als doppelt so hoch ist wie unter vergleichbaren Kundengruppen des klassischen Bankings, wobei kundenseitig vor allem als unzureichend empfundene Qualitäten des Online-Angebots eine Schlüsselrolle einnehmen: Es sind vor allem mangelhaft empfundene Serviceleistungen und verbesserungsbedürftige Angebotsstrukturen, die den Online-Kunden sehr kurzfristig zu einem Wechsel „seiner" Bank bewegen (vgl. Infratest Burke 1999). Die zuvor präferierte räumliche Nähe des Kunden zu (s)einer Bankfiliale verliert damit angesichts virtueller Nutzungsmöglichkeiten an Bedeutung. Im Zuge dieser Entwicklung erhöht sich für den Homebanking-Kunden die örtliche und die funktionale Unabhängigkeit bei der Inanspruchnahme von Bankdienstleistungen. Da jedoch für die einzelnen Vorgänge bzw. Nutzungsarten von Homebanking jeweils unterschiedliche funktionale Voraussetzungen und somit unterschiedliche Faktoren für eine tatsächliche Nutzung

Fluktuationsfrequenz mehr als doppelt so hoch

entscheidend sind, muss in einer Analyse der möglichen (verkehrlichen) Veränderungen durch zunehmenden Interneteinsatz auch nach unterschiedlichen Nutzungsarten wie Überweisung, Beratung, Geldabheben etc. differenziert werden.

Nutzungspotenziale können durch sicherheitstechnische Verbesserungen erschlossen werden

Gleichwohl wird dem Faktor Sicherheit eine übergeordnete Rolle für die Entwicklung der künftigen Verbreitung von Online-Banking zugewiesen. So legen die Ergebnisse von empirischen Studien nahe, dass mit der Realisierung von sicherheitstechnischen Verbesserungen, die geeignet erscheinen, die vorhandenen Sicherheitsbedenken der Nutzer abzubauen, fast alle Internet-User bereit wären, auch die Angebote des Online-Banking online zu betreiben[44]. Bestätigt werden solche auf Grundlage von Nutzerbefragungen erzielten Einschätzungen auch durch Experten aus dem Bankgewerbe. In diesem Sinne wird beispielsweise die in den ersten Monaten der Nutzung besonders intensive Inanspruchnahme der Call-Center als Wunsch des Kunden gedeutet, Vertrauen in die Funktionsweise und damit in die Zuverlässigkeit und Sicherheit des Online-Banking zu gewinnen (Brokat Infosysteme 2000). Eine höhere Nutzungsfrequenz stellt sich hingegen beim (Neu-)Kunden erst nach einer gewissen Nutzungsdauer ein, wenn er sich mit der Anwendung von Homebanking grundsätzlich vertraut gemacht und ein Wissen darüber erlangt hat, wie die elektronischen Funktionalitäten des Banking einsetzbar sind und wie diese im einzelnen verlässlich funktionieren. Aufbauend auf diesem Erfahrungswissen, der konstanten Erfahrung sicheren Online-Banking, wird erwartet, dass sich beim Kunden die Bereitschaft einstellt, eine Reduzierung des Servicepersonals vor Ort hinzunehmen und auch einer Ausdünnung des Filialnetzes nicht abweisend gegenüber zu stehen[45]. Einmal aufgebaute Vertrauensverhältnisse können auch

---

44 So stellen Psychonomics in einer Studie fest, dass über 60 Prozent der deutschen Finanzentscheider misstrauisch gegenüber der Datensicherheit im Netz seien. Vergl. Psychonomics (2000): Kommunikations-Defizite bremsen Online-Finanzgeschäfte. Online-Artikel zur Studie „Internetmarketing für Banken und Versicherer: Potentiale, Zielgruppen, Strategien“, online: http://www.psychonomics.de/presse.html[Stand 24.06.00]

45 So Expertenaussagen in „Online-Banking mit Kaffee“, von Christine Koller in Handelsblatt-Netzwert, 09.10.2000: N14.

über größere Distanzen hinweg funktionieren, wie es in der wissenschaftlichen Literatur zu Folgewirkungen des Telekommunikationseinsatzes heißt (vgl. Matuschewski/ Zoche 2001). Unter diesem Aspekt wird der Einstellungswandel beim Kunden mit hoher Wahrscheinlich- keit die Filialstrategie der Banken nachhaltig beeinflussen und im Gefolge einer Rücknahme der räumlichen Präsenz das künftige mobile Verhalten von Bankkunden maßgeblich determinieren.

Vertrauenszuwächse und Ausdünnung der Filialnetze

Daneben gilt jedoch auch die theoretische Einsicht, dass kurze Wege und häufige, reziproke Kontakte als notwendige Voraussetzung zur Vertrauensbildung anzuerkennen sind. Zudem erhöht räumliche Nähe die Diffusionsgeschwindigkeit von Informationen, Know-how und Innovationen. Insofern ist die gegenwärtige Situation voller Widersprüche und entsprechend durch ambivalentes Verhalten der Akteure gekennzeichnet. In diesem Sinne berichten nordamerikanische Analysten über den bei Online-Banken zu beobachtenden Trend eines verstärkten Aufbaus von Filialstrukturen, da, wie eingangs ausgeführt, in der Filialpräsenz eine zentrale Voraussetzung für die Vertrauensgewinnung und den Vertrauenserhalt beim Kunden gesehen wird. Über die europäische first-e Bank wird berichtet, dass diese plane, für ihre Online-Kunden vermehrt „physische Filialen" aufzubauen. Dabei sollen diese den Gewohnheiten der Online-Kunden in besonderer Weise entsprechen, indem sie für die Kunden in besonderer Weise (zeit-)günstige Gelegenheitsstrukturen anbieten, ihre Bankgeschäfte gegebenenfalls auch persönlich zu erledigen, etwa in Flughafen Lounges oder in Shopping Center (www.first-e.com). Beim Aufbau solch zeitgemäßer Filialstrukturen werden den virtuellen Banken Kostenvorteile gegenüber den traditionellen Banken vorausgesagt, da sich traditionelle Banken bei der Umsetzung ihrer Umstrukturierungs-, Konzentrations- oder Schrumpfungsstrategien in erheblichem Maße mit internen und externen Widerständen auseinander zu setzen haben.

Akteure verhalten sich ambivalent

Abhängig von der Realisierung der verschiedenen Kundenstrategien wird sich das Marktsegment Online-Banking zwar verschieden entwickeln aber, und da unterscheiden sich auch voneinander abweichende Prognosen lediglich in der Größenordnung, insgesamt erheblich anwachsen. Begründet wird dieser Trend vor allem mit der weiterhin ansteigenden Nutzung von Internet im privaten Bereich und der damit einhergehenden zunehmenden Inanspruchnahme von Online-Dienstleistungen der Banken und Finanzdienstleister. Die zuvor erwähnten möglichen Hindernisse, die eine Verbreitung hemmen könnten, insbesondere die Sicherheitsbedenken, sind den Anbietern wohl bekannt und es ist davon auszugehen, dass entsprechende technische und organisatorische Maßnahmen ergriffen werden, mit denen das Vertrauen der Kunden in Online-Banking gewonnen bzw. gestärkt werden kann. Künftigen Strategien wird es vorbehalten bleiben, sich intensiver als bislang mit der Frage zu befassen. Insbesondere gilt es zu prüfen, ob alle bisher angebotenen und auch in Anspruch genommenen Finanzdienstleistungen gleichermaßen für das Online-Banking interessant sind oder nur ausgewählte Angebote in Zukunft verstärkt online abgewickelt werden, andere wiederum nach wie vor fast ausschließlich an einen Bankbesuch geknüpft sind. Im Rahmen der hier vorgelegten Analyse einer Nutzerumfrage werden hiermit zusammenhängende Aspekte nachgezeichnet, so beispielsweise die Rolle des persönlichen Kontakts zu den Bankmitarbeitern und dessen Funktion für die Etablierung von Vertrauen gegenüber der Bank.

Marktsegment Online-Banking wird wachsen

Unterschiedliche Eignung von Finanzdienstleistungen für Online-Banking

Die Rolle des persönlichen Kontaktes

Zunächst soll jedoch die Gruppe der Online-Banker anhand demographischer Merkmale und hinsichtlich ihrer Internetnutzung näher typisiert werden (Kap. 1). Untersucht werden des Weiteren die der Nutzung zu Grunde liegenden Motivationsfaktoren (Kap. 2) sowie Hinweise auf die zukünftige Nutzung (Kap. 3). Im letzten Teil geht es schließlich um Zusammenhänge zwischen Online-Banking und Formen physischer Mobilität (Kap. 4).

Da die private Nutzung von Online-Banking im Mittelpunkt der Analyse steht, werden die Bezeichnungen *Homebanking, Online-Banking* und *Internet-Banking* im folgenden synonym verwendet.

5.1 Nutzermerkmale

Um die Befragten hinsichtlich ihrer virtuellen Mobilität im Bereich Online-Banking zu unterscheiden, wurden sie gefragt, inwieweit sie Online-Banking *„häufig, gelegentlich, selten oder nie zu Hause bzw. privat im Internet“* nutzen.

39 Prozent der Befragten nutzen Online-Banking

Wie Abb. 5.1 zeigt, geben etwa drei Fünftel aller Befragten an, „nie“ Online-Banking zu betreiben (61 %), während 39 Prozent der Internet-Nutzer Banking-Angebote anwenden. Bezüglich der Nutzungsintensität zeigt sich: Etwas weniger als ein Drittel der Untersuchungspersonen gibt an, Online-Banking „häufig“ zu nutzen (29 %), während zusammengenommen nur etwa 10 Prozent aller Befragter dies nach eigenen Angaben „gelegentlich“ oder „selten“ tun.

Geringe Unterschiede in der Nutzungsintensität

Bei Online-Banking handelt es sich demnach um eine Aktivität, die hinsichtlich ihrer Intensität wenige Abstufungen erkennen lässt. Betreiben Befragte Online-Banking, so tun sie dies ihrem Eindruck nach „häufig“.

Anhand der Frage *„Wann haben Sie zum ersten Mal Online-Banking gemacht?“*, wurde der Zeitraum der Nutzung von Online-Banking erhoben (vgl. Abb. 5.2). Dabei zeigt sich, dass zusammengenommen die Mehrheit der Befragten „vor einem Jahr“ (27 %) oder „vor 2–3 Jahren“ (33 %) begonnen hat, ihre Bankgeschäfte online zu erledigen. Bei knapp einem Fünftel aller Kunden von Online-Banking „ist das länger her“ (17 %). Knapp ein Viertel dieser Gruppe hat Online-Banking „in diesem Jahr“ das erste mal genutzt (23 %), somit sind im Befragungsjahr Sommer 1999 23 Prozent aller Online-Banking-Nutzer als Neukunden zu bezeichnen, ein hoher Zuwachs, der angesichts einer noch niedrigen Internet-Nutzerquote

23 Prozent der Nutzer sind Neukunden

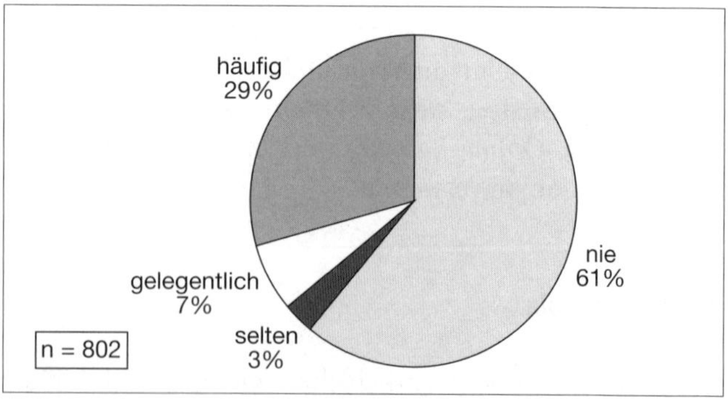

Abb. 5.1. Wie häufig nutzen Sie Online-Banking?

von etwa 20 Prozent im Erhebungszeitraum auf weiterhin erhebliche Wachstumsraten im Bereich des Online-Banking schließen lässt. Die im Sample feststellbare Unterschiedlichkeit der Nutzungszeiträume bei den Homebanking-Kunden korrespondiert mit divergierenden Nutzungserfahrungen. Für die Analyse von Mobilitätswirkungen ist dies insofern von Interesse, da sich gegebenenfalls auch solche Mobilitätseffekte identifizieren lassen, die erst in späteren Stadien der Aneignung von Online-Banking auftreten, d.h. wenn ein Maß an Erfahrungen gesammelt, Kenntnisse und Fertigkeiten im Umgang mit den jeweiligen Anwendungen erworben bzw. ausgebildet wurden.

Treten Mobilitätseffekte in unterschiedlichen Phasen der Aneignung auf?

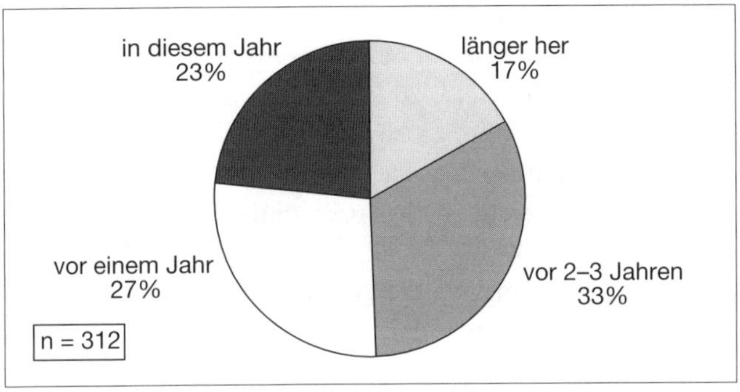

Abb. 5.2. Wann haben Sie zum ersten mal Online-Banking genutzt?

5.1.1 Demographie

Insgesamt nutzen 39 Prozent aller Befragten Online-Banking „selten, gelegentlich oder häufig" (n=313).

5.1.1.1 *Geschlecht*

Ein Vergleich der anteilsmäßigen Nutzung nach Geschlecht zeigt, dass aus der Gruppe der Männer ein signifikant höherer Anteil der Befragten Online-Banking betreibt als aus der Gruppe der Frauen: So geben 43 Prozent

Männer nutzen Online-Banking eher als Frauen

aller Männer, aber nur 31 Prozent aller Frauen an, ihre Bankgeschäfte über das Internet zu erledigen. Die Gruppe der Online-Banking-Kunden setzt sich im Sample somit aus 228 Männern und 85 Frauen zusammen (Tabelle 5.1).

5.1.1.2
Alter

Altersklassen ab 30 Jahre sind tendenziell stärker vertreten

Ein Vergleich der Altersstrukturen der Kunden von Online-Banking und Personen, die kein Online-Banking betreiben, macht deutlich, dass Befragte im Alter unter 30 Jahren – im Vergleich zur Altersstruktur aller Befragten – in der Gruppe der Kunden von Online-Banking eher unterrepräsentiert sind. Dagegen sind die Altersklassen ab 30 Jahren tendenziell überrepräsentiert (Tabelle 5.2). Während beispielsweise 20,2 Prozent aller Befragten zwischen 40 und 49 Jahre alt sind, trifft dies für 24,3 Prozent aller Online-Banker zu. Der größte Anteil von Online-Bankern findet sich mit knapp einem Drittel in der Altersgruppe der 30 bis 39-jährigen (32,3 %). Diese stellt auch in der Gesamtheit aller Befragten die am häufigsten vertretene Altersgruppe dar (27,8 %).

Personen über 30 Jahre nutzen Online-Banking eher als Personen unter 30 Jahre.

Tabelle 5.1. Online-Banking nach Geschlecht

			Geschlecht		
			Männlich	weiblich	Gesamt
Nutzung von Online-Banking	nie	Anzahl	300	189	489
		Spalten %	56,8 %	69 %	61 %
	Häufig, gelegentlich, selten	Anzahl	228	85	313
		Spalten %	43,2 %	31 %	39 %
Gesamt		Anzahl	528	274	802
		Spalten %	100 %	100 %	100 %

Tabelle 5.2. Online-Banking nach Altersgruppen

			Nutzung von Online-Banking		
			nie	häufig, gelegentlich, selten	Gesamt
Altersgruppen	14–19 Jahre	Anzahl	101	20	121
		Spalten %	20,7 %	6,4 %	15,1 %
	20–29 Jahre	Anzahl	119	52	171
		Spalten %	24,4 %	16,6 %	21,3 %
	30–39 Jahre	Anzahl	122	101	223
		Spalten %	25,0 %	32,3 %	27,8 %
	40–49 Jahre	Anzahl	86	76	162
		Spalten %	17,6 %	24,3 %	20,2 %
	50 Jahre oder älter	Anzahl	60	64	124
		Spalten %	12,3 %	20,4 %	15,5 %
Gesamt		Anzahl	488	313	801
		Spalten %	100,0 %	100,0 %	100,0 %

Cramer-V = 0,24/Kendall-Tau-b=0,20

5.1.1.3 *Haushalte mit Kindern unter 14 Jahren*

Der Anteil der Personen, die nicht mit Kindern leben, ist in der Gruppe der Online-Bankkunden niedriger als in der Gruppe aller Befragten. Dagegen sind Personen, die in Haushalten mit zwei oder mehr Kindern leben unter den Nutzern von Online-Banking leicht überrepräsentiert (Tabelle 5.3). Auffällig ist, dass in der Gruppe der Online-Bankkunden 16,2 Prozent der Befragten in Haushalten mit zwei Kindern leben, dies jedoch nur für 6,7 Prozent der Befragten zutrifft, die keine Online-Banking betreiben. Dies könnte als Hinweis gedeutet werden, dass die mit dem Einsatz von Online-Banking einhergehende Verlagerung von Bankgeschäften in den privaten Haushalt verstärkt in Familien mit Kindern auch als eine Unterstützung wahrgenommen wird, zusätzliche zeitliche und räumliche Flexibilität und damit größere Unabhängigkeit zu erlangen.

Online-Banking in Haushalten mit 2 Kindern

Personen, die in Haushalten mit zwei oder mehr Kindern unter 14 Jahren leben, nutzen Online-Banking eher als Personen, für die dies nicht zutrifft.

Tabelle 5.3. Haushalte mit Kindern unter 14 Jahren

			Nutzung von Online-Banking		
			nie	häufig, gelegentlich, selten	Gesamt
Anzahl Kinder unter 14 Jahre	kein Kind	Anzahl	362	199	561
		Spalten %	73,9 %	63,4 %	69,8 %
	1 Kind	Anzahl	81	48	129
		Spalten %	16,5 %	15,3 %	16,0 %
	2 Kinder	Anzahl	33	51	84
		Spalten %	6,7 %	16,2 %	10,4 %
	3 und mehr Kinder	Anzahl	14	16	30
		Spalten %	2,9 %	5,1 %	3,7 %
Gesamt		Anzahl	490	314	804
		Spalten %	100,0 %	100,0 %	100,0 %

Cramer-V=0,17

5.1.1.4
Bildung

Nutzung erfolgt nahezu unabhängig vom Bildungsgrad

Ein Zusammenhang der Merkmale „Nutzung von Online-Banking“ und „höchster angestrebter oder abgeschlossener Bildungsabschluss“ konnte nicht festgestellt werden. Verglichen wurden die prozentualen Anteile an Online-Bankkunden unter Personen mit den Formalqualifikationen
a) Volksschule mit oder ohne abgeschlossene Lehre,
b) weiterführende Schule ohne Abitur,
c) Abitur und
d) Studium.

Die jeweiligen Anteile von Nutzern von Online-Banking in den analysierten Bildungsgruppen weichen in keinem Fall um mehr als 4 Prozent vom Gesamtanteil der Online-Bankkunden unter allen Befragten ab (39 %). Die sich ergebende Verteilung zeigt sich als nicht signifikant. Insofern nutzen Internet-Nutzer unabhängig von ihrer formalen Bildungsqualifikation das Angebot zum Online-Banking in etwa gleich.

5.1.1.5
Berufstätigkeit

Tabelle 5.4 beschreibt den Zusammenhang zwischen Berufstätigkeit und der Nutzung von Online-Banking. Während von allen Befragten 64,1 Prozent angeben, voll berufstätig zu sein, trifft dies immerhin für 75,2 Prozent aller Nutzer von Online-Banking zu. Umgekehrt sind nur weniger als ein Fünftel dieser Nutzer nicht berufstätig (17,5 %), während dies für mehr als ein Viertel aller Befragten zutrifft (26,7 %).

In der Gruppe der Nutzer von Online-Banking finden sich besonders häufig vollberufstätige und eher seltener nicht berufstätige Personen.

Tabelle 5.4. Berufstätigkeit und Online-Banking

			Nutzung von Online-Banking		
			nie	häufig, gelegentlich, selten	Gesamt
Berufstätigkeit	voll-berufstätig (inkl. Wehrdienst/ Ersatzdienst)	Anzahl	278	236	514
		Spalten %	57,0 %	75,2 %	64,1 %
	teil-berufstätig (halbtags/ stundenweise)	Anzahl	51	23	74
		Spalten %	10,5 %	7,3 %	9,2 %
	nicht berufstätig	Anzahl	159	55	214
		Spalten %	32,6 %	17,5 %	26,7 %
Gesamt		Anzahl	488	314	802
		Spalten %	100,0 %	100,0 %	100,0 %

Cramer-V=0,19

5.1.1.6
Tätigkeit nicht-berufstätiger Personen

Im letzten Abschnitt wurde festgestellt, dass nicht-berufstätige Personen in der Gruppe der Online-Bankkunden eher unterrepräsentiert sind. Dabei wurden in dieser Gruppe Azubis, Hausfrauen und Schüler sowie andere nicht berufstätige Personen zusammengefasst. In einem nächsten Schritt galt es zu prüfen, inwieweit sich unter den Nicht-Berufstätigen Unterschiede hinsichtlich der Nutzung von Online-Banking ergeben, welche sich über diese unterschiedlichen Tätigkeiten der Personen erklären lassen.

Hausfrauen und Rentner sind unter nichtberufstätigen Nutzern überrepräsentiert

Wie Tabelle 5.5 verdeutlicht, lassen sich zwischen den einzelnen Tätigkeiten nicht-berufstätiger Personen und der Nutzung von Online-Banking verschiedene Zusammenhänge erkennen. Während zwei Drittel aller nicht berufstätigen Personen im Sample Schüler/Studenten sind (66,4 %), trifft dies nur für die Hälfte aller nicht berufstätigen Online-Bankkunden zu (50 %). Hausfrauen und Rentner sind dagegen in der Gruppe der Online-Banker besonders stark vertreten (9,3 % zu 3,7 % und 16,7 % zu 7,5 %). Für Azubis und Arbeitslose lassen sich keine bzw. nur marginale Unterschiede erkennen.

Schüler und Studenten sind in der Gruppe der Online-Bankkunden unterrepräsentiert. Hausfrauen und Rentner sind dagegen überrepräsentiert.

Tabelle 5.5. Tätigkeit von 'Nicht-Beruftstätigen' und Online-Banking

			Nutzung von Online-Banking		
			nie	häufig, gelegentlich, selten	Gesamt
Tätigkeit	in Berufs-Ausbildung, Azubi	Anzahl	9	3	12
		Spalten %	5,6 %	5,6 %	5,6 %
	Hausfrau ohne Berufstätigkeit	Anzahl	3	5	8
		Spalten %	1,9 %	9,3 %	3,7 %
	Schüler(in)/ Student(in)	Anzahl	115	27	142
		Spalten %	71,9 %	50,0 %	66,4 %
	Rentner(in)	Anzahl	7	9	16
		Spalten %	4,4 %	16,7 %	7,5 %
	nicht berufstätig, arbeitslos	Anzahl	26	10	36
		Spalten %	16,3 %	18,5 %	16,8 %
Gesamt		Anzahl	160	54	214
		Spalten %	100,0 %	100,0 %	100,0 %

Cramer-V=0,28

5.1.1.7
Berufsstellung berufstätiger Personen

Nachdem festgestellt wurde, dass berufstätige Personen in der Gruppe der Online-Bankkunden besonders häufig vertreten sind, wurden diese hinsichtlich Ihrer Berufsstellung differenzierter betrachtet. Dabei konnten in einer Kreuztabellierung jedoch keine oder nur marginale Zusammenhänge zwischen Berufsstellung und Online-Banking identifiziert werden.

Verglichen wurde die prozentuale Verteilung der Berufsstellung von Selbstständigen/Freiberuflern, Angestellten, Beamten, selbständigen Landwirten und (Fach-) Arbeitern in der Gruppe der Online-Bankkunden mit der entsprechenden Verteilung unter allen Befragten. Die jeweiligen Anteile der Berufsstellungen weichen in der Gruppe der Online-Bankkunden in keinem Fall um mehr als 3 Prozent von den jeweiligen Anteilen unter allen Befragten ab. Die sich ergebende Verteilung zeigt sich als nicht signifikant.

Nutzung von Online-Banking erfolgt unabhängig von der Berufsstellung

Unter den Internet-Nutzern wird Online-Banking von Personen aller Berufsstellungen in etwa gleich genutzt.

5.1.1.8
Nettohaushaltseinkommen

Zur Erhebung des Nettohaushaltseinkommen wurden die Befragten gebeten, den nach Abzug von Steuern und Sozialversicherung verbleibenden Geldbetrag aller im Haushalt lebenden Personen anzugeben und diesen Betrag einer Kategorie unter- bzw. oberhalb von 4.000 DM einzuordnen. Von annähernd 80 Prozent der Befragten wurden entsprechende Angaben mitgeteilt.

Tabelle 5.6 fasst die Ergebnisse zu dieser Frage zusammen. Die Datenstruktur lässt sechs- bis achtprozentige Differenzwerte zwischen Nettohaushaltseinkommen und der Nutzung von Online-Banking erkennen. So sind Personen mit einem Nettohaushaltseinkommen unter 4.000 DM in der Gruppe der Online-Bankkunden eher unterrepräsentiert (20,4 % zu 26,9 %). Umgekehrt finden sich in der Gruppe der Online-Bankkunden im Vergleich zu allen Befragten besonders häufig Personen, deren Haus-

Tabelle 5.6. Online-Banking nach Einkommensgruppen

			Nutzung von Online-Banking		
			nie	häufig, gelegentlich, selten	Gesamt
Einkommensgruppen	unter 4000 DM	Anzahl	152	64	216
		Spalten %	31,1 %	20,4 %	26,9 %
	über 4000 DM	Anzahl	230	189	419
		Spalten %	47,0 %	60,4 %	52,2 %
	keine Angabe	Anzahl	107	60	167
		Spalten %	21,9 %	19,2 %	20,8 %
Gesamt		Anzahl	489	313	802
		Spalten %	100,0 %	100,0 %	100,0 %

Cramer-V=0,14

haltsnettoeinkommen über 4.000 DM liegt (60,4 % zu 52,2 %). Da sich die Verteilung als signifikant erweist, kann als Ergebnis festgehalten werden, dass Personen mit einem Nettohaushaltseinkommen über 4.000 DM Online-Banking mit größerer Wahrscheinlichkeit nutzen als Personen mit einem Nettohaushaltseinkommen unterhalb eines Monatseinkommens von 4.000 DM.

5.1.1.9
Zwischenresümee

Etwa zwei Fünftel aller repräsentativ ausgewählten Nutzer des Internet betreiben Online-Banking, der Großteil von ihnen häufig. Die betreffende Befragtengruppe ist tendenziell eher männlich, älter als 30 Jahre alt und lebt in Haushalten mit 2 oder mehr Kindern. Online-Banker sind charakteristischerweise eher voll berufstätig, jedoch hinsichtlich ihrer beruflichen Stellung sowie ihrer formalen Bildungsqualifikation nicht von anderen Internetnutzern unterscheidbar. Allerdings sind unter den nicht berufstätigen Online-Bankkunden Schüler und Studenten eher unterrepräsentiert. Rund die Hälfte aller Online-Bankkunden verfügt über Nutzungserfahrungen von mindestens 2 Jahren. Die starke Wachstumsdynamik im Online-Banking spiegelt sich in dem Befragungsergebnis wider, nach dem nahezu ein Viertel der Nutzer den

Dienst erstmalig im Befragungsjahr in Anspruch genommen haben.

5.1.2 Internetnutzungsmerkmale

Im folgenden Kapitel wird die Gruppe der Online-Bankkunden (n=314) nach ihrer Internetnutzung beschrieben. Dabei besteht das Ziel dieses Auswertungsschrittes auch darin, unterschiedliche Rahmenbedingungen dieses Verhaltens – als Ausdruck virtueller Mobilitätsformen – genauer zu fassen.

5.1.2.1 *Nutzung eines privaten Internetanschlusses*

Während von den Personen, die das Internet „häufig" zu Hause nutzen, nahezu die Hälfte (47 %) Online-Banking betreiben, trifft dies nur für 9 Prozent der Personen zu, die das Internet „nie" zu Hause nutzen. Insofern zeigt sich, dass ein privater Internetzugang zu Hause als ein wesentlicher Nutzungsfaktor für Online-Banking betrachtet werden kann.

Privater Internetzugang ist zentraler Nutzungsfaktor

5.1.2.2 *Erfahrung mit dem Internet (Nutzungszeitraum)*

Tabelle 5.7 verdeutlicht den Zusammenhang zwischen dem Gesamtzeitraum der Internetnutzung und der Nut-

Tabelle 5.7. Online-Banking und Internetnutzung in Jahren

			Internet-Nutzung in Jahren			
			weniger als 1 Jahr	1–4 Jahre	mehr als 4 Jahre	Gesamt
Nutzung von Online-Banking	nie	Anzahl	76	379	33	488
		Spalten %	69,7 %	61,1 %	45,2 %	60,8 %
	häufig, gelegentlich, selten	Anzahl	33	241	40	314
		Spalten %	30,3 %	38,9 %	54,8 %	39,2%
Gesamt		Anzahl	109	620	73	802
		Spalten %	100,0 %	100,0 %	100,0 %	100,0 %

Cramer-V=0,12

zung von Online-Banking. Wie aus der Verteilung zu ersehen ist, betreibt knapp ein Drittel aller Personen, die das Internet das erste Mal vor weniger als einem Jahren genutzt haben, Online-Banking (30,3 %). Von den Personen, die das Internet bereits mehr als vier Jahre nutzen, sind dagegen über die Hälfte den Online-Bankkunden zuzuordnen (54,8 %). Der Anteil der Online-Bankkunden unter den Befragten nimmt mit steigendem Internetnutzungszeitraum zu.

Nutzungszeitraum des Internets als zentrales Erklärungsmerkmal

Insofern kann allgemein festgehalten werden, dass die Wahrscheinlichkeit mit der eine Person Online-Banking betreibt, mit der zeitlichen Dauer ihrer Nutzungserfahrung von Internet-Diensten zunimmt.

Dieser Zusammenhang kann als ein Hinweis darauf verstanden werden, dass im Aufbau von Erfahrungswissen eine entscheidende Voraussetzung für die Ausbreitung unterschiedlicher Nutzungsformen von Internet-Angeboten zu sehen ist und insofern das allmählich sich aufbauende Vertrauen in die Technik sowie die Anwendungskompetenz des Nutzers die Ausbreitung virtueller Nutzungsformen forciert. Diese Aspekte werden im Verlaufe der Auswertung nochmals in die Analyse einbezogen (vgl. Abschn. 5.3), wenn es darum geht, einzelne Meinungen oder Einstellungen der Internet-Nutzer zu analysieren und im Hinblick auf ihre Bedeutung für die Nutzung einzelner Angebote näher zu untersuchen.

5.1.2.3
Internetnutzung pro Woche (beruflich und privat)

Tabelle 5.8 gibt einen Überblick über die Häufigkeit der privaten und/oder beruflichen Nutzung des Internets in Tagen pro Woche, differenziert nach dem Merkmal Online-Banking.

Online-Banking-Kunden nutzen das Internet häufiger

Während aus der Gruppe der Online-Bankkunden über ein Drittel der Befragten mindestens an 6 Tagen online ist (36,0 %), trifft dies nur für knapp über ein Viertel aller Befragten zu (27,7 %). Umgekehrt sind Personen, die das Internet weniger als 6 Tage pro Woche nutzen, in der Gruppe der Online-Bankkunden eher unterrepräsentiert.

Tabelle 5.8. Internetnutzung Mo-So (beruflich und privat) und Online-Banking

			Nutzung von Online-Banking		
			nie	häufig, gelegentlich, selten	Gesamt
Internetnutzung von Mo-So	weniger als 1 mal die Woche	Anzahl	28	10	38
		Spalten %	5,7 %	3,2 %	4,7 %
	1 Tag	Anzahl	70	34	104
		Spalten %	14,3 %	10,8 %	13,0 %
	2–3 Tage	Anzahl	169	93	262
		Spalten %	34,6 %	29,6 %	32,7 %
	4–5 Tage	Anzahl	112	64	176
		Spalten %	23,0 %	20,4 %	21,9 %
	>6 Tage	Anzahl	109	113	222
		Spalten %	22,3 %	36,0 %	27,7 %
Gesamt		Anzahl	488	314	802
		Spalten %	100,0 %	100,0 %	100,0 %

Cramer-V=0,16

Je eher Personen Online-Banking betreiben, desto eher nutzen sie das Internet an mindestens 6 Tagen pro Woche für berufliche oder private Zwecke.

5.1.2.4
Private Internetnutzung unter der Woche (Mo-Fr) und am Wochenende (Sa-So)

Nachdem im letzten Abschnitt festgestellt wurde, dass Online-Bankkunden das Internet bzw. Online-Dienste tendenziell eher häufiger privat und/oder beruflich nutzen, wurde dieser Zusammenhang nochmals ausschließlich für die private Nutzung untersucht.

Für die Zeit von Montag bis Freitag zeigt sich, dass Nutzer von Online-Banking das Internet bzw. Online-Dienste im Vergleich zu allen Befragten unter der Woche häufiger „täglich" (17,9 % zu 14,4 %) und „mehrmals täglich" (8,0 % und 5,6 %) privat nutzen. Auf die Frage nach der privaten Internet- bzw. Onlinenutzung am Wochenende geben etwas über die Hälfte aller Online-Bankkunden an, „jedes bzw. fast jedes Wochenende" online zu gehen (51,0 % zu 39,1 %). Es lässt sich demnach feststellen,

... diese Tendenz bestätigt sich auch für die ausschließlich private Nutzung

dass Online-Bankkunden auch im Hinblick auf die private Internet- bzw. Onlinenutzung weitaus häufiger online gehen.

Je eher Personen Online-Banking betreiben, desto eher nutzen sie das Internet bzw. Online-Dienste „täglich" und „mehrmals täglich" unter der Woche und „jedes bzw. fast jedes Wochenende" für private Zwecke.

5.1.2.5 *Hinweise auf Nutzungsmuster von Online-Bankkunden*

Um Hinweise auf Nutzungsmuster von Online-Bankkunden zu erhalten, wurden Zusammenhänge zwischen den Nutzungshäufigkeiten von Online-Banking und denen anderer Online-Anwendungen anhand einer Korrelationsanalyse geprüft.

Mögliche Interdependenzen zwischen verschiedenen Formen virtueller Mobilität sind von Bedeutung, da sich deren Einzeleffekte auf das physische Mobilitätsverhalten möglicherweise kumulieren.

Um das Internetnutzungsverhalten zu erheben, wurden die Untersuchungspersonen gefragt, ob sie die folgenden Möglichkeiten des Internets „häufig", „gelegentlich", „selten" oder „nie" nutzen:

Tabelle 5.9. Zusammenhänge zwischen Nutzung virtueller Angebote (Online-Banking-Kunden)

			Online-Banking
Kendall-Tau-b	Chatten	Korrelationskoeffizient	-,128 **
		Sig. (2-seitig)	,000
		N	824
	Erledigen von Behörden-Transaktionen	Korrelationskoeffizient	,268 **
		Sig. (2-seitig)	,000
		N	824
	Online-Shopping	Korrelationskoeffizient	,264 **
		Sig. (2-seitig)	,000
		N	824
	Online-Reiseangebote nutzen	Korrelationskoeffizient	,131 **
		Sig. (2-seitig)	,000
		N	824

** Korrelation ist auf dem Niveau von 0,01 signifikant (2-seitig).

- Gezielte Informationssuche,
- Internet-Telephonie,
- Ungezieltes Surfen,
- Chatten,
- Multi-User-Spiele betreiben,
- Im Internet Zeitschriften bzw. Magazine lesen,
- Erledigen von Behörden-Transaktionen z.B. An- und Abmeldung, Steuererklärung usw.,
- Unterlagen bzw. Dokumente austauschen,
- Online-Shopping,
- Online-Banking,
- An Diskussionsforen teilnehmen,
- E-mail-Korrespondenz unterhalten,
- Weiterbildung bzw. Bildungsangebote nutzen,
- Newsgroups besuchen,
- Online-Reiseangebote nutzen.

Tabelle 5.9[46] dokumentiert die Auswahl der abgefragten Nutzungsformen, die mit der Nutzung von Online-Banking korrespondieren.

Eine schwach negative Korrelation ergibt sich bei der Nutzungsform von Chatten, was auf eine Konkurrenz beider Nutzungsarten hindeutet: Je häufiger Personen Online-Banking betreiben, desto weniger chatten sie im Internet. Das Ergebnis korrespondiert mit den bereits zuvor ermittelten sozio-demographischen Charakteristika der beiden Nutzergruppen.

Positive Korrelationen ergeben sich mit den verschiedenen virtuellen Nutzungsformen des auf Endkonsumenten ausgerichteten e-business, wie netzgestütztes „Erledigen von Behörden-Transaktionen“, „Online-Shopping“ und die Nutzung von „Online-Reiseangeboten“. Auffällig ist hierbei insbesondere der mit 0,268 relativ stark ausgewiesene Zusammenhang zwischen den Nutzungshäufigkeiten von Online-Banking und der Erledigung von Behörden-Transaktionen.

46 Die Tabelle stellt jeweils den Korrelationskoeffizienten Kendall-Tau-b dar. Dieser weist auf die Stärke des Zusammenhangs zwischen den Merkmalen hin und kann zwischen 0 und +1 für positive Zusammenhänge und zwischen 0 und –1 für negative Zusammenhänge liegen. Des Weiteren sind die Signifikanzwerte (Irrtumswahrscheinlichkeiten) und die Fallzahlen der Verteilung angegeben (N).

Nutzung des Internets für „höherwertige Transaktionen“

Die Nutzung von Online-Banking geht demnach mit der Nutzung anderer Anwendungsformen einher, welche monetäre Transaktionen (Online-Reisen/Online-Shopping) erfordern oder der Übermittlung von Informationen von höherem Wert (Behördengänge) dienen. Dieses Ergebnis zeigt, dass es möglicherweise eine „generelle Bereitschaft“ zur Nutzung des Internets für „höherwertige Transaktionen“ gibt. Falls in weiteren Analysen verdeutlicht werden kann, dass diese einzelnen Anwendungsformen Substitutionseffekte zu physischen Mobilitätsformen aufweisen, so ist diesbezüglich von Kumulationseffekten virtueller Mobilität auszugehen. Insofern ist diese „generelle Nutzungsbereitschaft“ als Schlüsselvariable zu verstehen, da die Überschreitung eines, wie auch immer zu definierenden, Schwellenwertes zu einem progressiv zunehmenden virtuellen Mobilitätsverhalten führt. In Abhängigkeit hierzu wandeln sich Alltagsroutinen, üblicherweise „physische Verhaltensketten“, die unterschiedliche Erledigungen miteinander kombinieren (wie beispielsweise: „ich fahre zum Finanzamt und auf dem Rückweg noch schnell zur Bank, dort in der Nähe kann ich dann einkaufen gehen“). Daraus dürften sich zunehmend wirksamere Veränderungen des physischen Mobilitätsverhaltens ergeben.

In Tabelle 5.10 wird hierzu exemplarisch die Verbindung der Merkmale „Online-Shopping“ und „Online-Banking“ mit statistischen Ergebnissen veranschaulicht.

Tabelle 5.10. Online-Bestellungen und Online-Banking

			Nutzung von Online-Banking				
			häufig	gelegentlich	selten	nie	Gesamt
Einkauf bzw. Bestellung via Internet bzw. Online-Shopping	mehrmals	Anzahl	85	14	4	59	162
		Spalten %	36,0 %	26,4 %	16,0 %	12 %	20,2 %
	einmal	Anzahl	23	8	6	41	78
		Spalten %	9,7 %	15,1 %	24,0 %	8,4 %	9,7 %
	garnicht	Anzahl	128	31	15	388	562
		Spalten %	54,2 %	58,5 %	60,0 %	80 %	70,1 %
Gesamt		Anzahl	236	53	25	488	802
		Spalten %	100,0 %	100,0 %	100,0 %	****	100,0 %

m Vergleich zu der eingangs zum Abschn. 5.1.2.3 dargestellten summarischen Verteilung werden nachfolgend die Antwortkategorien „häufig, gelegentlich, selten" einzeln dargestellt.

Zusammenhang zwischen Online-Banking und Online-Shopping

Der Anteil der Personen, die bereits Produkte über das Internet bestellt haben, steigt mit zunehmender Aktivität im Bereich Online-Banking kontinuierlich an. Nur 12,1 Prozent der Nicht-Online-Bankkunden haben bereits „mehrmals" über das Internet eingekauft, während dies für 16 Prozent, 26,4 Prozent und 36 Prozent der Personen zutrifft, die Online-Banking „selten", „gelegentlich" und „häufig" in Anspruch nehmen.

Umgekehrt geben vier Fünftel (79,5 %) aller Nicht-Online-Bankkunden, aber nur knapp über die Hälfte (54,2 %) aller Online-Bankkunden an, noch „gar nicht" über das Internet eingekauft zu haben.

Aus der Analyse der Nutzungsmuster können zusammenfassend folgende signifikante Ergebnisse festgehalten werden:

- Je häufiger Personen Online-Banking betreiben, desto weniger chatten sie im Internet.
- Je häufiger Personen Online-Banking betreiben, desto häufiger nutzen sie das Internet zur „Erledigung von Behörden-Transaktionen".
- Je häufiger Personen Online-Banking betreiben, desto häufiger betreiben sie Online-Shopping.
- Je häufiger Personen Online-Banking betreiben, desto häufiger nutzen sie Online-Reiseangebote.
- Je häufiger Personen Online-Banking betreiben, desto eher geben sie an, bereits mehrmals Produkte über das Internet bestellt/gekauft zu haben.

5.1.2.6 *Zwischenresümee*

Der Großteil aller Personen, die zumindest selten Online-Banking betreiben, nutzen das Internet besonders häufig von zu Hause aus. Hinsichtlich der Nutzungshäufigkeit zeigt sich, dass Online-Bankkunden das Internet im Vergleich zu allen Befragten unabhängig vom Ort des Zugangs eher an „6 oder mehr Tagen" pro Woche für private wie berufliche Zwecke nutzen. Diese Tendenz bestätigt sich auch für die ausschließlich private Nutzung werktags und am Wochenende: Online-Bankkunden gehen im Vergleich eher „täglich“ und „mehrmals täglich“ (Mo-Fr) sowie „jedes bzw. fast jedes Wochenende“ online. Eine Betrachtung des Gesamtzeitraums der Internetnutzung in Jahren ergibt, dass der Anteil der Online-Bankkunden mit zunehmendem Erfahrungs-/Nutzungszeitraum steigt. Hinsichtlich der Nutzung weiterer Anwendungen ist festzustellen: Je häufiger Personen Online-Banking betreiben, desto häufiger nutzen sie das Internet auch für andere „höherwertige Transaktionen“, wie z.B. die Erledigung von Behördengängen oder elektronische Shopping-Angebote. Im Bereich virtueller Nutzungen sind demnach Kumulations- und Ausbreitungseffekte zu beobachten.

5.2 Nutzungsmotivation

Da am Beispiel des Bankbesuchs ein möglicher Zusammenhang zwischen der Nutzung neuer Informations- und Kommunikationstechnologien und einer Veränderung des Mobilitätsverhaltens einer Gesellschaft untersucht werden soll, bedarf es einer genaueren Betrachtung, ob bei der Inanspruchnahme von Bankdienstleistungen durch das Aufkommen des Homebanking eine Verschiebung zwischen physischem Bankbesuch und Homebanking beobachtbar ist. Die nachfolgend dokumentierten Analyseschritte orientieren sich dabei an der Überlegung, dass das Konkurrenzverhältnis eines lokalen bzw. physischen Bankbesuches mit dem eines virtuellen Bankbesuches auf eine Entscheidungssituation verweist, die zumindest implizit auf Grundlage von Kosten-Nutzen-Kalkülen erfolgt. Durch diese wird der Kunde veranlasst, sich für das eine oder andere Verfahren zur Erledigung seiner Bankgeschäfte zu entscheiden. Da ferner davon auszugehen ist, dass dieses Entscheidungsverhalten zu einer Optimierung der individuellen Alltagsorganisation beiträgt und die befragten Personen, wie bereits zuvor gezeigt, ihre Bankgeschäfte mit einer gewissen Regelmäßigkeit entweder räumlich gebunden oder virtuell durchführen, wird somit eine Veränderung des physischen zum virtuel-

Kosten-Nutzen-Kalküle

len Verhalten zwangsläufig zu einem veränderten alltäglichen Mobilitätspotenzial beitragen.

Als weiterer Fragekomplex werden im Rahmen der Analyse von Nutzungsmotivationen die zeitliche Unabhängigkeit untersucht, die als ein entscheidender Vorteil erfolgreicher Alltagsorganisation angesehen werden kann. Wichtig ist an dieser Stelle die Unterscheidung zwischen zeitlicher Unabhängigkeit und Zeiteinsparung. Die zu erledigenden Bankgeschäfte bleiben nach wie vor notwendig, lediglich der Ort der Ausführung ist nicht mehr unbedingt die Bank selbst. Diese lokale Unabhängigkeit ist mit der zeitlichen Unabhängigkeit verknüpft.

Zeitliche Unabhängigkeit und Zeiteinsparung

Bevor jedoch den hiermit verbundenen Aspekten nachgegangen werden soll, sollen zunächst die Sichtweisen der Kunden auf ihre Bank dargestellt werden. Hierzu wurden alle Personen, sowohl Nutzer von Online-Banking als auch Nicht-Nutzer, gebeten, den Service ihrer Bank zu beurteilen. Sechs beschreibende Aussagen über Kundenfreundlichkeit, Service und Lage der Bank, die Hinweise darauf geben, ob die Kunden ihre Bank lieber virtuell oder lokal aufsuchen, sollten persönlich bewertet werden.

5.2.1 Bewertung der Bankservices

Den Befragten sind folgende Statements über Eigenschaften ihrer Bank vorgelegt worden, die sie jeweils mit den Antwortkategorien *zutreffend*, *unzutreffend* oder *weiß nicht* beurteilen sollten:

Meine Bank

- ist autofreundlich, d.h. hat viele Parkplätze oder einen Autoschalter,
- bietet einen guten Internet-Service,
- bietet einen guten Telefon-Banking-Service,
- liegt in der Nähe von Geschäften, in denen ich häufig einkaufe,
- liegt in der Nähe meiner Wohnung,
- liegt gleich auf dem Weg zu meiner Arbeitsstelle.

In der nachfolgenden Abb. 5.3 sind die zustimmenden Antworten (... eine vorgelegte Aussage „trifft zu") unter-

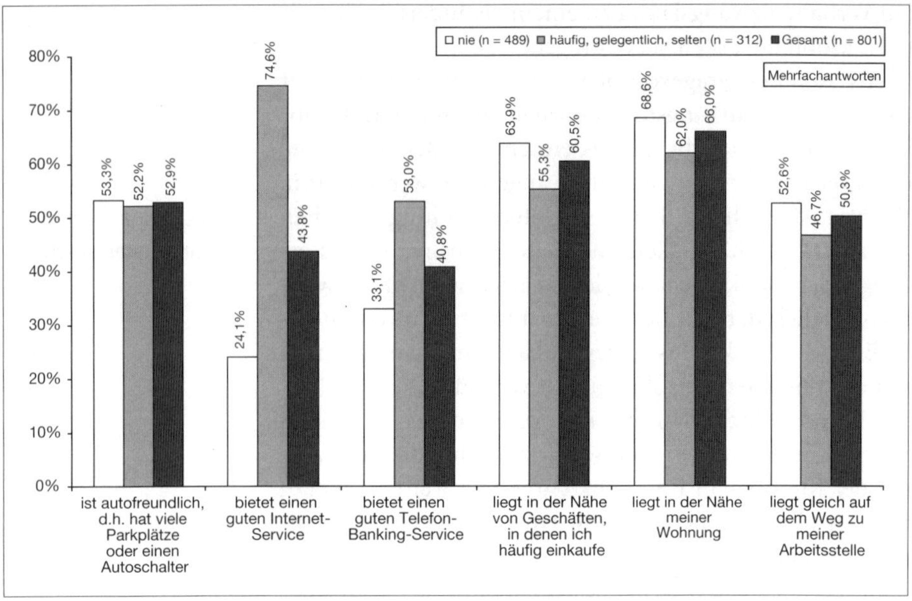

Abb. 5.3. Wahrnehmung Eigenschaften der Bank und Online Banking (nur „trifft zu")

Online-Banking-Kunden schätzen Internet-Service und auch Telefon-Banking deutlich besser ein

teilt nach Befragten, die Online-Banking *nie* bzw. *häufig, gelegentlich, selten* nutzen, dargestellt.
Wie in Abb. 5.3 veranschaulicht, sind bei den positiven Antworten für die Autofreundlichkeit der Bank und für die Aussagen hinsichtlich der geografischen Lage und Erreichbarkeit der Bank keine nennenswerten Unterschiede in der Einschätzung festzustellen.

Eine deutliche Variation der positiven Beurteilungen ist jedoch im Hinblick auf das Angebot für Telefon-Banking und Internet-Banking festzustellen. Während nahezu drei Viertel der Online-Bankkunden der Meinung sind, ihre Bankfiliale biete einen guten Internet-Service (74,6 %), trifft dies nur für ein Viertel der Nicht-Online-Bankkunden zu (24,1 %). Auch bei der Bewertung des Telefon-Banking-Services ihrer Bank ergeben sich Differenzen zwischen beiden Gruppen: etwa ein Drittel (33,1 %) der Nicht-Online-Bankkunden schätzen ihn als gut ein, während deutlich mehr Online-Banking-Kunden (53 %) zu einer positiven Einschätzung tendieren.

Geringere Differenzen zwischen beiden Gruppen liegen bei den weiteren Typisierungen der eigenen Bank vor. So stimmen Online-Bankkunden im Gegensatz zu Nicht-

Kunden den Statements zur räumlichen Nähe nur geringfügig seltener zu (vgl. Abb. 5.3). Es besteht somit ein nur schwacher Zusammenhang zwischen räumlicher Nähe zur Bank und der Nutzung von Online-Banking. Hierzu sind verschiedene Erklärungsansätze denkbar. Eine Person könnte sich umso eher für Online-Banking entscheiden, je höher sich der Aufwand gestaltet, die eigene Bank zu erreichen. Die Angaben lassen jedoch auch die Vermutung zu, dass Online-Bankkunden bei der Wahl ihrer Bank weniger Wert auf räumliche Nähe legen, weil sie davon ausgehen, diese seltener aufzusuchen, oder trotz häufiger bzw. anstehender Wohnungswechsel nicht die Filiale wechseln möchten.

Kaum Unterschiede bei der Beurteilung der räumlichen Nähe

Wie der folgenden Darstellung (Abb. 5.4) zu entnehmen ist, bedeutet dieses Ergebnis nicht, dass die verbleibenden Befragten den Beurteilungen jeweils widersprechen. Gerade in den beiden Kategorien Internet-Service und Telefon-Service, in denen die Nicht-Kunden des Online-Bankings nur in geringer Anzahl der positiven Einschätzung zustimmen, fällt auf, dass ein sehr hoher Anteil der Befragten die Antwort *weiß nicht* gewählt hat.

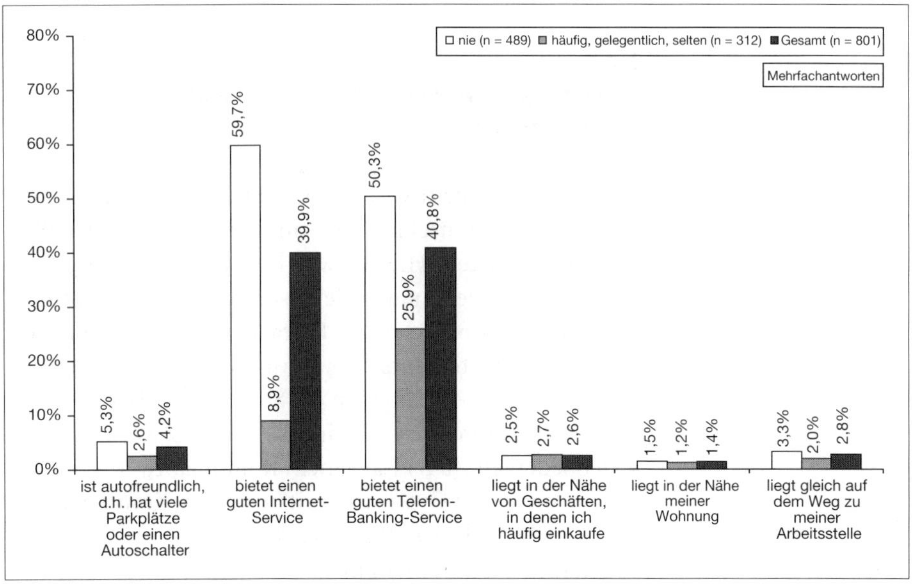

Abb. 5.4. Wahrnehmung der Eigenschaft der Bank und Online Banking (nur „weiß nicht")

Zu der Aussage, ihre *Bank bietet einen guten Internetservice* geben über die Hälfte (59,7 %) der Nicht-Online-Bankkunden *weiß nicht* an. Ebenfalls die Hälfte (50 %) der Personen, die nicht Online-Banking betreiben, antworten mit *weiß nicht* auf die Aussage ihre Bank *bietet einen guten Telefon-Banking-Service*. Diese besonders hohe Zahl der *weiß nicht*-Angaben seitens der Nicht-Online-Bankkunden lässt vermuten, dass diese offensichtlich nur unzureichend über die Telefon- und Online-Serviceleistungen informiert sind. Hier ergibt sich ein Potenzial an möglichen zukünftigen Nutzern, wenn sie über die virtuellen Bankdienstleistungen informiert bzw. mit diesen vertraut gemacht würden. Dieses trifft umso mehr zu, als dieser Personenkreis sich in den restlichen Bankservice-Beurteilungen nicht so sehr von den Online-Bankkunden unterscheidet, die Autofreundlichkeit und geografische Erreichbarkeit und Lage ihrer Bank positiv einschätzen.

Hohes Informationsdefizit bei Nicht-Kunden des Online-Bankings

Zusammenfassend kann festgehalten werden, dass die Nutzung von Online-Banking nicht alleine mit der Zufriedenheit des Internet-Service korrespondiert. Vielmehr lassen die Ergebnisse einen unzureichenden Informationsstand der Nicht-Online-Bankkunden in Bezug auf die verschiedenen virtuellen Bankdienstleistungen erkennen.

5.2.2 Bedeutung der Vorteile von Online-Banking für die Befragten

Im nächsten Schritt wurden die Nutzer von Online-Banking um eine Einschätzung von Vorteilen des virtuellen Bankings gebeten. Hierfür wurden Statements vorgelegt, die zeitliche oder finanzielle Kosten-Nutzen-Verhältnisse zum Ausdruck bringen. Die Befragten sollten angeben, ob ihnen diese Statements *sehr, etwas* oder *gar nicht wichtig* sind. Als Vorteile beinhalten die Statements, dass:

- die Gebühren niedriger sind,
- ich jederzeit Zugriff auf mein Konto habe,
- ich von jedem Ort aus Zugriff auf mein Konto habe,
- ich nicht mehr so oft zur Bank muss,
- ich kein Parkproblem mehr habe,
- ich nicht am Schalter warten muss.

In Abb. 5-5 sind die Antworten der Kategorie *sehr wichtig* dargestellt und die Ergebnisse differenziert nach den Kategorien *häufiger* Nutzung (n=236) und *gelegentlich/seltener* Nutzung (n=78) segmentiert.

Tendenziell weisen die das Online-Banking häufig nutzenden Personen den Vorteilen öfter eine höhere Bedeutung zu als diejenigen, die nur gelegentlich oder selten Online-Banking betreiben (Abb. 5.5). Die für diese Frage ausgewählten Nutzungsvorteile scheinen daher insbesondere von Relevanz für eine Entscheidung zu intensiver Nutzung von Online-Banking zu sein. Zeitlich unabhängiger Kontozugriff wird von beiden Gruppen am häufigsten als sehr wichtig eingeschätzt. Die Aussagen zur Gebühreneinsparung und zur Vermeidung von Parkproblemen werden hingegen in beiden Gruppen am seltensten als sehr wichtig eingestuft.

Zeitlich unabhängiger Kontozugriff ist „sehr wichtiger" Vorteil

Die Erhöhung zeitlicher Flexibilität wird von Online-Bankkunden, unabhängig von der Nutzungsregelmäßigkeit, als wichtigster Vorteil des Online-Banking gesehen.

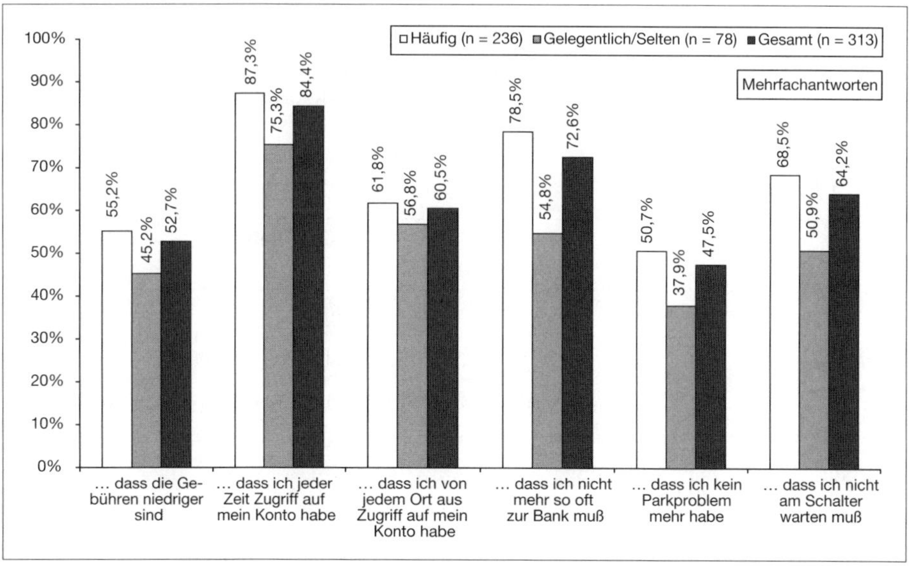

Abb. 5.5. Bedeutung der Vorteile von Online-Banking für die Befragten nach Nutzungshäufigkeit Online-Banking (nur Antwortkategorie „sehr wichtig“)

5.2.2.1
Räumliche Nähe zur Bank

Eine Einschätzung der Befragten hinsichtlich der räumlichen Nähe ihrer Bank, differenziert nach Online-Bankkunden und Nicht-Online-Bankkunden, bezieht sich auf folgende Statements:

Meine Bank

- liegt in der Nähe von Geschäften, in denen ich häufig einkaufe,
- liegt in der Nähe meiner Wohnung,
- liegt auf dem Weg zu meiner Arbeitsstelle.

Mehr als die Hälfte der Nutzer von Online-Banking stimmen den Aussagen, *meine Bank liegt in der Nähe von Geschäften* (56,8 %) und *in der Nähe von meiner Wohnung* (62,7 %) zu, für nur knapp die Hälfte (47,6 %) von ihnen liegt die Bank *auf dem Weg zur Arbeitsstelle* (Tabelle 5.11). Für Nicht-Nutzer von Online-Banking treffen diese Aussagen jeweils rund 7–9 Prozent häufiger zu.

Räumliche Nähe zur Bank ist nicht ausschlaggebend

Bei rund der Hälfte der Nutzer, wie auch der Nicht-Nutzer von Online-Banking ist eine räumliche Nähe zur Bank gegeben. Insofern scheinen die Aussagen zur räumlichen Nähe der Bank nicht ausschlaggebend für oder gegen die Nutzung von Online-Banking zu sein. Auffällig ist jedoch, dass die „Nicht-Online-Banker" eine engere räumliche Nähe zu ihrer Bank behaupten. Für sie

Tabelle 5.11. Zustimmung zu Statements „Räumliche Nähe der Bank" und Online-Banking

	Online-Banking		**Gesamt**
	nein[b]	ja[a]	
Meine Bank …	Spalten %	Spalten %	Spalten %
… liegt in der Nähe von Geschäften, in denen ich häufig einkaufe	65,5	56,8	62,1
… liegt in der Nähe meiner Wohnung	69,6	62,7	66,9
… liegt gleich auf dem Weg zu meiner Arbeitsstelle	54,4	47,6	51,7
Gesamt	100,0	100,0	100,0

[a] „häufig, gelegentlich, selten",
[b] „nie"

besteht in höherem Maße die Möglichkeit, den Bankbesuch kurzfristig und schnell zu erledigen sowie diesen in andere Wege einzubinden.

5.2.3 Motivationshemmende Faktoren: Einschätzung der Probleme von Online-Banking

Den Untersuchungspersonen wurden verschiedene Statements zu Problemen vorgelesen, die begleitend zum Online-Banking auftreten und sich negativ auf die (weitere) Nutzungsbereitschaft auswirken können:

- Die Konto-Eröffnung war aufwendig und schwierig;
- Ich habe häufig technische Probleme, z. B. Wartezeiten/ Systemzusammen-brüche;
- Ich habe Sicherheitsbedenken;
- Mir fehlt eine persönliche Anlageberatung;
- Die Benutzerführung und Funktion sind aufwendig bzw. schwierig.

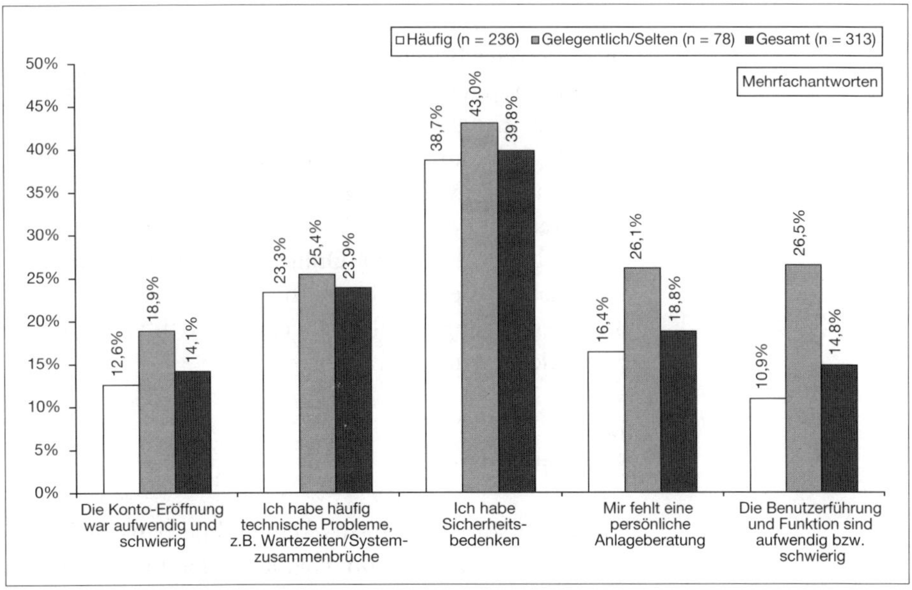

Abb. 5.6. Wahrgenommene Probleme des Online-Banking nach Nutzungshäufigkeit Online-Banking (nur Antwortkategorie „trifft zu“)

Anhand der nutzerseitigen Beurteilung dieser motivationshemmenden Faktoren können die Erfahrungen der Befragten differenziert nach der Nutzungsintensität von Online-Banking (häufig oder gelegentlich/selten) nachvollzogen werden. Die entsprechenden Ergebnisse sind in Abb. 5.6 dokumentiert.

Tendenziell haben eher weniger aktive Online-Bankkunden verstärkt Probleme bei der Nutzung erfahren. Einige der Probleme sind jedoch unabhängig von der Nutzungshäufigkeit gleichrangig zutreffend. *Sicherheitsbedenken* sind von beiden Gruppen am häufigsten genannt worden, jedoch mit unterschiedlicher Intensität (häufig=38,7 %; gelegentlich/selten=43,0 %). *Aufwendige Kontoeröffnung* hingegen ist für beide Gruppen das am seltensten auftretende Problem, wird jedoch gleichfalls von den häufigeren Nutzern weniger gravierend beurteilt (häufig=12,6 %; gelegentlich/selten=18,9 %). Stärkere Diskrepanzen zwischen den Gruppen ergeben sich bei der Einschätzung des Problems *Aufwendige Benutzerführung* und *Nichtverfügbarkeit* persönlicher Anlageberatung. Die Personen, die Online-Banking häufig betreiben, sehen diese nur zu 10,9 % bzw. 16,4 % als Problem an, die Personen die nur gelegentlich oder selten Online-Banking nutzen, schätzen diese beiden Punkte mit 26,5 %, bzw. 26,1 % vergleichsweise häufiger als Problem ein.

Eine „aufwendige Benutzerführung" steht einer intensiveren Nutzung entgegen

Somit rangieren Sicherheitsprobleme bei allen Nutzern, unabhängig von der Nutzungshäufigkeit, bzw. –regelmäßigkeit, an erster Stelle. Online-Banking-Nutzer, die seltener aktiv sind, bezeichnen Probleme generell eher als zutreffend.

Je seltener Personen Online-Banking nutzen, desto eher haben sie Probleme mit einer unzureichenden Benutzerführung und bemängeln die Nichtverfügbarkeit persönlicher Anlageberatung.

5.2.4 Nutzungsbarrieren

Für die Personen, die bisher kein Online-Banking betrieben haben, werden nun ebenfalls Hemmfaktoren der Nutzung untersucht. Im Gegensatz zu den zuvor abgefragten Einschätzungen möglicher Unzulänglichkeiten und Probleme handelt es sich in dieser Frage um Hemmfaktoren, welche die befragten Personen (bislang) davon abgehalten haben, Online-Banking zu betreiben:

Warum haben Sie das (Online-Banking) bislang nicht getan?
... bin mit der momentanen Abwicklung meiner Bankgeschäfte zufrieden,
... habe Sicherheitsbedenken,
... möchte den persönlichen Kontakt zu meiner Bank nicht verlieren,
... interessiert mich zwar, habe aber noch keine entgültigen Entscheidung getroffen,
... habe mich noch nicht über Online-Banking informiert,
... die Anmeldung ist mir zu aufwendig,
... habe aus meinem Bekanntenkreis viele abschrekkende Dinge gehört.

Die vorgetragenen Statements sind von den Befragten als zutreffend oder nicht zutreffend eingestuft worden. In Abb. 5.7 sind die zutreffenden Statements ihrem relativen

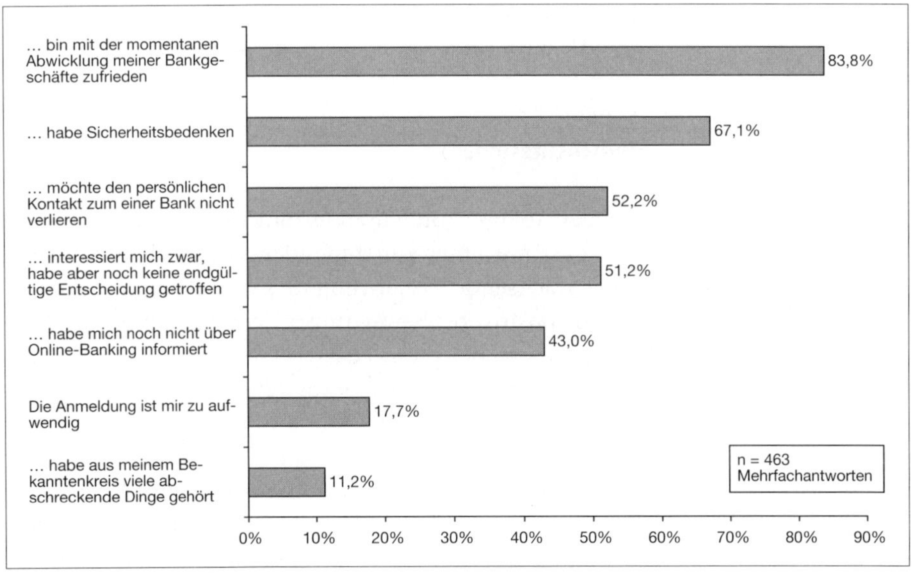

Abb. 5.7. Bedeutung einzelner Hemmfaktoren für die Nicht-Nutzung von Online-Banking (nur Antwortkategorie „zutreffend“)

Stellenwert entsprechend, für die Nicht-Nutzung von Online-Banking aufgelistet. Dabei wird deutlich, dass der häufigste Grund diesen Dienst nicht zu nutzen vor allem in der hohen Zufriedenheit der Befragten mit der momentanen Abwicklung ihrer Bankgeschäfte begründet ist (83,8 %), auch befürchtet ein großer Teil der Befragten, dass sich durch Online-Banking der persönliche Kontakt zur Bank verlieren könnte.

67,1 Prozent nennen Sicherheitsbedenken als Grund für die Nicht-Nutzung

Gravierendes Hemmnis einer stärkeren Verbreitung des virtuellen Bankings sind Sicherheitsbedenken, sie werden von mehr als zwei Dritteln (67,1 %) aller Nicht-Nutzer geäußert. Immerhin jeder zehnte Befragte (11,2 %) gibt mit Bezug auf Online-Banking an, aus seinem Bekanntenkreis hierzu viele abschreckende Dinge gehört zu haben, die sein Interesse an diesem Angebot negativ beeinflussen.

Jeder zweite Nicht-Nutzer hat noch keine „endgültige Entscheidung" getroffen

Trotz dieser kritischen Äußerungen gibt die Mehrheit der Befragten an, grundsätzlich am Online-Banking interessiert zu sein, jedoch bislang noch keine endgültige Entscheidung getroffen zu haben (51,2 %). Ein erheblicher Teil der Befragten (43,0 %) hat bislang versäumt, sich über den Dienst zu informieren und ein knappes Fünftel (17,7 %) der Nicht-Nutzer erklärt die abwehrende Haltung gegenüber Online-Banking mit einem als zu aufwendig empfundenen Anmeldungsverfahren.

5.2.5 Zwischenresümee

Bei der Analyse von Nutzungsmotivationen fällt generell auf, dass mit einer zunehmenden Vertrautheit bzw. mit einer wachsenden Erfahrung im Online-Banking zunehmend positivere Bewertungen verschiedener Aspekte einhergehen. Beispielsweise wird der Internet-Service einer Bank durch Online-Kunden insbesondere dann sehr positiv beurteilt, wenn Online-Banking häufig genutzt wird. Auch hinsichtlich der von allen Befragtengruppen vordringlich geäußerten Sicherheitsbedenken kann diese Tendenz festgestellt werden. So formulieren unter allen befragten Internet-Nutzern, die häufig Online-Banking anwenden, 39 Prozent Sicherheitsbedenken. Diese Quote steigt bei den Gelegenheitsnutzern auf 43 Prozent an und beträgt bei den Nicht-Nutzern schließlich 67 Prozent.

Aber nicht nur vorhandene Sicherheitsbedenken bewirken, dass insgesamt nicht von einer allgemein positiven Bewertung des Online-Banking-Services ausgegangen werden kann. Viele der Hemmfaktoren zwischen Bank und Kunde liegen in Kommunikationsproblemen begründet. So nennen insbesondere die noch unentschlossenen Internet-Nutzer mehrheitlich einen unzureichenden Informationsstand über virtuelle Bank-Services, führen mögliche Probleme bei der Eröffnung eines Online-Kontos an oder befürchten den Verlust persönlicher Beratungsdienstleistungen. Andererseits sind solche Sichtweisen auch bei einer nennenswerten Gruppe unter den Nutzern von Online-Banking gegeben, beispielsweise die Bewertungen der Bedienbarkeit oder Erfahrungen mit technischen Problemen (z. B. lange Wartezeiten, Systemzusammenbrüche). Insofern kann mit einer zielgruppenorientierten Informationsansprache sowie einer Verbesserung der technischen und organisatorischen Performance durch die Banken die Verbreitung von Online-Banking wirksam gefördert werden.

Als einer der Hauptgründe für das Online-Banking führen mehr als vier Fünftel der Kunden die Optimierung ihrer zeitlichen Flexibilität an. Räumliche Flexibilität hingegen ist nicht ebenso eindeutig als Motivationsgrund zu identifizieren, vermutlich auch deshalb, weil bei rund der Hälfte aller Nutzer und Nicht-Nutzer von Online-Banking eine große räumliche Nähe zur Bankfiliale gegeben ist. In diesen Fällen besteht die Möglichkeit, den Bankbesuch in andere Wege so einzubinden, dass er nicht als gesonderte räumliche Aktivität und damit als Belastung wahrgenommen wird. Als Hemmfaktor ernst zu nehmen ist auch der Umstand, dass insbesondere Gelegenheits- und Nicht-Nutzer von Online-Banking häufig befürchten, dass sich die Nutzung von Online-Banking negativ auf vorhandene persönliche Beziehungen zu ihrer Bank auswirken könnten. In diesem Zusammenhang ist es aufschlussreich festzustellen, dass die momentane Zufriedenheit mit dem Bank-Service als häufigster Grund (83,8 %) für einen generellen Verzicht auf Online-Banking angeführt wird.

Als wichtigste Faktoren für eine verstärkte Nutzung von Online-Banking gelten demnach die Optimierung des Zeitaufwandes, Art des Kontaktes (persönlich/unpersönlich) zu den Bankangestellten, der Grad der Zufriedenheit mit dem momentanen Service, eine möglichst einfache Benutzerführung, die Vermeidung technischer Schwachpunkte so wie die Widerlegung noch bestehender Sicherheitsbedenken. Aufgrund eines mehrheitlichen Interesses von Nicht-Kunden am Online-Banking ist davon auszugehen, dass die Zahl der Anwender weiterhin deutlich ansteigen wird und insofern Wirkungen auf das Mobilitätsverhalten auf gesellschaftlich breiterer Ebene stattfinden werden.

5.3 Hinweise auf zukünftige Nutzung

Indem nach der Beschreibung von Nutzermerkmalen die Untersuchung von Hinweisen auf die Nutzungsmotivation erfolgt ist, kann auf dieser Grundlage das Potential der zukünftigen Nutzung von Online-Banking aufgezeigt werden. Hierzu kann von den im vorigen Kapitel diskutierten Faktoren

- Optimierung des Zeitaufwandes,
- Art des Kontaktes,
- Grad der Zufriedenheitheit,
- Einfachheit der Benutzerführung,
- Vermeidung technischer Schwachpunkte sowie
- Behebung von Sicherheitsbedenken

ein „ideales" Online-Banking-Angebot als eine Dienstleistung beschrieben werden, die vor allem hinsichtlich Benutzerführung, technischer Standards und der eingesetzten sicherheitstechnischen Lösungen keine Schwachpunkte aufweist sowie eine gebührenfreie Kommunikationssituation zwischen Kunden und Bank gewährleistet. Unter Annahme dieser Idealsituation wurden alle Personen gefragt, inwieweit sich ihr Nutzerverhalten ändern würde.

5.3.1 Online-Banking unter „Idealbedingungen"

Die Frage nach einer zukünftig erhöhten Nutzungsbereitschaft für Online-Banking wurde mit der Aussage gekoppelt, dass sich die individuelle Nutzung dann eines Dienstes bedienen könne, der ohne Zeitverzögerung, kostenlos und unter absoluter Gewährleistung von Datenschutz und -sicherheit funktioniere. Wie Abb. 5-8 zeigt, sind 64 Prozent aller Internetnutzer unter diesen Bedingungen bereit, Online-Banking häufiger zu betreiben; dies ist gegenüber der in der Befragung ermittelten Quote heutiger Nutzer von Online-Banking (39 %, vgl. Abschn. 5.3.1.1) eine erhebliche Steigerung, die in den nachfolgenden Abschnitten detaillierter analysiert werden soll.

Andererseits zeigen die Antworten von einem guten Drittel (36 %) der Befragten auch, dass nicht alle Personen bereit sind, ihre Bankgeschäfte zunehmend virtuell durchzuführen. Unter den Befragten beider Antwortkategorien sind auch Personen, die heute bereits Online-Banking nutzen.

Das Internet zu Idealbedingungen, reduziert auf Nutzung ohne Zeitverzögerung, kostenlos und sicher in der Datenübertragung, würden fast zwei Drittel aller Befragten veranlassen, Online-Banking häufiger zu nutzen.

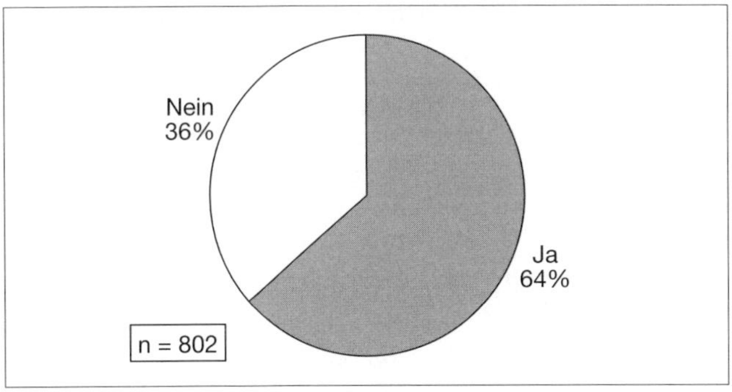

Abb. 5.8. Häufigere Nutzung von Online-Banking unter Idealbedingungen

5.3.1.1
Nutzungspotenziale und gegenwärtiger Auslastungsgrad

Um das gesamte Nutzungspotential und den gegenwärtigen Auslastungsgrad zu ermitteln, gilt es die Befragten zu identifizieren, die heute noch kein Online-Banking betreiben, jedoch dazu bereit sind, diesen Dienst in Zukunft, unter Idealbedingungen, zu nutzen. Hierzu sind in Tabelle 5.12 die Befragungsdaten zur gegenwärtigen Nutzung von Online-Banking sowie die ermittelte Nutzungsbereitschaft dokumentiert.

Entsprechend Tabelle 5.12 nutzen 39,2 Prozent der befragten, repräsentativ ermittelten Internet-Nutzer zumindest selten Online-Banking. 34,8 Prozent aller Befragten nutzen den Dienst zwar heute „nie", erklären jedoch ihre Nutzungsbereitschaft unter den angegebenen Prämissen eines idealen Internets. Somit beträgt das gesamte Nutzungspotential für Online-Banking unter Idealbedingungen 74 Prozent aller Befragten (39,2 %+34,8 %).

Nutzungspotenzial und Auslastungsgrad

Aus dem Verhältnis zwischen gegenwärtigem Nutzungsanteil und möglichem Nutzungsanteil unter Idealbedingungen errechnet sich für Online-Banking zum Erhebungszeitraum ein Auslastungsgrad von knapp 53 Prozent (39,2 %/74,0 %).

Die auf Grundlage einer Betrachtung von qualitativen Merkmalen ausgewählter Nutzungsfaktoren in Kap. 2 aufgezeigten Nutzungspotentiale werden durch die hier dargelegten Befragungsdaten zur beabsichtigten zukünf-

Tabelle 5.12. Gegenwärtige und zukünftige Nutzung von Online-Banking unter Idealbedingungen (nach Gesamtanteilen)

			Nutzung von Online-Banking		
			nie	häufig, gelegentlich, selten	Gesamt
In Zukunft „vielleicht häufiger" Online-Banking unter Idealbedingungen	Ja	Anzahl	279	231	510
		% der Gesamtzahl	34,8 %	28,8 %	63,6 %
	Nein	Anzahl	209	83	292
		% der Gesamtzahl	26,1 %	10,3 %	36,4 %
Gesamt		Anzahl	488	314	802
		% der Gesamtzahl	60,8 %	39,2 %	100,0 %

tigen Anwendung von Online-Banking gestützt. Danach beträgt der Auslastungsgrad für die Nutzung von Online-Banking unter allen befragten Personen für den Erhebungszeitraum lediglich 53 Prozent.

5.3.1.2
Veränderung der Nutzungshäufigkeit

Um Aufschluss darüber zu gewinnen, welchen Einfluss eine qualitative Verbesserung der technisch-organisatorischen Infrastruktur des Internets auf die Nutzungshäufigkeit von Online-Banking bei Personen besitzt, die heute bereits solche Anwendungen nutzen, wird die zuvor in Tabelle 5.12 dargelegte Verteilung nun nach Spaltenprozenten strukturiert (vgl. Tabelle 5.13).

Die so ermittelten Daten zeigen auf, dass immerhin fast drei Viertel aller Personen, die bereits heute Online-Banking betreiben, angeben, unter Idealbedingungen dies voraussichtlich häufiger zu tun (73,6 %). Hingegen wird sich bei etwas über einem Viertel der befragten Online-Bankkunden die eigene Nutzungshäufigkeit auch unter Idealbedingungen nicht erhöhen (26,4 %).

Heutige Anwender würden Online-Banking unter Idealbedingungen häufiger nutzen

Auch unter den heutigen Anwendern von Online-Banking ist das Nutzungspotential noch unzureichend erschlossen: Eine weit überwiegende Zahl dieses Kundenkreises gibt an, zukünftig häufiger als bislang Online-Banking zu betreiben, allerdings unter den Internet-Ide-

Tabelle 5.13. „Vielleicht häufiger Online-Banking "unter Idealbedinungen und Online-Banking heute (nach Gruppenanteilen)

			Nutzung von Online-Banking		
			nie	häufig, gelegentlich, selten	Gesamt
In Zukunft „vielleicht häufiger" Online-Banking unter Idealbedingungen	Ja	Anzahl	279	231	510
		Spalten %	57,2 %	73,6 %	63,6 %
	Nein	Anzahl	209	83	292
		Spalten %	42,8 %	26,4 %	36,4 %
Gesamt		Anzahl	488	314	802
		Spalten %	100,0 %	100,0 %	100,0 %

Cramer-V=0,17

albedingungen eines schnellen und ohne zusätzliche Gebühren ermöglichten Zugangs sowie der Gewährleistung einfacher Bedienbarkeit und sicherer Datenübertragung.

5.3.1.3 *Internet-Nutzung in Jahren*

Inwieweit lässt sich die Bereitschaft, Online-Banking unter Idealbedingungen häufiger zu nutzen, aus dem bisherigen Gesamtzeitraum der Internetnutzung erklären? Hintergrund ist die Vermutung, dass die erklärte zukünftige Nutzungsbereitschaft auch auf einem mit der Zeit erworbenen Vertrauen in die Technik und/oder in die eigenen Fähigkeiten aufsetzen kann, da mit zunehmender Nutzungserfahrung die Faktoren „technische Schwachpunkte" und „Einfachheit der Benutzerführung" anders beurteilt werden. Die Nutzerbereitschaft könnte umso höher sein, je länger die Untersuchungsperson das Internet bereits nutzt. Eine Korrelationsanalyse der Merkmale Internetnutzungsdauer in Jahren und zukünftige Nutzungsbereitschaft bestätigt zwar die Aussagerichtung dieser These, erlaubt allerdings aufgrund der ermittelten schwachen Korrelation[47] keine weitreichenden Schlussfolgerungen. Die zukünftige Nutzungsbereitschaft von Online-Banking lässt sich daher kaum über die bisherige Internetnutzungsdauer erklären.

Internetnutzungsdauer erklärt zukünftige Nutzungsbereitschaft nicht

Während der Nutzungs*intensität* durchaus eine Erklärungskraft für die Einschätzung der Bedienungsfreundlichkeit („Einfachheit der Bedienung") und Bewertung von technischen Problemen oder Sicherheitsrisiken zukommt (vgl. Kap. 5.2.3), spielt hingegen die zeitliche Nutzungs*dauer* des Internets keine (wesentliche) Rolle, für die Entscheidungsbereitschaft zur zukünftig häufigeren Nutzung von Online-Banking.

5.3.2 Bereitschaft zur Nutzung einer aufladbaren Geldkarte

Zur weiteren Einschätzung des künftigen Stellenwertes virtueller Bankgeschäfte wurden die Internet-Nutzer

47 Pearson=0,11.

nach ihrer Bereitschaft gefragt, künftig ein Kartenzahlungsmittel über das Internet elektronisch aufzuladen. Auch hier sind die gleichen Bedingungen des idealen Internet in der Fragestellung angegeben worden: Einfache Bedienbarkeit, keine technischen Probleme und keine Sicherheitsrisiken.

Unter den Bedingungen eines idealen Internets findet das elektronische Abheben von Bargeld am (eigenen) Computer großen Zuspruch bei Internet-Nutzern: Drei Fünftel aller Befragten wären bereit, über das Internet Geld von ihren Konten auf eine Karte zu laden um mit dieser in Geschäften bargeldlos zu zahlen (59,4 %). Während ein kleiner Kreis von 7 % bei der Bewertung dieser Innovation unschlüssig ist, erklärt sich ein Drittel der Befragten nicht bereit, den eigenen Bargeldbedarf virtuell über das Internet zu decken (Abb. 5.9).

Unter Idealbedingungen wären zwei Drittel der Befragten bereit, eine aufladbare Geldkarte zu nutzen

Auch die Bereitschaft zum bargeldlosen Zahlen mit Hilfe einer virtuellen Geldkarte würde unter den Internet-Idealbedingungen des schnellen Zugangs, der einfachen Bedienbarkeit und der sicheren Datenübertragung zunehmen. Wie bereits zuvor mit Bezug auf die fehlende Nutzungsbereitschaft von Online-Banking ermittelt (26 %), verneint eine größere Anzahl von rund einem Drittel aller Befragten ihre Bereitschaft zur künftigen Nutzung einer aufladbaren Geldkarte.

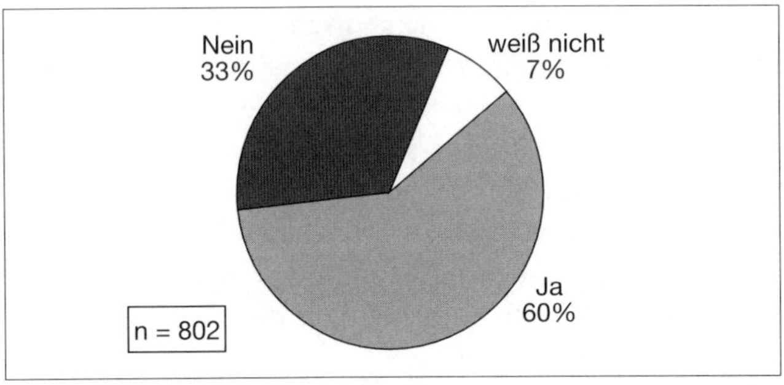

Abb. 5.9. Bereitschaft, zukünftig über das Internet Geld von Konto auf eine Karte zu laden

5.3.2.1
Internet-Nutzung in Jahren

Entsprechend den Ausführungen in Abschnitt 5.3.1.2 wurde die Beziehung zwischen der Bereitschaft zur Nutzung einer via Internet aufladbaren Geldkarte und der zeitlichen Nutzungserfahrung des befragten Personenkreises korrelationsstatistisch analysiert (Tabelle 5.14). Die dabei ermittelte Korrelation ist derart gering, dass der vermutete Zusammenhang zwischen Erfahrungszeit Internet und der perzipierten Nutzungsbereitschaft einer internetbasierten Geldkarte nicht bestätigt werden kann[48].

Bereitschaft nimmt mit steigenden Jahren der Internetnutzung nicht weiter zu

Eine Analyse der statistischen Verteilung in dieser Tabelle zeigt jedoch, dass die befragten Personen mit bis zu einjähriger Internet-Erfahrung geringfügig seltener bereit sind, diesen Dienst des elektronischen Aufladens der Geldkarte im Internet unter idealen Online-Bedingungen zu nutzen. Bei Personen, die bereits länger als ein Jahr Internet-Erfahrung gesammelt haben, zeigt sich keine wesentlich höhere Affinität zur Nutzung des elektronischen Nachladens der Geldkarte, die Zustimmungstendenz steigt nach einem Jahr Nutzungsdauer nicht weiter an. Die Kategorien 1–4 Jahre wurden daher in der Darstellung zusammengefasst. Aus den ermittelten Daten kann der Schluss gezogen werden, dass nach einer Internet-Nutzung von mehr als einem Jahr keine signifikanten Veränderungen hinsichtlich einer Verschiebung der Wahrnehmung idealer Online-Bedingungen zu erkennen sind. Die Faktoren, die dementsprechend eine Bereitschaft zu einer zukünftigen Nutzung mit beeinflussen, werden nur innerhalb des ersten Jahres, in dem Erfahrungen mit dem Medium gesammelt werden, divergierend eingeschätzt. Insofern könnte man vermuten, dass ein Vertrauen seitens der Nutzer – als zentrale Nutzungsvoraussetzung – vor allem innerhalb des ersten Jahres aufgebaut bzw. gesteigert werden, nach diesem Zeitpunkt scheinen jedoch keine weiteren Vertrauenszuwächse erreichbar.

Es kann begründet die Vermutung aufgestellt werden, dass Internet-Nutzer im ersten Jahr der Netznutzung ei-

48 Die Tabelle 5.14 ist nicht signifikant und weist mit Cramer-V=0,05 auf einen verschwindenden Zusammenhang hin.

Tabelle 5.14. Bereitschaft, Karte über das Internet aufzuladen nach Internetnutzung in Jahren

			Erste Internet-Nutzung vor (...) Jahren			
			weniger als 1 Jahr	1–4 Jahren	mehr als 4 Jahren	Gesamt
Bereitschaft, Karte über das Internet aufzuladen	Ja	Anzahl	56	375	45	476
		Spalten %	51,4 %	60,6 %	60,8 %	59,4 %
	Nein	Anzahl	43	200	24	267
		Spalten %	39,4 %	32,3 %	32,4 %	33,3 %
	weiss nicht	Anzahl	10	44	5	59
		Spalten %	9,2 %	7,1 %	6,8 %	7,4 %
Gesamt		Anzahl	109	619	74	802
		Spalten %	100,0 %	100,0 %	100,0 %	100,0 %

Cramer-V=0,05

nen Vertrauensbestand mitbringen, der vor allem im ersten Jahr der Nutzung weiter ausgebaut wird. Ursache könnte darin liegen, dass im ersten Jahr entscheidende positive Erfahrungen in Bezug auf die kritischen Punkte Sicherheit und technische Leistungsbereitschaft gesammelt werden – mithin ein Erklärungsansatz für eine dann höhere Bereitschaft zum Einsatz der aufladbaren Zahlungskarte.

Vertrauensbestand wird im ersten Jahr der Internetnutzung aufgebaut

5.3.2.2
Aktuelle Erfahrungen mit Online-Banking

Neben der Analyse des Zusammenhangs zwischen der zeitlichen Dauer allgemeiner Online-Erfahrung in der Nutzung des Internets und der Bereitschaft zum elektronischen Nachladen von Zahlungskarten, wurde überprüft, ob zwischen den Personengruppen der Online-Banking-Kunden und Nicht-Kunden diesbezüglich unterschiedliche Nutzungsbereitschaften bestehen

Wie Tabelle 5.15 aufzeigt, können die Gründe, die aus Sicht der Befragten gegen die zukünftige Nutzung eines internetgestützten Bargeld-Services sprechen, auch durch bisherige, überwiegend positive Erfahrungen mit Online-Banking (vgl. Abschn. 5.2) nicht vollends ausgeräumt werden. Immerhin noch 26,8 %, also etwas mehr als ein

Tabelle 5.15. Bereitschaft, ein Kartenzahlungsmittel über Internet aufzuladen nach Nutzungshäufigkeit Online-Banking

			Nutzung von Online-Banking		
			nie	häufig, gelegentlich, selten	Gesamt
Bereitschaft, Karte über Internet aufzuladen	Ja	Anzahl	265	211	476
		Spalten %	54,2 %	67,4 %	59,4 %
	Nein	Anzahl	183	84	267
		Spalten %	37,4 %	26,8 %	33,3 %
	weiss nicht	Anzahl	41	18	59
		Spalten %	8,4 %	5,8 %	7,4 %
Gesamt		Anzahl	489	313	802
		Spalten %	100,0 %	100,0 %	100,0 %

Cramer-V=0,13

Viertel aller befragten Online-Bankkunden, würden selbst unter idealen Internetbedingungen (einfache Benutzerführung, keine technischen Mängel, keine Sicherheitsprobleme) nicht ihre Geldkarte über das Internet nachladen. Allerdings fällt bei den Nicht-Kunden die Quote der Verweigerung dieser Innovation deutlich höher aus (37,4 %). Dementsprechend ist der Anteil unter den Online-Bankkunden, die diesen Service unter idealen Bedingungen in Zukunft nutzen würden, mit 67,4 % höher als der Anteil der potenziellen Nutzer unter den Nicht-Kunden (54,2 %). Auch zeigt sich, dass der Anteil der „*weiß nicht*"-Antworten unter den Nicht-Kunden höher liegt als unter den Kunden, die bereits Online-Banking nutzen (41 % bzw. 18 %).

Die angeführten statistischen Ergebnisse werden durch eine Korrelation von Cramer-V=.13 beschrieben. Der schwache Korrelationskoeffizient weist nur einen kleinen Zusammenhang zwischen der Bereitschaft, die Karte übers Internet aufzuladen und der aktuellen Nutzung von Online-Banking auf.

Insgesamt kann auch hier die Vermutung geäußert werden, dass Nutzer von Online-Banking generell besser über positive Möglichkeiten der virtuellen Nutzung von Bankdiensten informiert sind als Nicht-Nutzer. Insofern wird für die Gruppe der Nicht-Nutzer das schon zuvor belegte Informationsdefizit hinsichtlich Online-Banking erneut bestätigt.

5.3.2.3
Erfahrung mit Online-Banking in Jahren

Die im vorangestellten Abschnitt getroffenen Überlegungen liegen auch der Analyse zu Grunde, die den Zusammenhang zwischen zeitlicher Nutzungserfahrung des Online-Bankings und der Nutzungsbereitschaft einer aufladbaren Geldkarte thematisiert. Der Auswertungsschritt baut auf der Vermutung auf, dass Personen erst nach einem gewissen Erfahrungszeitraum genügend Nutzungskompetenz, respektive Vertrauen in die technische Innovation aufgebaut haben, um in der Folge eine höhere Akzeptanz für anderweitige technische Innovationen im Geldverkehr zu entwickeln. Mit Hilfe einer korrelationsstatistischen Analyse lässt sich diese Vermutung jedoch nicht statistisch gesichert belegen. Vielmehr besteht kein Zusammenhang zwischen der Bereitschaft die Geldkarte übers Internet aufzuladen und der Nutzungsdauer von Online-Banking. Es sind daher andere Faktoren für die Erklärung der Nutzungsbereitschaft heranzuziehen.

Bereitschaft zur Nutzung einer aufladbaren Geldkarte nimmt auch mit steigender Nutzungsdauer des Online-Bankings nicht weiter zu

5.3.3
Zwischenresümee

Die Weiterentwicklung des Internets zu einem technisch leistungsfähigeren Kommunikationssystem, „ohne Zeitverzögerung", mit zuverlässigerer Sicherheit und ohne zusätzliche Gebührenbelastung würde der weiteren Verbreitung von Online-Banking einen enormen Anschub geben. Es würden neue Kundengruppen gewonnen und vorhandene Kundenkreise zu einer intensiveren „häufigeren" Nutzung virtueller Bankleistungen veranlasst werden. In der Befragtengruppe der Internet-Nutzer kann ein Potential von 74 Prozent ermittelt werden. Dieses ist zum Befragungszeitpunkt lediglich zu 53 Prozent erschlossen.

Neben einer weiteren Verbreitung von Online-Banking dürfte auch das Angebot einer über das Internet aufladbaren Karte mit Zahlungsfunktion künftig hohe Nutzerkreise erschließen. Unter der Randbedingung des oben skizzierten „idealen Internet" ist eine Mehrheit von 60 Prozent der Internet-Nutzer bereits heute bereit, diesen Dienst in Anspruch zu nehmen. Andererseits belegt die Datenanalyse auch, dass selbst unter solchen Verbesserungen des Netzes ein substantieller Anteil von bis zu einem Drittel der Internet-Nutzer sich heute nicht dazu bereit erklärt, in absehbarer Zeit solche virtuellen Bankangebote zu nutzen.

Die Selbsteinschätzung der befragten Internet-Nutzer „in Zukunft häufiger" virtuelles Banking zu betreiben oder das Angebot einer im Netz aufladbaren Karte mit Zahlungsfunktion zu nutzen, ist nicht aus ihrer bisherigen zeitlichen Nutzung des Internets abzuleiten. Hingegen steigt die intensivere Nutzungsbereitschaft mit der Erfahrung von Online-Banking leicht an, vorhandene Akzeptanzbarrieren können jedoch nicht wesentlich reduziert werden. Eine statistischer Zusammenhang zwischen Online-Banking und der zukünftigen Nutzungsbereitschaft der aufladbaren Zahlungskarte ist nicht zu belegen.

5.4 Hinweise auf Mobilitätseffekte

Zur Ermittlung von Anzeichen für eine Veränderung des gesellschaftlichen Mobilitätsverhaltens aufgrund der vielfältig angebotenen Möglichkeiten, Bankgeschäfte virtuell durchzuführen, wird zunächst auf der Grundlage der heutigen Bankaktivitäten der befragten Internet-Nutzer dargestellt. Dabei wird sich zeigen, dass selbst in der Gruppe der Anwender von Online-Banking nach wie vor viele Bankgeschäfte traditionell durchführt werden. Insgesamt kann illustriert werden, in welcher Weise sich das Verhältnis zwischen physischen und virtuellen Formen der Erledigung von Bankgeschäften darstellt. Es geht um die Analyse von Präferenzen für traditionelles Banking und um die quantitative Einschätzung des Stellenwertes, der online-gestützten Formen des Bankings zukommt. Basierend auf den ermittelten Daten werden Schätzwerte einzelner Mobilitätseffekte berechnet.

5.4.1
Virtuelle versus physische Bankaktivitäten

In der vorliegenden Untersuchung wurden Nutzungsdaten zu nachfolgenden kundenbezogenen Bankaktivitäten ermittelt: Durchführung von Überweisungen, Kontostandsabfragen, Informationen über Geldanlagen, Beratungsleistungen zu Krediten und Finanzierung, Geldabheben und Kartenzahlungen. Befragungsdaten wurden jeweils zur Art der Durchführung sowie zur Häufigkeit bzw. Regelmäßigkeit, mit der die betreffenden Bankdienstleistungen in Anspruch genommen werden, erhoben.

5.4.1.1
Durchführung von Überweisungen

Auf die Frage, wie Überweisungen durchgeführt werden, gaben die Hälfte aller befragten Internet-Nutzer an, diese persönlich beim Bankmitarbeiter zu erledigen (50,1 %). Aber bereits knapp ein Drittel aller Befragten nutzt das Internet, um Banküberweisungen zu tätigen (32,1 %). Daneben werden als Alternativen zur persönlichen Dienstleistungserbringung am Bankschalter vor allem Automaten (13,0 %) und die postalische (10,4 %) und in geringem Umfang die telefonische (4,6 %) Übermittlung von Überweisungsaufträgen genutzt.

In Tabelle 5.16 sind jedoch neben den durchschnittlichen Nutzungspräferenzen aller Befragten auch die Nutzungsmuster der Anwender von Online-Banking angeführt, die eine deutliche Verschiebung der Präferenzstruktur erkennen lassen. Danach geben rund vier Fünftel dieser Nutzer an, Überweisungen internetgestützt durchzuführen (78,9 %). Aber auch bei Nutzern von Online-Banking ist eine persönliche Erledigung von Überweisungen am Bankschalter durchaus noch verbreitet, sie wird von 22,4 Prozent praktiziert. Den anderen Nutzungsformen per Automat (7,7 %), per Post (4,6 %) oder per Telefon (4,4 %) kommen vergleichsweise eher geringe Bedeutungen zu.

79 Prozent der Online-Banking-Kunden führen Überweisungen über das Internet durch

... immerhin 22,4 Prozent führen diese immer noch persönlich am Bankschalter durch

Im Vergleich zu Nicht-Online-Bankern erledigen Nutzer von Online-Banking ihre Überweisungsaufträge *vor allem* via Internet, eine vollständige Substitution anderer

Tabelle 5.16. Art der Erledigung von Überweisung in Abhängigkeit der Nutzungshäufigkeit Online-Banking („Wie führen Sie Überweisungen durch"; Mehrfachantworten)

	Online-Banking zusammengefasst				Gesamt	
	nie		häufig, gelegentlich, selten		Anzahl	Spalten %
	Anzahl	Spalten %	Anzahl	Spalten %		
persönlich (Bankmitarbeiter)	332	67,9	70	22,4	402	50,1
am Automaten	80	16,4	24	7,7	104	13,0
per Post	69	14,1	14	4,6	83	10,4
am Telefon	23	4,7	14	4,4	37	4,6
über das Internet	11	2,2	247	78,9	258	32,1
Gar nicht	34	6,9	3	0,9	37	4,6
Gesamt	489	100,0	313	100,0	802	100,0

Überweisungsvorgänge ist (bislang) nicht zu beobachten. Vielmehr wird der persönlich am Bankschalter erledigte Überweisungsauftrag weiterhin praktiziert, jedoch erheblich seltener als zuvor. Ebenso verlieren andere Überweisungsformen an Bedeutung. Insofern sind Mobilitätswirkungen eindeutig zu bejahen. Gleichwohl sind die quantitativen Auswirkungen auf das Mobilitätsverhalten diffe - renziert zu betrachten, da von einer vollständigen Substitutionswirkungen nicht ausgegangen werden kann.

5.4.1.2
Kontostandsabfragen

52,7 Prozent der Online-Banking-Kunden fragen ihren Kontostand überwiegend über das Internet ab

Auf die Frage, wie sie den Kontostand abfragen, zeigt sich, dass die Nicht-Online-Bankkunden dieses vorwiegend am Automaten erledigen (78,9 %) und nur zu etwa einem Sechstel (15,8 %) persönlich bei Bankmitarbeitern. Bei den Nutzern von Online-Banking geben mehr als die Hälfte an, dass sie ihren Kontostand überwiegend per Internet abfragen (52,7 %); etwa zwei Fünftel nutzen hierfür einen Automaten (42,5 %) während lediglich 9,5 Prozent dieses persönlich beim Mitarbeiter der Bank erledigen.

Tabelle 5.17. Art der Kontostandabfragen in Abhängigkeit der Nutzungshäufigkeit Online-Banking („Wie fragen Sie Ihren Kontostand ab?"; Mehrfachnennungen)

	Nutzung von Online-Banking				**Gesamt**	
	nie		häufig, gelegentlich, selten		Anzahl	Spalten %
	Anzahl	Spalten %	Anzahl	Spalten %		
persönlich (Bankmitarbeiter)	77	15,8	30	9,5	107	13,3
am Geldautomaten	385	78,9	133	42,5	519	64,7
am Telefon	26	5,3	28	9,1	54	6,8
per Post	32	6,6	14	4,5	47	5,8
per Internet	6	1,3	165	52,7	171	21,4
gar nicht	21	4,3	1	0,2	22	2,7
Gesamt	489	100,0	313	100,0	802	100,0

Für Kontostandsabfragen nutzen Internet-Anwender nur selten die persönliche Information an einem Bankschalter. Auch nutzen sie im Vergleich zur Gruppe der Nicht-Online-Banker wesentlich seltener einen Automaten, um ihren Kontostand in Erfahrung zu bringen. Online-Banking verdrängt somit primär die Nutzung eines Automaten und reduziert nochmals den Stellenwert des traditionellen Schalterverkehrs. Auch kann festgestellt werden, dass in der Gruppe der Online-Bankkunden Kontostandsabfragen über Telefonbanking eine vergleichsweise höhere Bedeutung aufweisen. Die insgesamt veränderte Nutzung von Kontostandsabfragen bestätigt die Mobilitätswirksamkeit von Online-Banking.

5.4.1.3
Informationen über Geldanlagen

Informationen über Geldanlagen werden insgesamt am häufigsten persönlich bei Bankmitarbeitern eingeholt (61,9 %). Dies gilt insbesondere für Personen, die herkömmliche Bank-Service-Angebote nutzen (64,5 %). Aber auch Kunden von Online-Banking sind bei der In-

Tabelle 5.18. Art der Informationsgewinnung über Geldanlagen in Abhängigkeit der Nutzungshäufigkeit Online-Banking („Wo informieren Sie sich über Geldanlagen?"; Mehrfachnennnungen)

	Nutzung von Online-Banking					
	nie		häufig, gelegentlich, selten		Gesamt	
	Anzahl	Spalten %	Anzahl	Spalten %	Anzahl	Spalten %
persönlich (Bankmitarbeiter)	315	64,5	181	57,7	496	61,9
am Telefon	19	4,0	13	4,1	32	4,0
im Internet	43	8,8	89	28,4	132	16,5
Zeitschriften/ Zeitungen	86	17,5	77	24,6	163	20,3
anders	23	4,7	14	4,6	37	4,6
(gar nicht)	112	23,0	42	13,3	154	19,2
Gesamt	489	100,0	313	100,0	802	100,0

Auch Online-Banking-Kunden suchen zum Thema Geldanlagen überwiegend das persönliche Gespräch

formationsgewinnung nicht in erster Linie auf das Internet (28,4 %) konzentriert, sondern suchen im Zusammenhang mit Geldanlagen ebenfalls überwiegend das persönliche Gespräch mit einem Mitarbeiter der Bank (57,7 %).

Darüber hinaus können entsprechend Tabelle 5.18 Online-Banker dadurch typisiert werden, dass sie häufiger Zeitschriften oder Zeitungen nutzen, um Informationen über Geldanlagen zu bekommen. Dies könnte seine Ursache darin haben, dass die Befragtengruppe der Online-Banking-Kunden insgesamt eine höhere Informationsnachfrage nach Geldanlagen hat als die Vergleichsgruppe der Internet-Nutzer, die (bislang) ihre Bankgeschäfte nicht per Online-Banking abwickelt (23,0 % versus 13,3 %).

Für die Ermittlung von Mobilitätseffekten ist von Interesse, dass bei Informationen über Geldanlagen dem persönlichen Beratungsgespräch eine nur wenig reduzierte Bedeutung zukommt und Online-Bankkunden sich im allgemeinen durch eine häufigere Informationsnachfrage auszeichnen.

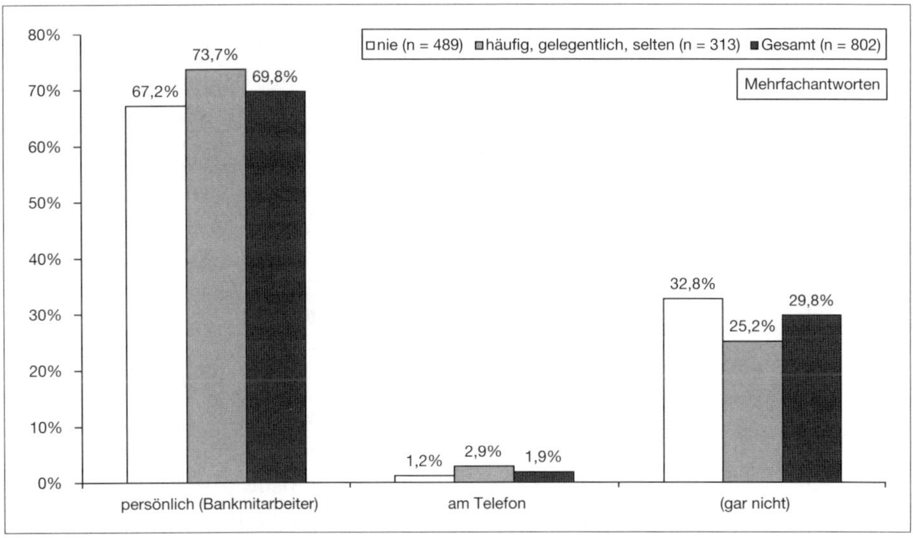

Abb. 5.10. Art der Beratung über Kredite/Baufinanzierungen in Abhängigkeit der Nutzungshäufigkeit Online-Banking („Wo lassen Sie sich über Kredite/Baufinanzierungen beraten?"; Mehrfachnennungen)

5.4.1.4
Beratungsleistungen Kredite/Baufinanzierungen

Beratungsleistungen über Kredite oder Baufinanzierungen werden von etwa zwei Dritteln der Befragten in Anspruch genommen, durchschnittlich von Online-Banking-Kunden am häufigsten (vgl. Abb. 5.10). Bei der weit überwiegenden Zahl der Fälle werden solche Beratungen personengebunden bei Bankmitarbeitern eingeholt (69,8 %). Somit zeigt sich auch hier, dass bei Bankgeschäften, die in geringerem Maße standardisierbar und andererseits stark durch individuelle Problemsichten gekennzeichnet sind, persönliche selten durch virtuelle Kontakte ersetzt werden. Auffällig ist, dass Online-Bankkunden in höherem Maße als traditionsgebundene Bankkunden eine persönliche Beratung durch Mitarbeiter der Bank bevorzugen (73,7 % versus 67,2 %). Die Inanspruchnahme einer telefonischen Beratungsdienstleistung spielt nach Angabe der befragten Internet-Nutzer bei Beratungen über Kredit- und Baufinanzierungen für sie so gut wie keine Rolle (1,9 %).

… auch beim Thema Kredite/Baufinanzierungen suchen Nutzer überwiegend das persönliche Gespräch

Zusammengefaßt kann festgehalten werden, dass Online-Bankkunden generell eher, und am häufigsten persönlich, Beratungen über Kredite/Baufinanzierungen in Anspruch nehmen. Festzustellen ist jedoch auch, dass etwa ein Drittel der Nicht-Kunden von Online-Banking (32,8 %) und ein Viertel der Online-Bankkunden (25,2 %) keine entsprechenden Beratungen nachfragt.

5.4.1.5
Regelmäßigkeit der Bargeldversorgung

Die Beantwortung der Frage nach der Regelmäßigkeit, mit der sich Internet-Nutzer mit Bargeld versorgen, zeigt, dass generell eher in unregelmäßigen Zeitintervallen Geld abgehoben wird (82,2 %; vgl. Tabelle 5.19). Online-Bankkunden und Nicht-Online-Bankkunden unterscheiden sich dabei nur unwesentlich voneinander; jedoch zeigt sich, dass Kunden von Online-Banking etwas häufiger zur regelmäßigen Bargeldversorgung tendieren (17, 8 % versus 11,1 %).

Nutzer von Online-Banking heben Bargeld tendenziell „eher regelmäßig" ab

Dieses Ergebnis deutet darauf hin, dass Nutzer von Online-Banking ein eher aktiv organisiertes Banking-Verhalten zeigen. Der Hinweis auf eine stärkere Organisation der Banking-Aktivitäten wiederum kann als Zeichen für

Tabelle 5.19. Regelmäßigkeit der Bargeldversorgung und Online-Banking

			Nutzung von Online-Banking		
			nie	häufig, gelegentlich, selten	Gesamt
„Wann heben Sie Ihr Geld ab?"	regelmäßig	Anzahl	54	56	110
		Spalten %	11,1 %	17,8 %	13,7 %
	unregelmäßig	Anzahl	409	250	659
		Spalten %	83,8 %	79,6 %	82,2 %
	sowohl als auch	Anzahl	25	8	33
		Spalten %	5,1 %	2,5 %	4,1 %
Gesamt		Anzahl	488	314	802
		Spalten %	100,0 %	100,0 %	100,0 %

Cramer-V=0,11

eine systematischere Organisation im Zuge der Verknappung der Ressource Zeit gesehen werden.

5.4.1.6
Häufigkeit von Kartenzahlungen

Kartenzahlungen stellen eine Form der Virtualisierung von Geldtransaktionen dar, die zu mannigfaltigen Veränderungen im Zahlungsverkehr beitragen. Tabelle 5.20 stellt die hohe Relevanz von Kartenzahlungen bei der Abwicklung des Zahlungsverkehrs von Internet-Nutzern dar. Durchschnittlich setzt etwa 85 Prozent dieser Befragtengruppe in ihrem Alltag zumindest selten die Kartenzahlung ein.

Online-Banking-Kunden zahlen eher mit Karte

Insgesamt zeigt sich, dass die Hälfte aller Befragten *häufig* mit Karte bezahlt (50 %). Der Vergleich der Antworten von Online-Bankkunden und Nicht-Kunden verdeutlicht, dass in der Gruppe der Online-Bankkunden deutlich mehr Personen häufig mit Karte bezahlen (62,9 %) als in der anderen Gruppe (41,7 %). Umgekehrt geben 17,6 Prozent der Nicht-Nutzer an, selten mit Karte zu bezahlen, während dies nur auf knapp 10 Prozent der Online-Bankkunden zutrifft (9,6 %). Immerhin fast ein

Tabelle 5.20. Häufigkeit von Kartenzahlungen in Abhängigkeit der Nutzungshäufigkeit Online-Banking („Wie häufig zahlen Sie mit Karte?“; Mehrfachnennungen)

			Nutzung von Online-Banking		
			nie	häufig, gelegentlich, selten	Gesamt
„Wie häufig zahlen Sie mit Karte?“	häufig	Anzahl	204	197	401
		Spalten %	41,7 %	62,9 %	50,0 %
	gelegentlich	Anzahl	102	59	161
		Spalten %	20,9 %	18,8 %	20,1 %
	selten	Anzahl	86	30	116
		Spalten %	17,6 %	9,6 %	14,5 %
	nie	Anzahl	97	27	124
		Spalten %	19,8 %	8,6 %	15,5 %
Gesamt		Anzahl	489	313	802
		Spalten %	100,0 %	100,0 %	100,0 %

Cramer-V=0,23

Fünftel aller Nicht-Nutzer bezahlten nie mit Karte (19,8 %).

Kunden von Online-Banking neigen eher dazu, mit Karte zu bezahlen, als Personen, die kein Online-Banking betreiben.

Somit kann es sein, dass eine Motivation zum Online-Banking mit der Motivation zur Kartenzahlung verbunden ist. Dabei könnten die in Abschn. 5.2 untersuchten Hemmfaktoren für die Akzeptanz des Online-Bankings, insbesondere der Faktor Sicherheit, auch für den Bereich von Kartenzahlungen gelten. In diesem Sinne wären Nicht-Online-Bankkunden als eher konservativ bzw. sensibler in Bezug auf mögliche Risiken innovativer, virtueller Bank-Services zu charakterisieren. Möglich ist jedoch auch, dass sich diese Gruppe durch einen insgesamt geringeren Bedarf an „flexiblen Zahlungsweisen" auszeichnet.

5.4.2
Traditionelle und virtuelle Formen von Banking

Nach den vorangegangenen Darstellungen der einzelnen Nutzungsgewohnheiten der verschiedenen Bank-Services, jeweils unterschieden nach Online-Bankkunden und Nicht-Kunden, wird im folgenden aufgezeigt, wie oft die befragten Personen grundsätzlich ihre Bank aufsuchen bzw. andere, virtuelle Arten des Banking nutzen.

Auf dieser Grundlage kann das Verhältnis von traditionellen zu virtuellen Formen des Banking ermittelt werden.

Zudem interessiert im Zuge einer an Mobilität orientierten Fragestellung, mit welchen Verkehrsmitteln die Befragten ihre Bank aufsuchen und ob bzw. in welchem Ausmaße Erledigungen von Bankgeschäften mit anderen Wegen oder Erledigungen kombiniert werden.

5.4.2.1
Häufigkeit von Bankbesuchen

Die Häufigkeit von Bankbesuchen der befragten Internet-Nutzer wurde nach folgenden sechs Antwortkategorien differenziert: „täglich", „mehrmals in der Woche",

„einmal in der Woche“, „mehrmals im Monat“, „seltener“, „nie“. Tabelle 5.21 dokumentiert die Ergebnisse der Befragung, differenziert nach Nutzung bzw. Nicht-Nutzung von Online-Banking..

Die Datenanalyse verdeutlicht, dass die Befragten zwar am verbreitetsten mehrmals im Monat eine Bank aufsuchen (27,5 %), jedoch zusammengenommen mehr als ein Drittel der Befragten zumindest einmal wöchentlich oder häufiger zu ihrer Bank gehen (36,6 %). Eine vergleichbar große Gruppe geht einmal monatlich, seltener oder gar nie zu Bank (36 %).

Hinsichtlich der Besuchsfrequenz sind deutliche Unterschiede zwischen Online-Bankkunden und Nicht-Kunden festzustellen. Während in der Gruppe der Online-Kunden zusammengenommen lediglich 28,9 Prozent einmal wöchentlich oder häufiger eine Bank aufsucht, geben dies von den Nicht-Online-Kunden 41,6 Prozent der

Tabelle 5.21. Häufigkeit von Bankbesuchen und Online-Banking

			Nutzung von Online-Banking		
			nie	häufig, gelegentlich, selten	Gesamt
Häufigkeit der Bankbesuche	täglich	Anzahl	10	14	24
		Spalten %	2,0 %	4,5 %	3,0 %
	mehrmals in der Woche	Anzahl	56	28	84
		Spalten %	11,5 %	9,0 %	10,5 %
	1 x in der Woche	Anzahl	137	48	185
		Spalten %	28,1 %	15,4 %	23,1 %
	mehrmals im Monat	Anzahl	143	77	220
		Spalten %	29,3 %	24,7 %	27,5 %
	1 x im Monat	Anzahl	77	69	146
		Spalten %	15,8 %	22,1 %	18,3 %
	seltener	Anzahl	45	46	91
		Spalten %	9,2 %	14,7 %	11,4 %
	nie	Anzahl	20	30	50
		Spalten %	4,1 %	9,6 %	6,3 %
Gesamt		Anzahl	488	312	800
		Spalten %	100,0 %	100,0 %	100,0 %

Cramer-V=0,22

Befragten an. Umgekehrt findet sich in der Gruppe der Internet-Nutzer, die eher selten, d.h. einmal pro Monat oder noch weniger eine Bank besuchen, zusammengenommen 46,4 Prozent der Nutzer von Online-Banking aber nur 29,1 Prozent der Kunden, die kein Online-Banking betreiben (zu den Antworthäufigkeiten der einzelnen Kategorien vgl. Tabelle 5.21).

Reduzierung von Bankbesuchen

Zusammengefasst kann demnach eine deutliche Reduzierung der Bankbesuche durch Nutzer von Online-Banking festgestellt werden.

5.4.2.2
Anzahl Bankgeschäfte von zu Hause

Prinzipiell können heute viele Bankgeschäfte von zu Hause aus erledigt werden. Hierzu müssen nicht zwangsläufig Banktransaktionen online durchgeführt werden. Vielmehr bieten z.B. postalische Zahlungsanweisungen oder Telefonbanking ebenfalls entsprechende Möglichkeiten.

Von allen befragten Internet-Nutzern erledigt fast ein Fünftel alle bzw. fast alle Bankgeschäfte von zu Hause aus (19 %). Dabei werden gravierende Unterschiede deutlich, wenn die Gruppe der Nutzer und die der Nicht-Nutzer von Online-Banking getrennt analysiert werden. Es stehen dann lediglich 5,7 Prozent der Nicht-Nutzer von Online-Banking einem Anteil von 39,5 Prozent der Online-Banking-Nutzer gegenüber, die „alle bzw. fast alle" Bankgeschäfte von zu Hause aus erledigen (Tabelle 5.22).

39,5 Prozent der Nutzer von Online-Banking erledigen „alle bzw. fast alle" Bankgeschäfte von zu Hause aus

Auch den Antwortkategorien „den größten Teil", „etwa die Hälfte" sowie „den kleineren Teil" stimmen insgesamt 55,1 Prozent der Online-Banker zu, so dass lediglich eine kleine Gruppe identifiziert werden kann, die „fast keine bzw. keine" Bankgeschäfte von zu Hause aus erledigt. Anders in der Vergleichsgruppe der Internet-Nutzer, die kein Online-Banking betreibt: Hier gruppieren sich fast 70 Prozent der Befragten dieser Antwortvorgabe zu. Online-Banker erledigen Ihre Bankgeschäfte weitgehend von zu Hause aus, während Nicht-Online-Banker dies vergleichsweise selten und nur bezogen auf geringere Anteile einzelner Banktransaktionen tun. – Dies belegt eindrucksvoll einen Wandel im Mobilitätsgeschehen, der sich in Folge einer Verlagerung auf das Online-Banking vollzieht.

Tabelle 5.22. Erledigung von Bankgeschäften von zu Hause und Online-Banking („Wie viele Bankgeschäfte erledigen Sie von zu Hause?“)

			Nutzung von Online-Banking		
			nie	häufig, gelegentlich, selten	Gesamt
„Wieviele Bankgeschäfte erledigen Sie von zu Hause?“	alle bzw. fast alle	Anzahl	28	124	152
		Spalten %	5,7 %	39,5 %	19,0 %
	den größten Teil	Anzahl	41	84	125
		Spalten %	8,4 %	26,8 %	15,6 %
	etwa die Hälfte	Anzahl	24	50	74
		Spalten %	4,9 %	15,9 %	9,2 %
	den kleineren Teil	Anzahl	56	39	95
		Spalten %	11,5 %	12,4 %	11,9 %
	fast keine bzw. keine	Anzahl	338	17	355
		Spalten %	69,4 %	5,4 %	44,3 %
Gesamt		Anzahl	487	314	801
		Spalten %	100,0 %	100,0 %	100,0 %

Cramer-V=0,67

5.4.2.3
Eingesetzte Verkehrsmittel bei der physischen Erledigung von Bankgeschäften

Nachfolgende Tabelle 5.23 gibt einen Überblick über die Verkehrsmittel, mit denen die Befragten ihre Bank aufsuchen. Dabei fällt zunächst auf, dass die Hälfte aller befragten Personen, die mindestens selten ihre Bank aufsuchen (n=752), die Entfernung im allgemeinen mit dem Auto oder Motorrad bewältigen. Ebenfalls motorisiert, allerdings unter Nutzung öffentlicher Nahverkehrsmittel, sind weitere 3,2 Prozent unterwegs. Etwas mehr als ein Drittel der Befragten geht zu Fuß zur Bank (36,2 %) und 10,6 Prozent fährt die Strecke mit dem Fahrrad.

Ein Vergleich zwischen Online-Bankkunden und Nicht-Kunden zeigt hier, dass Kunden des Online-Banking eher seltener zu Fuß (30,7 % zu 39,4 %) und per Rad (9,2 % zu 11,5 %) zur Bank kommen. Auch öffentliche Verkehrsmittel werden von Online-Bankkunden seltener genutzt (1,4 % zu 4,3 %). Statt dessen ist für die Wegstre-

Tabelle 5.23. Eingesetzte Verkehrsmittel bei der physischen Erledigung von Bankgeschäften und Online-Banking („Wie kommen Sie im allgemeinen zu Ihrer Bankfiliale?")

			Nutzung von Online-Banking		
			nie	häufig, gelegentlich, selten	Gesamt
„Wie kommen Sie im allgemeinen zu Ihrer Bankfiliale?"	zu Fuß	Anzahl	185	87	272
		Spalten %	39,4 %	30,7 %	36,2 %
	mit dem Fahrrad	Anzahl	54	26	80
		Spalten %	11,5 %	9,2 %	10,6 %
	mit dem Auto oder Motorrad	Anzahl	210	166	376
		Spalten %	44,8 %	58,7 %	50,0 %
	mit einem öffentlichen Nahverkehrsmittel	Anzahl	20	4	24
		Spalten %	4,3 %	1,4 %	3,2 %
Gesamt		Anzahl	469	283	752
		Spalten %	100,0 %	100,0 %	100,0 %

Cramer-V=0,15

Auto oder Motorrad werden präferiert

cke zur Bank eine deutlich ausgeprägtere Präferenz zur Nutzung von Auto oder Motorrad (58,7 % zu 44,8 %) zu erkennen als bei Nicht-Kunden von Online-Banking.

Online-Bankkunden fahren vergleichsweise eher mit dem Auto oder Motorrad zur Bank.

5.4.2.4 *Wegekombinationen im Zusammenhang mit Bankbesuchen und Online-Banking*

45,1 Prozent aller Befragten kombinieren Wege zur Bank

Es wurde danach gefragt, ob Fahrten zur Bank ausschließlich zur Erledigung von Bankaktivitäten oder im Zusammenhang mit anderen Tagesaktivitäten, wie z.B. einem Einkauf oder mit dem Weg zur Arbeit kombiniert werden. Dabei wurde deutlich, dass 45,1 Prozent aller Befragten den Bankbesuch mit anderen Tätigkeiten kombinieren, aber es konnte kein signifikanter Unterschied im Verhalten der Kunden von Online-Banking zu der Befragtengruppe der Nicht-Kunden festgestellt werden. Folglich ist nicht zu erwarten, dass spezifische Wegekombinationen in direktem Zusammenhang mit der Inanspruchnahme von Online-Banking stehen.

5.4.3 Mobilitätswirkungen auf die Wegehäufigkeiten durch künftiges Online-Banking

Mit den in den nachfolgenden Abschnitten dargestellten Ergebnissen werden die subjektiven Einschätzungen der Befragtengruppe im Hinblick auf mögliche Mobilitätswirkungen für das eigene, durch Online-Banking veranlasste Mobilitätsverhalten vorgestellt, wie beispielsweise Wegfall von Bankbesuchen oder von Wegen zum Bankautomaten sowie Verzicht auf persönliche Beratungsleistungen. Die angestellten Analysen stützen sich einerseits auf Antworten der Nutzer von Online- und Telefon-Banking und andererseits auf die Ergebnisse der allen Internet-Nutzern gestellten Frage nach der prinzipiellen Bereitschaft zur Nutzung von Online-Banking für Kontostandsabfragen und Überweisungen, wobei hier wiederum die künftige Realisierung eines idealen Online-Banking-Systems mit einfacher Benutzerführung ohne technische Schwachpunkte und ohne Sicherheitsprobleme unterstellt wurde. Unter diesen Bedingungen bestätigt die weit überwiegende Mehrheit von rund 84 Prozent aller Internetnutzer, unter diesen Voraussetzungen künftig zur Nutzung bereit zu sein, nur etwa 5 Prozent sahen sich außerstande, das eigene Verhalten zu prognostizieren und lediglich 11 Prozent würden selbst unter den angegebenen nutzerfreundlichen Bedingungen auch in Zukunft auf konventionelle Weise Überweisungen tätigen und Kontostandsabfragen durchführen[49].

5.4.3.1 *Bankbesuche*

Um Hinweise auf mögliche Mobilitätswirkungen zu erhalten, wurde den Online-Banking-Kunden folgende Frage gestellt: „*Wenn Sie die Zeit, als Sie das Online- oder Telefon-Banking noch nicht genutzt haben mal mit heute vergleichen: Haben Sie früher häufiger Bankbesuche ge-*

49 Diese Ergebnisse signalisieren eine höhere Nutzungsbereitschaft als die in Kap. 5.3 dargestellten Befragungsergebnisse, die auf der Frage nach dem idealen Internet – nicht Online-Banking – basieren.

macht oder machen Sie heute häufiger Bankbesuche oder gibt es da keinen Unterschied?"

Eine Minderheit von 31,5 Prozent der heutigen Nutzer von Online- oder Telefon-Banking verneint unter Bezugnahme auf die Häufigkeit von Bankbesuchen eine Mobilitätswirkung (vgl. Tabelle 5.24). Hingegen gelangen nahezu zwei Drittel der virtuellen Bankbesucher zu der Einschätzung, dass sie im Vergleich zu früher, „als sie das Online- oder Telefon-Banking noch nicht genutzt haben", nun weniger häufig eine Bank besuchen (63,7 %). Am eigenen Verhalten wird allerdings auch die umgekehrte Mobilitätswirkung festgestellt, d.h. ein häufigerer Bankbesuch infolge des praktizierten Online- oder Telefon-Bankings (4,8 %). Somit diagnostizieren insgesamt sieben von 10 befragten erfahrenen Anwendern eine Mobilitätswirkung des Tele-Bankings auf das eigene Mobilitätsverhalten.

Knapp zwei Drittel der Nutzer besuchten ihre Bank „früher häufiger"

Bezieht man in die Frage nach der *künftigen* Einschätzung der Mobilitätswirkung von Online-Banking auch die Gruppe der heutigen Nicht-Anwender ein, ergeben sich bezüglich des Wegfalls von Wegen deutlich höhere Erwartungen.

Wie viele Wege würden durch das „ideale Online-Banking" wegfallen?

Wie Abb. 5.11 aufzeigt, vermuten mehr als die Hälfte aller Befragten, die bereit wären das 'ideale Online-Banking' zu nutzen, dass hierdurch der größte Teil ihrer jetzigen Bankbesuche wegfallen würden (53,8 %). Ein weiteres Viertel der Befragten schätzt die Mobilitätswirkung eher gering ein und meint, dass nur wenige Bankbesuche wegfallen würden (24,0 %). Damit liegt die Einschätzung

Tabelle 5.24. Perzipierte Auswirkung von Online- oder Telefon-Banking auf die Häufigkeit von Bankbesuchen

		Häufigkeit	Gültige Prozente
Gültig	früher häufiger	249	63,7
	heute häufiger	19	4,8
	kein Unterschied	123	31,5
	Gesamt	391	100,0
Fehlend		411	
Gesamt		802	

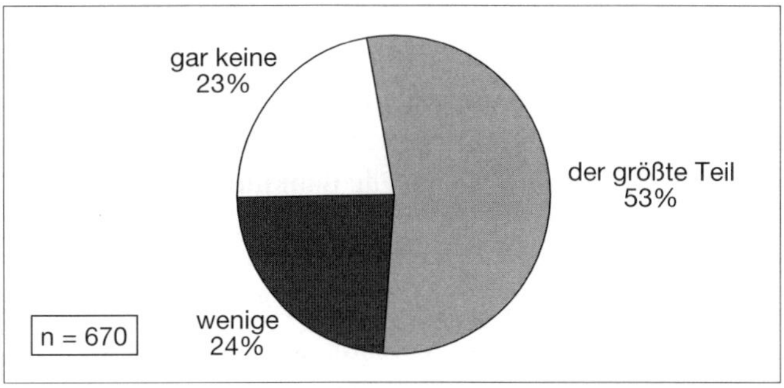

Abb. 5.11. Reduktion von Wegen zur Bank (... ideales Online-Banking vorausgesetzt ... „Wie viele Bankbesuche würden wegfallen?")

einer Mobilitätsentlastung durch Online-Banking unter allen Internet-Nutzern, die künftig zum Online-Banking bereit wären, um mehr als 14 Prozent höher als unter den bereits heute erfahrenen Nutzern, die ihr eigenes Verhalten einschätzen.

Die Einschätzung, dass ein virtueller Bankbesuch ohne Wirkung auf die tatsächliche Besuchsfrequenz bleiben würde, wird von etwa einem Fünftel (23 %) aller potentiellen Nutzer des idealen Online-Banking vertreten.

5.4.3.2
Wege zum Geldautomaten

„Die Bereitstellung und Nutzung eines idealen Online-Banking-Systems hätte nach Einschätzung der Internet-

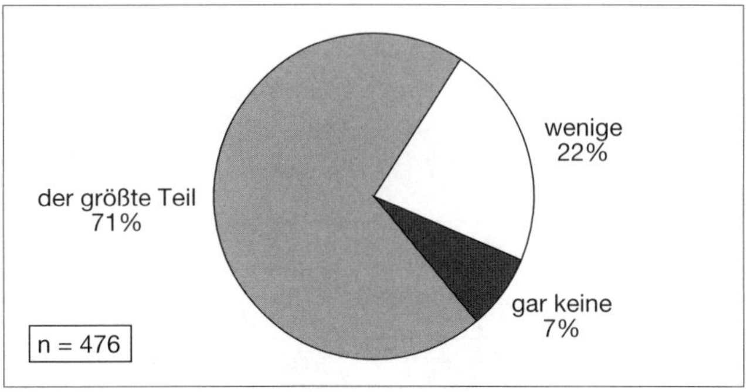

Abb. 5.12. Reduktion von Wegen zum Geldautomaten (... ideales Online-Banking mit aufladbarer Zahlungskarte via Internet vorausgesetzt ...: „Wie viele Wege zum Geldautomaten würden wegfallen?")

Nutzer drastische Auswirkungen auf die Nutzung von Geldautomaten (vgl. Abb. 5.12). Mehr als 90 Prozent der Befragten, die zur Nutzung einer über das Internet aufladbaren Zahlungskarte bereit wären, gehen davon aus, dass durch die künftige virtuelle Banknutzung zumindest wenige" (22 %), wenn nicht gar „der größte Teil" (71 %) der Wege zum Geldautomaten verzichtbar würden. Nur eine Minderheit von 7 Prozent der Befragten geht davon aus, dass sich dieses Angebot auf die eigene Wegehäufigkeit zum Geldautomaten nicht auswirken würde.

5.4.3.3 *Persönliche Beratungsleistungen*

Persönliche Beratung wird kaum substituiert

Die nachfolgende Abb. 5.13 verdeutlicht, dass nach Ansicht der befragten Internet-Anwender persönliche Beratungsdienstleistungen nur zögerlich durch netzgestützte Angebote angenommen würden, selbst wenn diese in einigen Jahren im Internet perfekt und ausgereift sein sollten. Auch in dieser Situation würden bei Beratung und Informationsbeschaffung im Zusammenhang mit Geldanlagen bzw. der Vergabe von Krediten gut drei Viertel aller Befragten weiterhin die persönliche Face-to-Face-Beratung (76,0 %) präferieren. Hingegen kann sich knapp ein Viertel aller Untersuchungspersonen schon heute vorstellen, unter den angegebenen Bedingungen das Internet für persönliche Beratungsdienstleistungen zu nutzen (24,0 %).

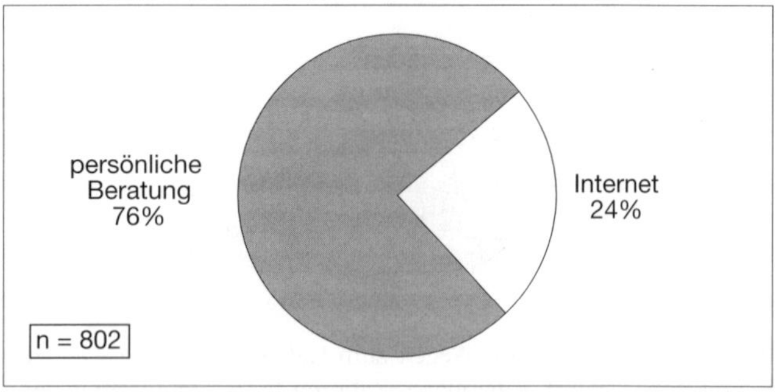

Abb. 5.13. Bei gleichwertiger Beratung – lieber Online-Banking oder persönliche Beratung?

5.4.4 Hinweise auf sonstige Mobilitätseffekte

Um Mobilitätsorientierungen der Nutzer und Nicht-Nutzer von Online-Banking näher zu bestimmen, wurden den Untersuchungspersonen verschiedene Statements vorgelesen, die Aussagen zu ihrem möglichen Mobilitätsverhalten enthalten. Die Befragten wurden anschließend gebeten anzugeben, ob diese für sie persönlich „voll und ganz", „weitgehend", „weniger" oder „gar nicht" zutreffen (vgl. Abb. 5.14).

Die in der Abb. 5.14 angegebene Verteilung gruppiert die zustimmenden Reaktionen (voll und ganz/weitgehend) auf die verschiedenen Statements. Dabei wurden die Ergebnisse nach Personen differenziert, die Online-Banking betreiben („häufig", „gelegentlich" oder „selten"; n=313) bzw. nicht betreiben („nie"; n=489). Die Ergebnisse lassen lediglich bei zwei Aussagen interpretierbar deutliche Unterschiede zwischen den beiden Nutzergruppen erkennen. Zum einen geben Online-Banking-Kun-

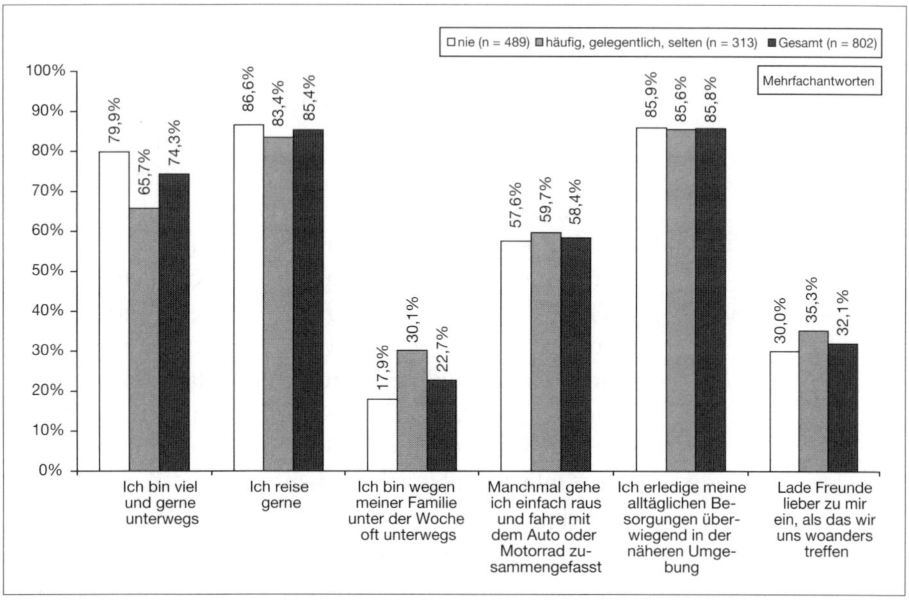

Abb. 5.14. Reaktionen auf Statements zu physischer Mobilität und Online-Banking

Nutzer von Online-Banking sind häufiger aus familiären Gründen unter der Woche unterwegs

den häufiger (+12,2 %) als Nicht-Kunden an, aus familiären Gründen unter der Woche oft unterwegs zu sein, andererseits charakterisieren sie sich im Vergleich zu Nicht-Kunden weit seltener als Personen, die viel und gerne unterwegs sind (–14,2 %). Insofern könnte dieses Ergebnis als Hinweis darauf verstanden werden, dass Online-Kunden subjektiv eher durch familiär bedingte Mobilitätserfordernisse in Anspruch genommen werden, und daher auch eher bereit sind, mobilitätsentlastende virtuelle Angebote wie das Online-Banking in Anspruch zu nehmen.

5.4.5 Schätzung: Kilometereinsparungen auf den Wegen zur Bank

Im Fokus: Personen, die ihre Bank motorisiert besuchen

Wie in Abschnitt 5.4.2.3 gezeigt wurde, nutzen 50 Prozent aller befragten Internetnutzer das Auto oder das Motorrad auf ihren Wegen zur Bank. Etwas weniger als die Hälfte dieser Personen betreiben auch Online-Banking (44,1 %). Im folgenden wird für die Gruppe aller Personen, die ihre Bank motorisiert besuchen (n=376 bzw. 46,9 % aller Internet-Nutzer), eine Abschätzung der Entfernungskilometer vorgenommen, die durch die Nutzung von Online-Banking eingespart werden oder die eingespart werden könnten.

Zwei Szenarien

Nachfolgend werden hierzu zunächst Schätzungen für die Merkmale *durchschnittliche Netto-Kilometer pro Bankbesuch* und *durchschnittliche Netto-Kilometer pro Monat* vorgenommen. In einem nächsten Schritt wird untersucht, ob und wie sich Online-Banker hinsichtlich dieser Merkmale von Personen unterscheiden, die kein Online-Banking betreiben. Für die in einem dritten Schritt vorgenommene Abschätzung eingesparter Kilometer werden zwei idealtypische Szenarien zu Grunde gelegt: Zum einen wird berechnet, um welche Prozentwerte sich die monatliche Anzahl der durchschnittlichen Entfernungskilometer zur Bank *erhöhen* würde, wenn die im Sample repräsentierten Online-Banker zum Erhebungszeitpunkt *kein* Online-Banking betreiben würden. Zum anderen wird abgeschätzt, in welchem Maße sich dieser Wert *verringern* würde, wenn alle Personen Online-Banking nutzen würden. In einem vierten Schritt werden mögliche zukünftige Kilometereinsparungen durch Online-Banking auf die Gesamtheit aller zum Erhebungszeitpunkt ermittelten Internet-Nutzer hochgerechnet.

5.4.5.1
Netto-Entfernungskilometer pro Bankbesuch

Unter Netto-Entfernungen zur Bank werden Wegstrecken verstanden, die ausschließlich auf Bankbesuche zurückzuführen sind. Dabei werden nur solche Wegstrecken untersucht, die per Auto oder Motorrad zurückgelegt werden. Für die Rekonstruktion dieser Größen sind zwei Merkmale von Relevanz: Einerseits ist die *Brutto-Entfernung* zwischen Abfahrtsort und Bank zu ermitteln, andererseits ist zu berücksichtigen, dass Bankbesuche häufig in *Wegekombinationen* eingebunden werden, also ein Bankbesuch etwa auf dem Weg zur Arbeit erledigt wird oder in Kombination mit Einkäufen oder anderen Erledigungen stattfindet. Die Verwendung der beiden Begriffe soll nachfolgend erläutert werden.

Brutto-Entfernungskilometer:

Im Rahmen der Erhebung wurden die Untersuchungspersonen nach der ungefähren Zeitdauer gefragt, die sie normalerweise benötigen, um ihre Bankfiliale zu erreichen. Da davon ausgegangen wird, dass viele Personen ihre Bankbesuche mit anderen Wegen kombinieren (z.B. auf dem Weg von der Arbeit nach Hause), wurde mit dem Zusatz „von dort an, wo sie starten" explizit auf die Möglichkeit verschiedener Abfahrtsorte

Tabelle 5.25. Benötigte Zeit zur Bank per Auto/Motorrad (einfach)

	Anzahl	Spalten %
unter 5 Minuten (3km)	91	24,2
5–10 Minuten (6km)	140	37,1
10–15 Minuten (9km)	77	20,4
1/4–1/2 Stunde (18km)	46	12,1
1/2 bis 1 Stunde (36km)	21	5,6
länger als 1 Stunde (72km)	2	0,6
Gesamt	376	100,0

hingewiesen. Diese Zeitangaben wurden herangezogen, um die Brutto-Entfernungskilometer vom Abfahrtsort zur Bank zu schätzen. Eine Zuordnung der Schätzgrößen ist Tabelle 5.25 zu entnehmen.

Wegekombinationen:
Um zu ermitteln, inwieweit die Befragten ihre Bankbesuche mit anderen Wegen kombinieren, wurden sie gefragt, ob sie ihre Bankfiliale normalerweise *„auf dem Weg von oder zur Arbeit"*, *„wenn sie andere Sachen erledigen bzw. Geschäfte besuchen"* oder *„extra, also ohne solche Kombinationen"* besuchen. Bei Bankbesuchen auf dem Weg zur Arbeit wurde des Weiteren danach gefragt, ob die Untersuchungspersonen hierfür einen Umweg fahren oder ob die Bank direkt auf der Strecke liegt. Dabei lassen sich vier Gruppen von Wegekombinationen unterscheiden (vgl. Tabelle 5.26).

Danach ist der Bankbesuch bei etwa einem Viertel direkt in den Weg zur Arbeit eingebunden (25,9 %). Weitere 10,2 Prozent erledigen den Bankbesuch ebenfalls auf dem Weg von oder zur Arbeitsstätte, allerdings unter Inkaufnahme eines Umweges. Knapp die Hälfte aller Befragten geben an, ihre Bankfiliale mit anderen Wegen zu kombinieren (z.B. Geschäfte besuchen) (48,0 %). Lediglich knapp 16 Prozent besuchen die Bank extra, ohne diesen Weg mit anderen Alltagserledigungen zu kombinieren.

Nur 16 Prozent besuchen ihre Bank extra, ohne Wegekombination

Tabelle 5.26. Wegekombinationen und Bankbesuche

		Häufigkeit	Gültige Prozente
Gültig	Fahrt zur Arbeit ohne Umweg	97	25,9
	Fahrt zur Arbeit mit Umweg	38	10,2
	Andere Wegekombinationen	180	48,0
	Extra, ohne Kombinationen	60	15,9
	Gesamt	375	100,0

Die in Tabelle 5.26 dargestellten Brutto-Entfernungskilometer geben die Entfernungen vom Abfahrtsort (z.B. Wohnort, Arbeitsstelle) zur Bank, jedoch nicht etwaige Umwege zur Bankfiliale an. Vielmehr gibt es Überschneidungen zwischen Umwegen und den Strecken, die zu anderen Zwecken in jedem Fall zurückgelegt werden. Da diese Umwege im Rahmen der Befragung nicht detailliert erfasst werden konnten, wird im folgenden eine *Schätzung der Netto-Entfernungskilometer* pro Bankbesuch vorgenommen.

Schätzung der Netto-Entfernungskilometer:
Die Verteilung der ermittelten Schätzgrößen für die zurückgelegten Netto-Entfernungskilometer pro Bankbesuch ist in Tabelle 5.27 zusammengestellt. Die Daten beruhen auf folgender Vorgehensweise bzw. auf folgenden Annahmen:

- Bei Personen, die ihre Bankbesuche normalerweise auf dem Weg zur Arbeit erledigen und hierfür keine Umwege fahren (Gruppe 1), werden die Netto-Entfernungskilometer auf 0 kodiert. Die zuvor angegebenen Brutto-Entfernungskilometer zur Bankfiliale sind bei diesen Personen gegenstandslos, da diese Fahrten in jedem Fall unternommen werden.
- Wird die Bankfiliale i.d.R. auf dem Weg zur Arbeitsstelle besucht und hierfür ein Umweg in Kauf genommen oder wird der Bankbesuch mit anderen Erledigungen verbunden (Gruppen 2 und 3), so werden die angegeben Brutto-Entfernungskilometer zur Bank den Netto-Entfernungskilometern gleichgesetzt. Bei diesem Berechnungsschritt tritt eine Unschärfe auf. Etwaige Schätzungsfehler heben sich jedoch teilweise auf, wenn die Reihenfolge aufgesuchter Orte variiert.
- Erledigen die Untersuchungspersonen ihre Bankbesuche extra, d.h. ohne diese mit anderen Wegen zu kombinieren (Gruppe 4), so werden die angegebenen Brutto-Entfernungskilometer mit 2 multipliziert, da in diesen Fällen Hin- und Rückwege berücksichtigt werden müssen.

Auf Basis der vorgenommenen Schätzgrößen ergibt sich ein *durchschnittlicher Entfernungswert von 9,62 km pro Bankbesuch* für alle Personen, die ihre Bank i.d.R. per

9,62 km pro Bankbesuch/Person

Tabelle 5.27. Netto-Entferungskilometer pro Bankbesuch und Wegekombinationen

		Netto-Kilometer zur Bank					
Wegekombinationen		0 km	3 bis 6 km	9 bis 12 km	18 bis 36 km	72 bis 144 km	Gesamt
Fahrt zur Arbeit ohne Umweg	Anzahl	97					97
	Spalten %	100,0 %					25,8 %
Fahrt zur Arbeit mit Umweg	Anzahl		15	10	14		39
	Spalten %		10,1 %	15,4 %	25,9 %		10,4 %
Andere Wege kombination (z.B. Erledigungen)	Anzahl		121	41	17	1	180
	Spalten %		81,2 %	63,1 %	31,5 %	9,1 %	47,9 %
Extra, ohne Kombinationen	Anzahl		13	14	23	10	60
	Spalten %		8,7 %	21,5 %	42,6 %	90,9 %	16,0 %
Gesamt	Anzahl	97	149	65	54	11	376
	Spalten %	100,0 %	100,0 %	100,0 %	100,0 %	100,0 %	100,0 %

Auto oder Motorrad besuchen. Zu berücksichtigen ist, dass 44 Prozent dieser Personen bereits Online-Banking nutzen.

5.4.5.2 *Netto-Entfernungskilometer pro Monat für Bankbesuche*

Im folgenden werden die Netto-Entfernungskilometer pro Monat errechnet, die auf die Erledigung von Bankgeschäften zurückzuführen sind. Hierfür wird die Frage nach der Häufigkeit der Bankbesuche herangezogen. Eine Zuordnung der Schätzgrößen zu den Antwortkategorien ist Tabelle 5.28 zu entnehmen.

Häufigkeit x Netto-Entfernungskilometer

27 km für Wege zur Bank pro Monat/Person

Zur Berechnung der monatlichen Netto-Entfernungskilometer werden für alle einzelnen Untersuchungspersonen die im letzten Abschnitt ermittelten Netto-Kilometer pro Bankbesuch mit der jeweiligen Häufigkeit der Bankbesuche multipliziert (fallspezifische Berechnung). Im Ergebnis zeigt sich, dass die Personen der untersuchten Teilgruppe *im Mittel 27 km pro Monat* für Fahrten zu ihrer Bankfiliale per Auto oder Motorrad zurücklegen.

Tabelle 5.28. Schätzwerte für Bankbesuche pro Monat

		Häufigkeit	Prozent
Gültig	täglich (20 Besuche)	17	4,6
	mehrmals in der Woche (10 Besuche)	41	10,9
	1 x in der Woche (4 Besuche)	83	22,1
	mehrmals im Monat (2,5 Besuche)	104	27,6
	1 x im Monat (1 Besuch)	72	19,3
	seltener (0,5 Besuche)	59	15,6
	Gesamt	376	100,0

Mittelwert: 3,85

5.4.5.3
Unterschiede durch Nutzung von Online-Banking

Die in den beiden vorangestellten Abschnitten ermittelten Schätzwerte beziehen sich auf alle Personen, die i.d.R. mit dem Auto oder dem Motorrad zur Bank fahren. Wie eingangs beschrieben, nutzt bereits 44 Prozent dieser Teilgruppe Online-Banking. Im folgenden soll geprüft werden, ob und wie sich Online-Banking-Kunden bezüglich ihrer Kilometerleistungen von Personen unterscheiden, die kein Online-Banking nutzen.

Hierzu werden in Tabelle 5.29 die bereits errechneten Mittelwerte für die Netto-Entfernungskilometer pro

Tabelle 5.29. Mobilitätsschätzwerte und Online-Banking

Nutzung von Online-Banking		Netto-Kilometer zur Bank pro Person	Häufigkeit der Bankbesuche pro Monat	Netto-Kilometer zur Bank pro Monat/Person
nie	Mittelwert	7,38	4,03	24,10
	N	210	210	210
häufig, gelegentlich, selten	Mittelwert	12,46	3,62	30,48
	N	166	166	166
Insgesamt	Mittelwert	9,62	3,85	26,91
	N	376	376	376

Bankbesuch, die Häufigkeit der Bankbesuche pro Monat sowie die monatlich anfallenden Netto-Entfernungskilometer differenziert nach Nutzung von Online-Banking dokumentiert.

Nutzer von Online-Banking legen monatlich mehr Kilometer auf Wegen zur Bank zurück (!)

Wie dieser Aufstellung zu entnehmen ist, legen Online-Banking-Kunden der untersuchten Teilgruppe monatlich nicht etwa weniger, wie zunächst aufgrund der veränderten Wegehäufigkeit dieser Gruppe zu vermuten wäre (vgl. Abschn. 5.3.1), sondern mehr Kilometer für Fahrten zur Bank zurück als Personen, die kein Online-Banking nutzen (30,48 km zu 24,10 km). Der Grund hierfür liegt in einer bei Nutzern von Online-Banking durchschnittlich erheblich längeren Entfernung zur Bank (12,46 km zu 7,38 km pro Bankbesuch bzw. 169 %); erwartungskonform werden jedoch Bankbesuche tendenziell seltener durchgeführt (3,62 zu 4,03 mal pro Monat).

Online-Banking-Kunden fahren häufiger Extrawege

Der errechnete höhere Mittelwert der Netto-Entfernungskilometer zur Bank lässt sich v.a. darauf zurückführen, dass Online-Banking-Kunden vergleichsweise eher häufiger Extrawege zur Bank fahren (22,4 % zu 11,0 %). Gleichzeitig verbinden sie diese Fahrten eher seltener mit anderen Erledigungen (43,0 % zu 51,9 %) (vgl. Tabelle 5.30). Die ermittelten Wegstrecken, die ausschließlich für Bankbesuche gefahren werden sind aus diesem Grund tendenziell höher.

Tabelle 5.30. Wegekombinationen zur Bank und Nutzung von Online-Banking

		Nutzung von Online-Banking		
Wegekombinationen		nie	häufig, gelegentlich, selten	Gesamt
Fahrt zur Arbeit ohne Umweg	Anzahl	54	43	97
	Spalten %	25,7 %	26,1 %	25,9 %
Fahrt zur Arbeit mit Umweg	Anzahl	24	14	38
	Spalten %	11,4 %	8,5 %	10,1 %
Andere Wegekombination (z.B. Erledigungen)	Anzahl	109	71	180
	Spalten %	51,9 %	43,0 %	48,0 %
Extra, ohne Kombinationen	Anzahl	23	37	60
	Spalten %	11,0 %	22,4 %	16,0 %
Gesamt	Anzahl	210	165	375
	Spalten %	100,0 %	100,0 %	100,0 %

Die Unterschiede in der Kombination der Wege können geographisch begründet werden. Im Vergleich zu Personen, die kein Online-Banking nutzen, wohnen Online-Banking-Kunden eher im ländlichen Raum (17,5 % zu 10,4 %) und vergleichsweise seltener in Kernstädten (25,3 % zu 33,6 %). Es ist anzunehmen, dass Personen, die im ländlichen Raum wohnen, eher Extrawege zur Bank fahren.

... und wohnen eher im ländlichen Raum

5.4.5.4
Prozentuale Kilometereinsparungen

Im letzten Abschnitt wurde gezeigt, dass Online-Banking-Kunden im Vergleich zu Personen, die kein Online-Banking nutzen, tendenziell seltener eine Bank aufsuchen. Für die Gruppe der Online-Banking-Kunden wurde eine mittlere Häufigkeit von 3,62 Besuchen pro Monat geschätzt – für die Gruppe der Personen, die kein Online-Banking betreiben, wurden 4,03 Besuche pro Monat ermittelt. Hieraus ergibt sich eine Variation von 10 Prozent bei den Bankbesuchen, die auf die Nutzung von Online-Banking zurückgeführt werden kann.

Eine Abschätzung der Netto-Entfernungskilometer, die pro Monat und Person eingespart werden könnten, beruht auf der Annahme konstanter Netto-Entfernung pro Bankbesuch. Demgemäß wird davon ausgegangen, dass sich Wegekombinationen und Brutto-Entfernungskilometer zur Bank vor und nach Beginn der Nutzung von Online-Banking nicht verändern. Einsparungspotentiale werden ermittelt, indem die Besuchshäufigkeit der Bank entsprechend der oben beschriebenen Variation von 10 Prozent verändert wird. Dabei werden der Berechnung zwei Szenarien zu Grunde gelegt:

10 Prozent Einsparungspotential durch Online-Banking

Szenario 1: In diesem Schritt wird die Anzahl der durchschnittlichen Netto-Entfernungskilometer pro Monat und Person geschätzt, die sich ergeben würden, wenn Online-Banking-Kunden zum Erhebungszeitpunkt kein Online-Banking betrieben. Hierfür werden die zuvor berechneten Kilometer pro Bankbesuch mit einer um 10 Prozent erhöhten Besuchshäufigkeit pro Person in dieser Teil gruppe multipliziert. Es werden die individuellen Werte der Untersuchungspersonen zu Grunde gelegt (fallspezi-

Tabelle 5.31. Szenario 1

Nutzung von Online-Banking		Netto-Kilometer zur Bank pro Person	Häufigkeit der Bankbesuche pro Monat	Netto-Kilometer zur Bank pro Monat/ Person
real: nein	Mittelwert	7,38	4,03	24,10
	N	210	210	210
real: ja fiktiv: nein	Mittelwert	12,46	4,03	33,58
	N	166	166	166
Insgesamt	Mittelwert	9,62	4,03	28,28
	N	376	376	376

fische Berechnung). Die Schätzung führt zu dem in Tabelle 5.31 dargestellten Ergebnis. Würden reale Online-Banking-Kunden ihre Bankgeschäfte zum Erhebungszeitpunkt nicht z. T. über das Internet abwickeln, so errechnet sich für diese Gruppe ein Mittelwert von 33,58 Netto-Kilometer pro Monat und Person. In diesem Fall ergäbe sich für alle Personen, die ihre Bank normalerweise mit dem Auto/Motorrad besuchen ein Durchschnittswert von *28,28 km pro Monat und Person.*

Szenario 2: Im nächsten Schritt werden die durchschnittlichen Netto-Entfernungskilometer pro Monat und Person für den Fall ermittelt, dass alle Personen Online-Banking betreiben. Die zuvor berechneten Kilometer pro Bankbesuch werden zu diesem Zweck mit einer um 10 Prozent verminderten Besuchshäufigkeit pro Person in der Teilgruppe multipliziert, die heute real kein Online-Banking betreiben. Auch in diesem Schritt werden die individuellen Werte der Untersuchungspersonen zu Grunde gelegt. Die Schätzung führt zu dem in Tabelle 5.32 dokumentierten Ergebnis.

Würden auch solche Personen, die real kein Online-Banking betreiben ihre Bankgeschäfte zum Erhebungszeitpunkt über das Internet abwickeln, so errechnet sich für diese Gruppe ein Mittelwert von 21,65 Netto-Kilometer pro Monat und Person. In diesem Fall ergäbe sich für alle Personen, die ihre Bank normalerweise mit dem Auto/Motorrad besuchen ein Durchschnittswert von *25,54 km pro Monat und Person.*

Tabelle 5.32. Szenario 2

Nutzung von Online-Banking		Netto-Kilometer zur Bank pro Person	Häufigkeit der Bankbesuche pro Monat	Netto-Kilometer zur Bank pro Monat/ Person
real: nein	Mittelwert	7,38	3,62	21,65
fiktiv: ja	N	210	210	210
real: ja	Mittelwert	12,46	3,62	30,48
	N	166	166	166
Insgesamt	Mittelwert	9,62	3,62	25,54
	N	376	376	376

Ein Vergleich der beiden idealtypischen Werte mit dem im letzten Abschnitt geschätzten Wert der realen Verteilung ermöglicht eine Abschätzung der prozentualen Veränderungen, die sich durch das Online-Banking ergeben könnten (vgl. Tabelle 5.33)

Unter der Prämisse, dass die Netto-Entfernungskilometer zur Bank pro Besuch auch mit Beginn der Nutzung von Online-Banking konstant bleiben, ergibt sich insgesamt ein Einsparungspotential von 10 Prozent bei den durchschnittlichen pro Monat zurückgelegten Kilometern zur Bank. Dieser Wert ist darauf zurückzuführen, dass Online-Banking-Kunden im Vergleich zu Personen, die ihre Bankgeschäfte nicht z.T. online abwickeln, im Mittel 10 Prozent seltener ihre Bank aufsuchen.

Annahme konstanter Wege

Da nahezu die Hälfte aller Personen, die ihre Bankgeschäfte mit dem Auto oder Motorrad erledigen Online-

Tabelle 5.33. Prozentuale Veränderungen der Netto-Entfernungskilometer zur Bank pro Monat

Nutzung von Online-Banking		Prozentuale Veränderung	Mittelwert Netto-Kilometer zur Bank pro Monat/Person	Summe der Netto-Kilometer zur Bank pro Monat
reale Verteilung		–	26,91	10133
	N		376	376
Szenario 1:		+5 %	28,28	10648
„Niemand“	N		376	376
Szenario 2:		–5 %	25,54	9617
„Alle“	N		376	376

5 Prozent werden bereits eingespart

Banking-Kunden sind (44 Prozent), werden etwa 5 Prozent dieses Potentials zum Zeitpunkt der Befragung bereits eingespart. Dies zeigt sich an der Schätzung für Szenario 1: Würden keine der Untersuchungspersonen Online-Banking nutzen, so läge der Mittelwert für die monatlich gefahrenen Netto-Entfernungskilometer zur Bank pro Person um 5 Prozent höher als dies real der Fall ist (28,28 km zu 26,91 km). Würden umgekehrt alle Untersuchungspersonen ihre Bankgeschäfte teilweise online erledigen (Szenario 2), dann könnten weitere 5 Prozent der monatlichen Strecken zur Bank eingespart werden. In diesem Fall läge der Mittelwert für die monatlich gefahrenen Netto-Kilometer zur Bank pro Person bei 25,54 km.

5.4.5.5
Hochrechnung (zukünftig) eingesparter Kilometer

Auf der Grundlage der im letzten Abschnitt berechneten Kilometereinsparungen wird im folgenden das gesamte Einsparungspotential pro Monat für alle Internetnutzer in Deutschland zum Zeitpunkt der Erhebung abgeschätzt. Das gesamte Einsparungspotential setzt sich aus Kilometerleistungen zusammen, welche durch Online-Banking 1) eingespart werden oder 2) künftig eingespart werden könnten.

1) Kilometerleistungen, die durch Online-Banking eingespart werden:
   Personen, die ihre Bank normalerweise mit dem Auto/Motorrad besuchen und ihre Bankgeschäfte online abwickeln, legen im Durchschnitt 30,48 Kilometer im Monat für Fahrten zur Bank zurück (vgl.Tabelle 5.31). Da das Einsparungspotential 10 Prozent beträgt, würde sich die monatliche Fahrleistung bei dieser Personengruppe im Mittel um 3,05 km erhöhen, wenn sie kein Online-Banking betreiben würden (vgl. Szenario 1).

Die beschriebene Teilgruppe entspricht ca. 21 Prozent des Gesamtsamples (n=166/n=802). Zur Berechnung der Kilometereinsparung wird der Anteil dieser Personen auf die Gesamtheit aller Internetnutzer in Deutschland hochgerechnet. Bei 9,9 Millionen Internetnutzern im Juli

1999[50] umfasst sie 2.079.000 Menschen (21,0 %). Davon ausgehend, dass die monatliche Fahrleistung bei dieser Personengruppe ohne Online-Banking im Mittel um 3,05 km höher wäre, errechnet sich eine Wegstrecke von *6.340.950 km*, die monatlich durch Online-Banking substituiert wird.

6.340.950 km werden zum Erhebungszeitpunkt pro Monat substituiert

2) Kilometerleistungen, die künftig durch Online-Banking eingespart werden könnten:
Personen, die heute kein Online-Banking nutzen, legen im Durchschnitt 24,10 Kilometer im Monat für Fahrten zur Bank zurück (vgl. Tabelle 5.31). Ausgehend von einem Einsparungspotential von 10 Prozent, würden sich die Fahrten bei dieser Personengruppe im Mittel um 2,41 km im Monat reduzieren, wenn sie Online-Banking betreiben würden.

Es ist jedoch nicht davon auszugehen, dass alle Personen dieser Teilgruppe Online-Banking betreiben werden. Aus diesem Grund wurde das im letzten Abschnitt beschriebene Szenario 2 als Idealtyp beschrieben. Um Hinweise auf die zukünftige Nutzung von Online-Banking zu erlangen, wurden die Untersuchungspersonen gefragt, ob sie Online-Banking in Zukunft „vielleicht häufiger nutzen", wenn es das ideale Internet gäbe, d.h. ohne Zeitverzögerung, kostenlos und absoluter Gewährleistung des Datenschutzes (vgl. Abschn. 5.3.1). Tabelle 5.34 gibt einen Überblick über die Antworten der Personen, die angeben, normalerweise mit dem Auto/Motorrad zu ihrer Bank zu fahren.

Wie aus Tabelle 5.34 zu entnehmen ist, geben 133 der 210 Befragten, die zum Erhebungszeitraum kein Online-Banking betreiben an, dies unter Idealbedingungen „vielleicht häufiger zu tun" (63 Prozent). Diese Teilgruppe entspricht ca. 17 Prozent aller befragten Internetnutzer (n=133/n=802).

Zur Berechnung der möglichen Kilometereinsparung wird auch diese Teilgruppe auf die Gesamtheit aller Internetnutzer in Deutschland hochgerechnet. Bei 9,9 Millionen Internetnutzern im Juli 1999 umfasst sie 1.683.000 Menschen. Bei einer möglichen Einsparung von 2,41 km

50 Vgl. GfK Online-Monitor, 4.Untersuchungswelle, August 1999.

Tabelle 5.34. Bereitschaft zu häufigerer Nutzung von Online-Banking unter Idealbedingungen und heutige Nutzung von Personen, die motorisiert mit dem Auto/Motorrad zur Bank fahren

			Nutzung von Online-Banking		
			nie	häufig, gelegentlich, selten	Gesamt
In Zukunft „vielleicht häufiger" Online-Banking unter Idealbedingungen	Ja	Anzahl	133	122	255
		Spalten %	63,0 %	73,5 %	67,6 %
	Nein	Anzahl	77	44	122
		Spalten %	37,0 %	26,5 %	32,4 %
Gesamt		Anzahl	210	166	376
		Spalten %	100,0 %	100,0 %	100,0 %

4.056.030 km hätten zusätzlich monatlich eingespart werden können

pro Monat und Person errechnet sich für die Teilgruppe damit ein Betrag von *4.056.030 km*, der monatlich bei Wegen zur Bank eingespart werden könnte.

Fasst man die beiden Teilgruppen zusammen, so errechnet sich für den Erhebungszeitraum Sommer 1999 unter Zugrundelegung von 9,9 Millionen Internet-Nutzern, allein für die durch Online-Banking substituierbare Wegstrecken zur Erledigung von Bankgeschäften eine Kilometerentfernung von monatlich *10.396.980 km*. Wie dargelegt, wurden hiervon zum Erhebungszeitpunkt bereits 6.340.950 km durch die Nutzung von Online-Banking substituiert (61 %). Weitere 4.056.030 km (39 %) hätten durch weitere Nutzer, die nur unter „idealen" Rahmenbedingungen eines nutzergerechten Internets zu gewinnen gewesen wären, substituiert werden können.[51]

Gesamteinsparungspotential beträgt 10.396.980 km pro Monat

51 Der beschriebenen Schätzung liegen Angaben der Befragten bezüglich benutzter Verkehrsmittel und Entfernungen zur Bank zu Grunde. Des Weiteren Daten zu Wegekombinationen und Besuchshäufigkeiten sowie die Frage nach der hypothetischen Nutzung von Online-Banking unter „Idealbedingungen". Entscheidend für die Schätzung sind die relativen Verteilungen der Antworten, dabei handelt es sich um prozentuale Maßzahlen, die sich auf alle Internetnutzer beziehen und somit in die Hochrechnung eingehen. Da die Verbreitung des Internets mit qualitativen Änderungen von Nutzungsprofilen einhergeht, lassen sich die errechneten Daten nicht ohne weiteres auf höhere Nutzungspopulationen übertragen. So ist z.B. zu vermuten, dass der Anteil Personen mit verfügbarem PKW mit steigender Verbreitung des Internets tendenziell eher abnimmt. Die Daten sind demnach nicht übertragbar und wurden aus diesem Grunde auch nicht an eine höhere Nutzungsquote des Internets angelegt, als die im Sommer 1999 ermittelte von 9,9 Millionen. Gleichwohl veranschaulichen die Berechnungen vorfindbare Trends und Größenordnungen, die in zukünftigen Studien weiterer Untersuchung bedürfen.

5.4.6
Zwischenresümee

Ein Vergleich von virtuell und von physisch durchgeführten Bankaktivitäten wurde am Beispiel der folgenden sechs zentralen Anwendungen vorgenommen: Durchführung von Überweisungen, Kontostandsabfragen, Informationen über Geldanlagen, Beratungsleistungen (z.B. zu Krediten/Baufinanzierungen), Bargeldversorgung, Kartenzahlungen. Insgesamt zeigte sich dabei, dass auch erfahrene Online-Banking-Kunden dazu neigen, ihr traditionell ausgebildetes Verhalten nicht vollständig durch die virtuelle Erledigung des Bankgeschäfts zu ersetzen. Selbst bei weitgehend standardisierten Bankerledigungen kommt es zu keiner vollständigen Subsititution. Gleichwohl ist ein maßgeblicher Wandel des Verhaltens zu beobachten. Dieser ist jedoch abhängig von der Komplexität der betreffenden Bankdienstleistung sowie der subjektiv empfundenen Wertschätzung von persönlich durchgeführten Beratungsleistungen unterschiedlich ausgeprägt. *Überweisungen* beispielsweise, werden nicht wie früher persönlich, sondern von Online-Banking-Kunden überwiegend per Internet durchgeführt. Dennoch: Etwa jeder fünfte dieser Nutzer erledigt seine Überweisungen weiterhin persönlich am Bankschalter. Demgegenüber treten andere mediale Formen (z.B. Post, Automat) in den Hintergrund. Am Beispiel der *Kontostandsabfragen* ist zu beobachten, dass weniger die persönliche Kundenbeziehung am Schalter, sondern hauptsächlich die Nutzung von Automaten durch internet-gestütztes Online-Banking substitutiert wird. Bei *Informationen über Geldanlagen* nehmen auch Online-Kunden vor allem die persönliche Beratung am Schalter in Anspruch. Bei *Beratungsleistungen für Kredite oder Baufinanzierungen* sogar in höherem Maße als Nichtkunden des Online-Banking. In der Art und Weise der *Bargeldversorgung* können nur geringfügige Unterschiede zwischen traditionell und virtuell orientierten Bankkunden identifiziert werden, sieht man einmal davon ab, dass sich letztere eher durch eine tendenziell stärkere Organisation ihrer Banking-Aktivitäten auszeichnen; auch präferieren sie wesentlich häufiger den Einsatz von Kartenzahlungen.

Obwohl das Online-Banking nicht für alle Erledigungen von Bankgeschäften zur dominanten Nutzungsform wird und von daher differenzierte Substitutionsbeziehungen wirksam werden, kann doch insgesamt eine deutliche Reduzierung der Bankbesuche durch Nutzer von Online-Banking festgestellt werden. Dies erklärt sich aus dem Umstand, dass die verschiedenen Bankerledigungen zwar unterschiedliche Mobilitätswirkungen entfalten, in einer Gesamtbetrachtung jedoch rund zwei Drittel aller Nutzer von Online-Banking angeben, *den größten Teil* bzw. *fast alle* oder gar *alle* Bankgeschäfte von zu Hause aus zu erledigen. Insofern löst die Verlagerung von den physischen zu den virtuellen Nutzungsformen einen klaren Wandel im Mobilitätsgeschehen aus. Bezogen auf die im Untersuchungszeitraum vorhandenen Nutzer von Angeboten des Online-Bankings errechnet sich unter Zugrundelegung von 9,9 Millionen Internet-Nutzern im Sommer 1999 eine monatlich durch Online-Banking substituierte Wegstrecke von 6.340.950 km. Diese hätte sich im gleichen Jahr um weitere 4.056.030 km erhöhen können, wenn sich die Randbedingungen der Internet-Nutzung im Sinne der potentiellen Anwender verbessert dargestellt und sich somit akzeptanzfördernd ausgewirkt hätten.

Die auf dieser Grundlage ermittelte jährliche Wegstrecke von 124.663.760 (12 x monatl. 10.396.980 km), die allein durch Online-Banking substituiert werden könnte, entspricht in etwa der jährlichen Fahrstrecke von 10.000 Privat-Pkw oder mehr als 3.100 Erdumrundungen.

6 Chat

Der Begriff Chat (engl. *plaudern*) bezeichnet im folgenden eine direkte synchrone Kommunikationsmöglichkeit zwischen mindestens zwei Personen (Multi User Chat), die sich gleichzeitig im Internet in einen sog. Chat-Room eingeloggt haben und dort eine Unterhaltung führen. Chat ist aus kommunikationstheoretischer Sicht eine Mischform zwischen schriftlicher und mündlicher Kommunikation, da einerseits die Kommunikation über die parallele Darstellung der jeweils schriftlich eingegebenen Texte erfolgt, andererseits durch die Möglichkeit des direkten Reagierens in Form von Echtzeit-Kommunikation eine informelle Art des unmittelbaren Austausches möglich ist, wie man es von einer Face-to-Face-Unterhaltung her gewohnt ist. Malinowski's Begriff der „phatic communion" (Malinowski 1923), eine kontaktknüpfende und -erhaltende Gemeinschaft, obwohl lange vor der Entstehung des Internet verwendet, ist eine zutreffende Beschreibung der Kommunikationssituation und -funktion von Online-Chats (vgl. Meakins/Rintel 2000), die darauf verweist, dass beim Chatten der Aufbau und die Pflege von Beziehungen im Mittelpunkt stehen. An dieser Einschätzung orientiert, kommt der Informationsvermittlung eine eher zweitrangige Funktion zu.

Unterhaltung im Cyberspace: das Chatten

Technisch gesehen erfolgt das Chatten im Internet über das Client-Server-Prinzip, d.h. der Chatter ist vom lokalen PC aus über das Internet mit einem Chat-Server verbunden, der den virtuellen Ort der Kommunikation, den Chat-Room bereit stellt. Nach der Auswahl eines der thematisch geordneten Chat-Kanäle des Servers meldet der User sich mit seinem Nickname an und kann unmittelbar an der Konversation der zur gleichen Zeit angemeldeten Nutzer teilnehmen. Der Nickname ist ein Pseudo-

Die „pseudonyme" Kommunikation

nym, unter dem die Beiträge des Users auf dem Bildschirm gezeigt werden. Meist wählen die Nutzer hier Fantasienamen, die bereits Hinweise auf bestimmte Interessen oder Eigenschaften der Person liefern. Durch die Verwendung von Nicknames besteht die Möglichkeit der Wahrung von Anonymität, die durchaus in Kontrast zur eher persönlichen und informellen Form der dort stattfindenden Kommunikation steht.

Grundsätzlich können drei Formen des Online-Chats, die in ihrer Funktion zwar ähnlich, jedoch unterschiedliche technische Plattformen verwenden, unterschieden werden: IRC (Internet Relay Chat), Instant Messenger und Webchat. Bei IRC handelt es sich um eine weltweite Vernetzung von IRC-Systemen, die mit einer entsprechenden Software betrieben werden. Instant Messenger wird von Online-Providern und Mail-Servern angeboten, um untereinander bekannten Personen eine Plattform zum Echtzeit-Austausch zu liefern. Dazu gehören Service-Angebote wie die Benachrichtigung der Teilnehmer über aktuell eingeloggte Bekannte oder einer Direktverbindung zur E-Mailbox. Auch hier wird vom Anbieter eine Software bereit gestellt, die aus dem Netz geladen wird und am lokalen PC installiert werden muss. Web-Chats sind Chat-Foren, die Online auf einem WWW-Server angeboten werden und mithilfe herkömmlicher Browser-Software zu nutzen sind. Im folgenden wird nicht weiter zwischen diesen Formen differenziert, da der Ablauf der Teilnahme nach gleichen Mustern geschieht und die thematische Spezialisierung einzelner Chat-Rooms bei allen drei Arten vorzufinden ist.

Chat-Rooms bietet einen leichten Zugang, auch zu schwierigen Themen

Das Themenspektrum der Chat-Rooms ist breit gestreut, jedoch sind diese für sich oft hochspezialisiert. Auffällig ist indes, dass auch in auf bestimmte Themengebiete spezialisierten Chats oft die gleichen Anfangsfragen bei Einstieg in den laufenden Chat geklärt werden: „A/S/L please“ (Age, Sex, Location). Von den Teilnehmer wird erwartet, dass sie vor der eigentlichen Chat-Teilnahme Auskunft über ihr Alter, ihr Geschlecht und ihren Aufenthaltsort geben. Dieses lässt den Sprachforscher Paul ten Have zu dem Schluss kommen, dass die Teilnehmer sich ein „Bild“ ihres Gegenübers machen möchten, welches offenbar strukturell an bereits bestehende, physische

Kommunikationsabläufe angelehnt ist. Für ihn findet eine Übertragung dieser Kommunikationsmuster in den virtuellen Raum statt. Da der Hauptkanal beim Chat die Sprache ist, werden sprachlich visuelle und „physische" Aspekte der Wahrnehmung thematisiert (Paul ten Have 2000).

Von Angesicht zu Angesicht: Chat als textbasierte Herausforderung an die Vorstellungskraft

Eine weitere Art virtueller Kommunikation sind MUDs (Abk. für „Multi User Dungeons", zu deutsch etwa 'Labyrinthe für viele Benutzer'). Diese Online-(Rollen-) Spiele funktionieren nach dem Muster der alten Textadventures, an denen zahlreiche Spieler gleichzeitig teilnehmen und in einer auf Text basierenden Welt mit- oder gegeneinander spielen können. Die Anwender können selbst den Raum und Personen (Avatare) schaffen, indem sie diese im Text beschreiben. Die beschriebenen Objekte (Räume, Personen, Dinge) sind aktiv; sie reagieren auf Befehle vom Anwender. Somit stellen auch MUD's eine Art Mischform zwischen schriftlicher und direkter Kommunikation dar, bei der einerseits Regeln und Konventionen der Interaktion in Face-to-Face-Situationen und andererseits der audio-visuellen Darstellung als Orientierung dienen.

Virtuelle Spielwelten: MUDs

Im folgenden werden die Nutzer von Multi-User-Chat und die Nutzer von Multi-User-Games zusammengefasst, da die für die Studie im Vordergrund stehenden Aspekte für beide Formen zutreffen: Beide Formen dienen der Unterhaltung, haben sozialen Charakter und verfolgen jeweils inhaltliche bzw. thematische Schwerpunkte. Sie stellen somit eine virtuelle Form des zielgerichteten sozialen Zusammenfindens von Personen zum Zwecke der Unterhaltung dar. Die Zusammenfassung der beiden Teilgruppen ist auch dadurch gerechtfertigt, dass viele Multi User Games eine Chat-Kommunikation anbieten und nahezu alle MUD-User (97,6 %) zumindest gelegentlich auch an Chats teilnehmen.

6.1 Nutzungsmerkmale

Um zu ermitteln, wie viele der Personen im Erhebungszeitraum chatten und/oder MUDs spielen, wurden sie gebeten anzugeben, ob sie entsprechende Anwendungen

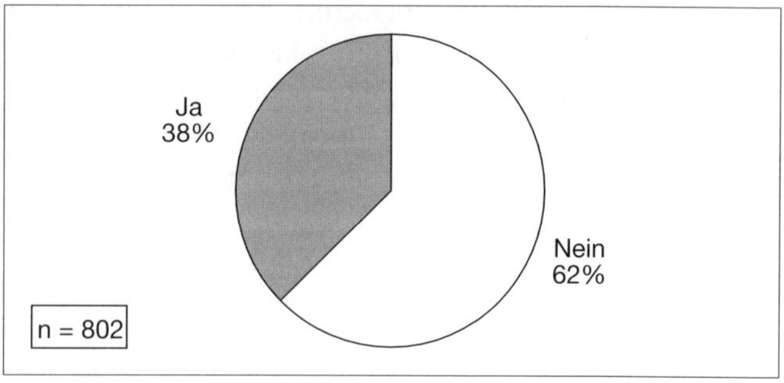

Abb. 6.1. Chatten und/oder Multi-User-Spiele (wenigstens selten)

„häufig", „gelegentlich", „selten" oder „nie" zu Hause bzw. privat im Internet nutzen.

Mehr als ein Drittel chatten zumindest selten

Es zeigt sich, dass zusammengefasst mehr als ein Drittel aller befragten Internet-Nutzer zumindest selten chattet und/oder MUDs spielt (37,6 %). Knapp zwei Drittel aller Untersuchungspersonen geben an, keine dieser Anwendungsformen zu nutzen (62,4 %).

Eine Kreuztabellierung der Merkmale „Chatten" und „Nutzung von Multi-User-Spielen (MUDs)" gibt Aufschluss darüber, wie sich die Nutzung der beiden Anwendungsformen über alle Befragte verteilt (vgl. Tabelle 6.1).

Dabei wird deutlich, dass nur etwa ein Zehntel aller Befragten MUDs spielt (10,5 %) während über ein Drittel angibt, zu chatten (35,3 %). 27,2 Prozent chatten ausschließlich und nur 2,4 Prozent spielen ausschließlich MUDs. 8,1 Prozent aller Befragten nutzen sowohl Chat

Tabelle 6.1. Anteile der Chatter und Multi-User-Spieler

			Teilnahme an Multi-User-Spielen		
			nie	häufig, gelegentlich, selten	Gesamt
Chatten	nie	Anzahl	500	19	519
		% der Gesamtzahl	62,3 %	2,4 %	64,7 %
	häufig, gelegentlich, selten	Anzahl	218	65	283
		% der Gesamtzahl	27,2 %	8,1 %	35,3 %
Gesamt		Anzahl	718	84	802
		% der Gesamtzahl	89,5 %	10,5 %	100,0 %

Cramer-V=0,30

als auch MUDs. Der Verteilung ist zu entnehmen, dass der Anteil an MUD-Usern im Vergleich zu Chat-Usern weitaus geringer ausfällt. Des weiteren tendieren MUD-User dazu, auch Chat Anwendungen zu nutzen, während dies umgekehrt nicht zutrifft.

Wie bereits weiter oben dargelegt werden im folgenden die beiden Nutzungsarten Chat und MUD jeweils zusammengefasst analysiert. Dies erscheint auch deshalb angebracht, da sie aufgrund ihrer prinzipiell einheitlichen kommunikativen Funktion im Hinblick auf eine Untersuchung möglicher Mobilitätsauswirkungen gleichzusetzen sind.

Chat und MUD weisen eine einheitliche kommunikative Funktion auf

Tabelle 6.2 stellt die Häufigkeiten der Nutzung von Chats/MUDs in Tagen pro Woche dar. Knapp ein Drittel aller Chat-User/MUD-Spieler gibt an, mehrmals im Monat oder seltener entsprechende Anwendungen zu nutzen (25,2 % und 7,1 %). Immerhin knapp die Hälfte tut dies an 1 oder 2 Tagen die Woche (32,1 % und 16,4 %) und zusammengenommen etwa ein Fünftel an 3 oder mehr Tagen pro Woche.

Um Hinweise auf Wirkungszusammenhänge zu ermitteln, die mit einer steigenden Nutzungshäufigkeit dieser Anwendungen einhergehen, wird im folgenden bei eini-

Bestehen zwischen Viel-Usern und Wenig-Usern Unterschiede im Verhalten?

Tabelle 6.2. Häufigkeit Chatten/Multi-User-Spieler in Tagen

		Häufigkeit	Gültige Prozente	Kumulierte Prozente
Gültig	seltener	76	25,2	25,2
	mehrmals im Monat	21	7,1	32,3
	1 Tag	97	32,1	64,4
	2 Tagen	50	16,4	80,9
	3 Tagen	29	9,6	90,4
	4 Tagen	9	3,0	93,5
	5 Tagen	6	1,8	95,3
	6 Tagen	2	0,6	95,9
	7 Tagen	12	4,1	100,0
	Gesamt	302	100,0	

gen Darstellungen zwischen Viel-Usern und Wenig-Usern unterschieden. Zu Viel-Usern zählt die kleine Teilgruppe von 9,6 % der Befragten, die angegeben haben, an 4 oder mehr Tagen in der Woche zu chatten bzw. an vernetzten Spielwelten teilzunehmen. Diese Gruppenunterteilung führt zu einer geringen Fallzahl bei den Viel-Usern, weist jedoch den Vorteil auf, dass die jeweiligen Unterschiede zwischen gelegentlichen Nutzern und wirklich häufigen Nutzern noch deutlicher aufgezeigt werden können. Den 29 Viel-Usern stehen 273 Wenig-User gegenüber, die Chat bzw. MUD höchstens drei mal in der Woche nutzen.

Tabelle 6.3. Nutzergruppen Chatten/Multi-User-Spiele: Wenig- und Viel-User

		Häufigkeit	Gültige Prozente
Gültig	Nie	500	62,4
	Wenig [a]	273	34,0
	Viel [b]	29	3,6
	Gesamt	802	100,0

[a] bis zu 3 Tagen/Woche [b] an mindestens 4 Tagen/Woche

6.1.1 *Demografie*

Zunächst werden demographische Besonderheiten der befragten Internet-Anwender angegeben, die entweder Chat oder MUD oder beides nutzen.

6.1.1.1 *Geschlecht*

Frauen sind zwar weniger online, aber dafür häufiger im Chat-Room anzutreffen

Insgesamt sind weniger Frauen überhaupt online. Im Verhältnis zu dieser Ausgangslage nutzen häufiger Frauen als Männer Chats oder MUDs. Verglichen wurden die prozentualen Anteile der Personen, die wenigstens selten chatten/MUDs spielen zwischen Frauen und Männern im Sample. Allerdings weichen die jeweiligen Anteile in den beiden Gruppen um nicht mehr als 4 Prozent vom Gesamtanteil der Chat- und MUD-User unter allen Befragten ab (37,7 %). Die sich ergebende Verteilung zeigt sich als nicht signifikant.

Insofern kann eine Verbindung der Merkmale „Nutzung von Chat/MUDs“ und „Geschlecht“ nicht unterstellt werden. Frauen und Männer nehmen an vernetzten Spielen oder an Chat-Angeboten im Internet in etwa genauso häufig „wenigstens selten“ teil.

6.1.1.2 *Alter*

Der typische Chat/MUD-User ist jung ...

Ein Vergleich der Altersstrukturen von Chattern/MUD-Spielern und Personen, die diese Anwendungen nie nutzen, macht deutlich: Befragte ab 30 Jahre sind – im Vergleich zur Altersstruktur aller Befragten – in der Gruppe der Chatter/MUD-Spieler eher unterrepräsentiert. Dagegen sind die Altersklassen zwischen 19 und 30 Jahren signifikant überrepräsentiert. Während beispielsweise 15,1 Prozent aller Befragten zwischen 14 und 19 Jahre alt sind, trifft dies immerhin für 29,5 Prozent aller Personen zu, die wenigstens selten chatten/MUDs spielen.

Tabelle 6.4. Chatten/Multi-User-Spiele nach Altersgruppen

			Nutzung Chat/Muds „wenigstens selten“		
			Nein	Ja	Gesamt
Alter	14–19 Jahre	Anzahl	32	89	121
		Spalten %	6,4 %	29,5 %	15,1 %
	20–29 Jahre	Anzahl	95	77	172
		Spalten %	19,0 %	25,5 %	21,4 %
	30–39 Jahre	Anzahl	155	68	223
		Spalten %	30,9 %	22,5 %	27,8 %
	40–49 Jahre	Anzahl	125	38	163
		Spalten %	25,0 %	12,6 %	20,3 %
	50 Jahre oder älter	Anzahl	94	30	124
		Spalten %	18,8 %	9,9 %	15,4 %
Gesamt		Anzahl	501	302	803
		Spalten %	100,0 %	100,0 %	100,0 %

Cramer-V=0,35

Je jünger die Online-Nutzer sind, desto eher nutzen sie Chat/MUDs.

6.1.1.3
Haushalte mit Kindern unter 14 Jahren

Um zu prüfen, wie und ob Chat/MUDs primär von allein lebenden Personen oder von Personen in Familien genutzt wird, wurden die Untersuchungspersonen nach der Anzahl der in ihrem Haushalt lebenden Kindern unter 14 Jahren gefragt. Eine Prüfung der Besonderheiten von Personen, die wenigstens selten chatten/MUDs spielen, zeigt hinsichtlich der Anzahl der in ihrem Haushalt lebenden Kindern keinen signifikanten Zusammenhang. Vielmehr ist die Nutzung von Chat/MUDs im Verhältnis zu allen befragten Usern gleichmäßig über alle Haushalte – unabhängig von der Anzahl der dort lebenden Kinder – verteilt.

Personen chatten/spielen MUDs unabhängig von der Anzahl der in ihrem Haushalt lebenden Kindern.[52]

6.1.1.4
Bildung

Tabelle 6.5 beschreibt den Zusammenhang zwischen den Merkmalen „höchster angestrebter oder abgeschlossener Bildungsabschluss“ und „Nutzung von Chat/MUDs“. Unter den befragten Online-Usern, die Chat/MUDs wenigstens selten nutzen, sind Personen, die einen Hochschulabschluss besitzen oder diesen anstreben unterrepräsentiert (21,3 % zu 33,5 %). Dagegen sind im Vergleich zu allen Befragten Personen überrepräsentiert, die Abitur besitzen/anstreben (32,7 % zu 27,4 %) oder eine weiterführende Schule ohne Abitur besuchen bzw. besuchten (32,3 % zu 25,8 %). Der Anteil der Personen mit (angestrebtem) Volksschulabschluss entspricht in etwa dem Anteil unter allen Befragten.

In der Gruppe der Personen, die Chat/MUDs wenigstens selten nutzen, finden sich tendenziell eher seltener

52 Aus erhebungstechnischen Gründen konnte nicht unterschieden werden, inwieweit die betreffenden Individuen ggf. ohne Partner in Wohngemeinschaften oder in Familien leben.

Tabelle 6.5. Chatter/Multi-User-Spieler und Bildung

			Nutzung Chat/MUDs „wenigstens selten“		
			Nein	Ja	Gesamt
Bildung	Volksschule mit/ohne abgeschlossener Lehre	Anzahl	66	41	107
		Spalten %	13,2 %	13,7 %	13,4 %
	Weiterführende Schule ohne Abitur	Anzahl	109	97	206
		Spalten %	21,8 %	32,3 %	25,8 %
	Abitur	Anzahl	121	98	219
		Spalten %	24,2 %	32,7 %	27,4 %
	Studium	Anzahl	204	64	268
		Spalten %	40,8 %	21,3 %	33,5 %
Gesamt		Anzahl	500	300	800
		Spalten %	100,0 %	100,0 %	100,0 %

Cramer-V=0,21

Personen, die einen Hochschulabschluss anstreben oder besitzen.

6.1.1.5
Berufstätigkeit

Ein Blick auf die Berufstätigkeit der Chatter/MUDs Spieler zeigt: Während von allen befragten Online-Nutzern knapp zwei Drittel voll berufstätig sind (64 %), trifft dies nur auf 56 Prozent der Personen zu, die wenigstens selten chatten/MUDs spielen. Auch Teilberufstätige sind in dieser Gruppe leicht unterrepräsentiert (5,6 % zu 9,2 %). Nicht-Berufstätige sind dagegen in der Gruppe der Chatter/MUDs-Spieler deutlich überrepräsentiert (38,4 % zu 26,8 %).

... und nichtberufstätige Nutzer sind überrepräsentiert

Nichtberufstätige Nutzer sind in der Gruppe der Chatter/MUDs-Spieler überrepräsentiert.

6.1.1.6
Tätigkeit nichtberufstätiger Personen

Im letzten Abschnitt wurde festgestellt, dass nicht-berufstätige Personen in der Gruppe der Personen, die wenigstens selten chatten/MUDs spielen, überrepräsentiert sind. Dabei wurden in dem Merkmal „Nicht-Berufstätige“ bislang Azubis, Hausfrauen, Schüler, Rentner und Arbeits-

Tabelle 6.6. Chatter/Multi-User-Spieler und Berufstätigkeit

			Nutzung Chat/MUDs „wenigstens selten“		
			Nein	Ja	Gesamt
Berufstätigkeit	voll berufst.tig (inkl. Wehrdienst/Ersatzdienst)	Anzahl	345	169	514
		Spalten %	68,9 %	56,0 %	64,0 %
	teil-berufst.tig (halbtags/ stundenweise)	Anzahl	57	17	74
		Spalten %	11,4 %	5,6 %	9,2 %
	nicht berufstätig	Anzahl	99	116	215
		Spalten %	19,8 %	38,4 %	26,8 %
Gesamt		Anzahl	501	302	803
		Spalten %	100,0 %	100,0 %	100,0 %

Cramer-V=0,21

lose zusammengefasst. In einem nächsten Schritt galt es zu prüfen, inwieweit sich innerhalb der Gruppe der Nicht-Berufstätigen Unterschiede hinsichtlich der Nutzung entsprechender Anwendungen ergeben, welche sich über diese unterschiedlichen Tätigkeiten der Personen erklären lassen. In Bezug auf die Ergebnisse zur Altersstruktur ließe sich beispielsweise vermuten, dass insbesondere Schüler diese Anwendungen nutzen.

In einer Kreuztabellierung konnten jedoch keine deutlichen Zusammenhänge zwischen den Tätigkeiten nicht berufstätiger Personen und der Nutzung von Chat/MUDs festgestellt werden. Zwar sind Schüler in der Gruppe der Chatter/MUDs-Spieler erwartungskonform überrepräsentiert, allerdings nur mit knapp 5 Prozentpunkten (70,7 % zu 66,0 %). Für den Rest der Tätigkeiten ergeben sich in dieser Gruppe im Vergleich zu allen „Nicht-Berufstätigen“ Befragten jedoch keine Auffälligkeiten. Die betreffenden Tätigkeitsfelder entsprechen vielmehr der Struktur des Samples. Dies bedeutet, dass weder Rentner, Hausfrauen/-männer, Auszubildende noch sonstige Nicht-Berufstätige signifikant häufiger/seltener Chat-Rooms oder MUDs als andere nicht-berufstätige Gruppen besuchen.

Die Nutzung der Nicht-Berufstätigen scheint unabhängig von der sonstigen Tätigkeit zu

Chat/MUDs werden von nichtberufstätigen Personen unabhängig von ihren Tätigkeiten „wenigstens selten“ genutzt.

6.1.1.7
Berufsstellung teil- und vollberufstätiger Personen

Tabelle 6.7 beschreibt den Zusammenhang zwischen „Berufsstellung teil- und vollberufstätiger Personen“ und „Nutzung von Chat/MUDs“. Unter den befragten Online-Usern, die Chat/MUDs wenigstens selten nutzen, sind Selbstständige/Freiberufler unterrepräsentiert (11,4 % zu 16,5 %). Dagegen ist die Gruppe der (Fach-) Arbeiter leicht überrepräsentiert (10,8 % zu 7,0 %) Die Anteile der Angestellten und Beamten entsprechen in etwa den Anteilen unter allen teil- oder vollberufstätigen Befragten.

In der Gruppe der Personen, die Chat/MUDs wenigstens selten nutzen, finden sich tendenziell eher seltener Freiberufler/Selbstständige und eher häufiger (Fach-) Arbeiter.

Tabelle 6.7. Berufsstellung Voll-Berufstätiger und Chatten/MUDs spielen (wenigstens selten)

			Nutzung Chat/MUDs „wenigstens selten“		
			Nein	Ja	Gesamt
Beruf (voll oder teilweise Berufstätige)	Selbstständig/ Freiberufler	Anzahl	76	21	97
		Spalten %	18,9 %	11,4 %	16,5 %
	Angestellter	Anzahl	268	127	395
		Spalten %	66,7 %	68,6 %	67,3 %
	Beamter	Anzahl	37	17	54
		Spalten %	9,2 %	9,2 %	9,2 %
	(Fach-) Arbeiter	Anzahl	21	20	41
		Spalten %	5,2 %	10,8 %	7,0 %
Gesamt		Anzahl	402	185	587
		Spalten %	100,0 %	100,0 %	100,0 %

6.1.1.8
Nettohaushaltseinkommen

Um zu prüfen, ob und in welchem Maße die Nutzung von Chat/MUDs mit dem Nettohaushaltseinkommen korrespondiert, wurden die Befragten gebeten, einmal alles zusammenzurechnen was die Personen in ihrem Haushalt verdienen, nach Abzug der Steuern und Sozialversiche-

Keine Besonderheiten hinsichtlich des Einkommens

rung. Eine Prüfung der Besonderheiten von Personen, die wenigstens selten chatten/MUDs spielen, zeigt hinsichtlich des Nettohaushaltseinkommens keine Auffälligkeiten: Weder bei einer Betrachtung einzelner Einkommensklassen noch bei der Unterscheidung der Nutzer nach Einkommensklassen von unter und über 4000 DM konnten signifikante Zusammenhänge festgestellt werden.

Personen, die Chat/MUDs wenigstens selten nutzen, unterscheiden sich hinsichtlich ihres Nettohaushaltseinkommens nicht von allen befragten Internet-Usern.

6.1.1.9
Zwischenresümee

Deutlich über ein Drittel aller befragten Online-User chatten oder spielen Multi-User-Spiele zumindest selten (37,6 %). Die Nutzer sind tendenziell eher zwischen 14 und 29 Jahre alt und verfügen über einen formal mittleren oder gehobenen Bildungsgrad bzw. streben diesen an (weiterführende Schule ohne Abitur/Abitur). Nicht-Berufstätige sind in dieser Gruppe besonders häufig vertreten, was in engem Zusammenhang mit der Alterstruktur stehen dürfte. Unter den teil- und vollberufstätigen Chattern/MUDs-Spielern sind (Fach-)Arbeiter leicht überrepräsentiert, während Selbständige/Freiberufler deutlich weniger in dieser Gruppe vertreten sind. Hinsichtlich der Frage nach dem Geschlecht „typischer Chatter bzw. MUDs Spieler“ lassen sich keine Auffälligkeiten feststellen. Die jeweiligen Anteile an Männern und Frauen entsprechen in etwa denen unter allen befragten Online-Usern. Die Nutzung steht des weiteren in keinem Zusammenhang mit dem Nettohaushaltseinkommen oder der Anzahl der Kinder im Haushalt.

6.1.2
Internetnutzungsmerkmale

6.1.2.1
Nutzung eines privaten Internetanschlusses

Von den Personen, die wenigstens selten chatten/MUDs spielen, nutzen zwei Drittel „häufig“ ihren privaten Internet-Anschluss (65,9 %). Da dies nur auf 59,2 Prozent aller Befragten zutrifft, sind Chat-/MUD-User hier leicht überrepräsentiert. Vergleichsweise weniger Chatter/MUDs-User nutzen „gelegentlich" (10,6 % zu 15,6 %), „selten" (4,3 % zu 5,0 %) oder „nie" (19,2 % zu 20,2 %) einen privaten Internet-Anschluss.

Chat und MUD werden eher privat genutzt

Personen, die wenigstens selten chatten/MUDs spielen, nutzen geringfügig häufiger einen privaten Internet-Anschluss als alle Online-User zusammengenommen.

6.1.2.2
Erfahrung mit dem Internet (Nutzungszeitraum)

Die Verteilung der Merkmale „Internet-Nutzung in Jahren" und „wenigstens selten chatten/MUDs spielen" zeigt, dass mit zunehmender Online-Erfahrung keine Zunahme der Nutzung von Chats/MUDs festzustellen ist. Im Gegenteil, der Anteil der Chatter/MUDs-Spieler nimmt mit zunehmendem Nutzungszeitraum ab: Während immerhin 44 Prozent der Befragten mit weniger als einem Jahr Internet-Erfahrung wenigstens selten chatten/MUDs spielen, trifft dies nur noch für 30,1 Prozent der Personen zu, die das Internet seit mehr als 4 Jahren nutzen.

Je länger der Nutzungszeitraum des Internets in Jahren, desto niedriger ist die Wahrscheinlichkeit, dass Personen zumindest selten chatten bzw. MUDs nutzen.

Sättigungsgrenze des Nutzens nach max. 4 Jahren

Die Ergebnisse der Datenanlyse deuten daraufhin, dass eine Sättigungsgrenze der Nutzung nach max. vier Jahren

Tabelle 6.8. Chatten/Multi-User-Spiele und Internetnutzung in Jahren

			Erste Internet-Nutzung Jahre			
			weniger als 1 Jahr	1–4 Jahre	mehr als 4 Jahre	Gesamt
Nutzung Chat/MUD – „wenigstens selten"	Nein	Anzahl	61	388	51	500
		Spalten %	56,0 %	62,6 %	69,9 %	62,3 %
	Ja	Anzahl	48	232	22	302
		Spalten %	44,0 %	37,4 %	30,1 %	37,7 %
Gesamt		Anzahl	109	620	73	802
		Spalten %	100,0 %	100,0 %	100,0 %	100,0 %

Cramer-V=0,07

einsetzt. Anhand eines Gruppenvergleichs zwischen Viel- und Wenignutzern soll dieser Befund eingehender beleuchtet werden.

Die Tabelle 6.9 zeigt die Internetnutzung in Jahren, differenziert nach Nicht-, Viel- und Wenig-User von Chat/MUD im Vergleich. Die Internetnutzung in Jahren wurde in drei Zeiträume gestaffelt: *Weniger als ein Jahr, ein bis vier Jahre* und *mehr als vier Jahre.*

Betrachtet man zunächst die zeitliche Dauer der Interneterfahrung von Nicht-, Wenig- und Vielnutzern der Chat-/MUD-Angebote, so ergibt sich: Von den zwei Dritteln aller befragten Online-Nutzer (n=500), die nie Chat oder MUD nutzen, haben mehr als drei Viertel zwischen ein und vier Jahre Online-Erfahrung (n=388), jeweils etwas über 10 Prozent weniger als ein Jahr und mehr als vier Jahre. Letztere sind in dieser Auswahl leicht überrepräsentiert. Unter den Wenig-Usern von Chat/MUD (n=273) ist die Gruppe mit einer mittleren Erfahrungsdauer von ein bis vier Jahren am stärksten vertreten (n=216), ebenso wie unter den Viel-Usern von Chat/MUD (n=16). Diese Daten legen nahe, dass der Anteil der Personen, die nie chatten oder MUD nutzen, mit zunehmender Nutzungsdauer zunimmt. M.a.W., der Anteil der Chat/MUD-User unter den Online-Usern mit weniger als einem Jahr Nutzungserfahrung (56,0 %) ist geringer als ihr Anteil bei längerer Nutzungserfahrung (62,6 % bzw.

Tabelle 6.9. Chatten/Multi-User-Spiele: Wenig- und Viel-User und Internetnutzung in Jahren

			Erste Internet-Nutzung in Jahren			
			weniger als 1 Jahr	1–4 Jahre	mehr als 4 Jahre	Gesamt
Nutzung Chat/MUDs	Nie	Anzahl	61	388	51	500
		Spalten %	56,0 %	62,6 %	69,9 %	62,3 %
	Wenig	Anzahl	41	216	16	273
		Spalten %	37,6 %	34,8 %	21,9 %	34,0 %
	Viel	Anzahl	7	16	6	29
		Spalten %	6,4 %	2,6 %	8,2 %	3,6 %
Gesamt		Anzahl	109	620	73	802
		Spalten %	100,0 %	100,0 %	100,0 %	100,0 %

Cramer-V=0,09

69,9 %). Bei den Personen, die zwar Chat/MUD nutzen, jedoch dieses eher selten tun (Wenig-User), ist eine umgekehrte Tendenz zu beobachten. Bei unter einem Jahr Nutzungserfahrung ist eine Überrepräsentanz zu erkennen (37,6 %), bei ein bis vier Jahre Internetnutzung ist der Anteil mit einem Drittel gleich hoch wie unter allen Befragten (34,8 % bzw. 34,0 %) und bei einer Nutzungsdauer von mehr als vier Jahren sind Chat/MUD-User unterrepräsentiert (21,9 %). Besonders interessant ist die Verteilung nach Nutzungsdauer in Jahren bei den Viel-Usern von Chat/MUD. Hier wiederum ist ein Sprung zu erkennen, da eine deutliche Überrepräsentanz bei Usern mit unter einem Jahr Online-Nutzung festzustellen ist (6,4 %), eine ganz leichte Unterrepräsentanz bei einer Online-Nutzung von ein bis vier Jahren (2,6 %) und wiederum eine noch höhere Überrepräsentanz bei einer Online-Nutzung von mehr als vier Jahren (8,2 %).

Deutliche Überrepräsentanz bei „frischen" Nutzern

Somit kann die zuvor festgestellte Sättigungsgrenze der Nutzung von Chat und/oder MUD (Vgl. Tabelle 6.9) nur für die Gruppe der Wenig-User bestätigt werden. Hingegen zeigt sich bei der Gruppe der Viel-User ein gegenläufiger Trend: sie beteiligen sich anteilig häufiger an Online-Chats und/oder MUD, je länger sie in Jahren das Internet nutzen.

6.1.2.3
Internetnutzung in Tagen pro Woche (beruflich und privat)

Hinsichtlich der Internet-Nutzung in Tagen pro Woche (beruflich und privat) unterscheiden sich Chat-/MUD-User geringfügig vom Gesamt-Sample: Im Gegensatz zu allen Befragten ist fast ein Drittel der Chat-/MUD-User „mehr als 6 Tage" im Internet (31,9 %), während dies auf 27,8 Prozent aller Befragten zutrifft. Umgekehrt sind nur 2,3 Prozent der Chat-/MUD-User „weniger als 1 mal pro Woche" online, was immerhin auf 4,9 Prozent aller Befragten zutrifft. Hinsichtlich der übrigen Antwortkategorien („1 Tag"; „2–3 Tage" und „4–5 Tage") unterscheiden sich Chat-/MUD-User nicht vom Gesamtsample.

Personen, die wenigstens selten chatten/MUDs spielen, nutzen das Internet im Vergleich zu allen Internet-Nutzern tendenziell eher an über 6 Tagen pro Woche zu beruflichen oder privaten Zwecken.

Fans von Chat/MUD surfen tendenziell häufiger im Netz

6.1.2.4
Private Internetnutzung unter der Woche (Mo-Fr) und am Wochenende (Sa-So)

Der Zusammenhang, nach dem Chatter/MUD-Spieler das Internet bzw. Online-Dienste im Vergleich zu allen Befragten tendenziell eher häufiger privat und/oder beruflich nutzen, wurde nochmals ausschließlich für die private Nutzung untersucht.

Dabei zeigt sich für die Zeit von Montag bis Freitag, dass Personen, die wenigstens selten chatten/MUDs spielen, das Internet bzw. Online-Dienste im Vergleich zu allen Befragten unter der Woche eher „mehrmals täglich" (10,0 % zu 5,7 %) und „täglich" (15,0 % zu 14,3 %) privat nutzen. Auf die Frage nach der privaten Internet- bzw. Onlinenutzung am Wochenende geben Chatter/MUDs-Spieler im Vergleich tendenziell eher an, „jedes bzw. fast jedes Wochenende" online zu gehen (42,7 % zu 39,1 %). Es lässt sich demnach feststellen, dass Chatter/MUDs-Spieler auch im Hinblick auf die private Internet- bzw. Onlinenutzung tendenziell eher häufiger online gehen.

… und zwar eher täglich

Je eher Personen wenigstens selten chatten/MUDs spielen, desto eher nutzen sie das Internet bzw. Online-Dienste „täglich" und „mehrmals täglich" unter der Woche und „jedes bzw. fast jedes Wochenende" für private Zwecke.

6.1.2.5
Hinweise auf das Nutzungsprofil typischer Chatter

Korreliert eine Affinität zu Chat mit anderen Online-Angeboten?

Eine Beteiligung am Online-Chatten kann als Ausdruck der Akzeptanz einer virtuellen Kommunikation verstanden werden. Insofern stellt sich die Frage, inwieweit auch andere Online-Angebote, die ebenfalls als virtuelle Alternative zu tradierten Kommunikations- bzw. Interaktionsformen zu interpretieren sind, z.B. die Internet-Telefonie, das Online-Banking, die Teilnahme an Diskussionsforen oder vernetzten Spielen im Internet, von Chattern besonders intensiv in Anspruch genommen werden. Tabelle 6.10 dokumentiert die Ergebnisse einer entsprechenden Korrelationsanalyse.

Tabelle 6.10. Chatten/Multi-User-Spiele: Wenig- und Viel-User und Internetnutzung in Jahren

		Chatten
Internet-Telephonie	Korrelationskoeffizient	,214 **
	Sig. (2-seitig)	,000
	N	818
ungezieltes Surfen	Korrelationskoeffizient	,229 **
	Sig. (2-seitig)	,000
	N	818
Multi-User-Spiele machen (vernetzte Mehrpersonenspiele)	Korrelationskoeffizient	,299 **
	Sig. (2-seitig)	,000
	N	818
Online-Banking	Korrelationskoeffizient	-,125 **
	Sig. (2-seitig)	,000
	N	818
an Diskussions-Foren teilnehmen	Korrelationskoeffizient	,241 **
	Sig. (2-seitig)	,000
	N	818
Weiterbildung bzw. Bildungsangebote nutzen	Korrelationskoeffizient	,149 **
	Sig. (2-seitig)	,000
	N	818
Newsgroups besuchen	Korrelationskoeffizient	,211 **
	Sig. (2-seitig)	,000
	N	818

** Korrelation ist auf dem Niveau von 0,01 signifikant (2-seitig).

Die Ergebnisse der Analyse bestätigen im Grundsatz die Ausgangshypothese eines positiven Zusammenhangs in der Nutzung verschiedener Formen virtueller Kommunikation. Festgestellt werden kann ferner: Je häufiger Personen chatten, desto häufiger nutzen sie auch solche Angebote des Internets, die über eine reine Informationsbeschaffung hinaus gehen und stattdessen eine höhere kommunikative und interaktive Funktion stützen. Einer Unterhaltungs- bzw. Freizeit-Orientierung kommt in diesem Zusammenhang ein besonders hoher Stellenwert zu. Hierzu gehören MUDs, Newsgroups und Diskussionsforen. Des weiteren geben Personen, die häufiger chatten, auch eher an, häufig ungezielt zu Surfen. Auffällig ist zudem, dass das Merkmal „Nutzungshäufigkeit Chat“ negativ mit dem Merkmal „Nutzungshäufigkeit von Online-Banking“ korreliert (Vgl. Tabelle 6.10). Dieses Ergebnis dürfte primär in den an anderer Stelle aufgezeigten signifikant unterschiedlichen Altersverteilungen von Chattern und Online-Bankern begründet liegen.

6.1.2.6
Zwischenresümee

Personen, die zumindest selten chatten/MUDs spielen, nutzen ihren privaten Internetanschluss geringfügig häufiger als alle Online-User zusammengenommen. Diese Tendenz lässt sich sowohl für den Bereich der privaten und beruflichen Nutzung unter der Woche als auch für die ausschließlich private Nutzung von montags bis freitags und am Wochenende beschreiben.

Des weiteren zeigt sich, dass der Anteil der Chatter/MUDs-User mit steigendem Nutzungszeitraum abnimmt. Dieses Ergebnis kann als ein Hinweis darauf verstanden werden, dass diese Anwendungen für den überwiegenden Teil der Nutzer mit der Zeit ihren Reiz und damit auch ihre potentielle Substitutionswirkung gegenüber traditionellen Kommunikations- und Interaktionsformen verlieren. Denkbar ist auch, dass Nutzer diese Anwendungen in ersten Phasen der Aneignung ausprobieren und später eventuell zu Gunsten anderer Nutzungsmöglichkeiten weniger häufig praktizieren. Andererseits kann festgestellt werden, dass sich bei einer kleinen Teilgruppe von sehr intensiv an Chats beteiligten Nutzern das hohe Interesse am Chatten selbst nach mehreren Jahren nicht erschöpft. Inwieweit hier dauerhaft virtuelle Kommunikations- und Interaktionsformen in das Alltagshandeln integriert werden, kann an dieser Stelle jedoch nur gemutmaßt werden.

Chat ist durch eine Unterhaltungs- und Freizeitorientierung tauglich für den Alltag

Schließlich korrespondiert die Nutzungshäufigkeit des Chattens positiv mit Angeboten des Internets, die über die Informationsbeschaffung, die allgemein zentrale Nutzenfunktion des Internet hinausgehen und eine vergleichsweise höhere kommunikative und interaktive Funktion, ebenfalls eine Unterhaltungs- und Freizeitorientierung aufweisen.

6.2 Nutzungsmotivation

Um Aussagen über Nutzungsmotivationen von Chat/MUD-Usern treffen zu können, wird im folgenden wieder nach Wenig- und Viel-Usern unterschieden[53]. Diese Vorgehensweise wurde gewählt, da sich die Gründe für die Nutzung für die beiden Gruppen möglicherweise unterscheiden.

6.2.1 Gründe zur Nutzung von Chat/Multi-User-Spiele (MUDs)

Bei der Frage nach den Gründen der Chat/MUD-Nutzung wurden den Untersuchungspersonen 11 Antworten vorgegeben, denen jeweils „voll und ganz", „weitgehend", „weniger" oder „gar nicht" zugestimmt werden sollte. Abb. 6.2 stellt die Verteilung der beiden zustimmenden Antwortkategorien dar („weitgehend" oder „voll und ganz").

Ein Vergleich der Antworten von Wenig- und Viel-Usern zeigt zunächst, dass Viel-User allen abgefragten Gründen tendenziell eher zustimmen, als Wenig-User. Des weiteren fällt auf, dass die Differenzen in der Zustimmung unterschiedlich hoch ausfallen. Viel-User unterscheiden sich demnach hinsichtlich einiger Gründe deutlich von Wenig-Usern. Aus diesem Grund ergeben sich im Hinblick auf die 4 am häufigsten genannten Gründe für die Nutzung von Chat/MUDs verschiedene Rangfolgen in den beiden Gruppen:

Gründe für die Nutzung unterscheiden sich bei Viel- und Wenig-Usern

- Wenig-User: „*Um Leute mit ähnlichen Interessen zu treffen*" wird von Wenig-Usern mit Abstand am häufigsten als Grund genannt, entsprechende Anwendungen zu nutzen (68,6 %). Dem Statement „*Um Leuten unvoreingenommen zu begegnen*" stimmt diese Gruppe am zweithäufigsten zu (55,0 %). Am dritt- und vierthäufigsten geben Wenig-User „*Aus Langeweile*" (48,8 %)

53 Zwar führt die strenge Definition der Viel-User als User, die mindestens an vier Tagen pro Woche Chatten oder MUD nutzen (n=29, vgl. Tabelle 6.3) dazu, dass eine sehr kleine Gruppe gebildet wird, dieses hat jedoch den Vorteil, dass so der Fokus auf eine Gruppe gerichtet werden kann, die sich durch eine extrem häufige Nutzung definiert und entsprechend von den restlichen Usern unterscheidet (vgl. Kap. 6.1.2).

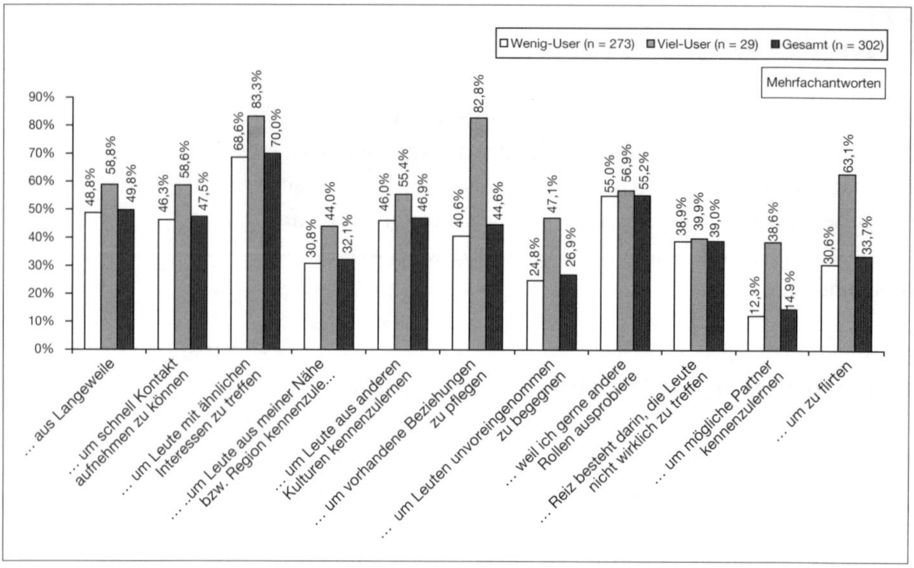

Abb. 6.2: Gründe zu Chatten

und *„Um schnell Kontakt aufnehmen zu können“* an (46,3 %).

- Viel-User: Auch Viel-User stimmen dem Statement *„Um Leute mit ähnlichen Interessen zu treffen“* am häufigsten zu (83,3 %). Am zweithäufigsten nennen Personen dieser Gruppe allerdings das Statement *„Um vorhandene Beziehungen zu pflegen“* (82,8 %). Am dritt- und vierthäufigsten stimmen Viel-User den Statements *„Um zu flirten“* (63,1 %) und *„Aus Langeweile“* zu (58,8 %).

Steigende Häufigkeit der Nutzung verweist auf entsprechend hohe Relevanz für Kontaktpflege

Die größten Unterschiede zwischen den beiden Gruppen zeigen sich bei der Zustimmung auf die Statements *„Um vorhandene Beziehungen zu pflegen“* (82,8 % zu 40,6 %) und *„Um zu flirten“* zu (63,1 % zu 30,6 %). Daher lässt sich vermuten, dass mit steigender Nutzungshäufigkeit von Chats/MUDs u.a. deren Bedeutung für die Beziehungsgestaltung und -anbahnung zunimmt.

6.2.2
Positive Meinungen zum Internet als Motivationsfaktoren

In den beiden nächsten Abschnitten wird untersucht, inwieweit Meinungen zu „Auswirkungen des Internets auf die Kommunikation" mit der Nutzungshäufigkeit von Chat/MUDs korrespondieren. Dieser Analyseschritt wurde durchgeführt, da zu vermuten ist, dass Nutzer entsprechende Anwendungen um so eher (seltener) nutzen, desto positiver (negativer) ihre Meinung über etwaige Auswirkungen ausfällt. Trifft dies zu, so können positive Meinungen als Motivationsfaktoren und negative Meinungen entsprechend als Nutzungsbarrieren betrachtet werden.[54]

Je häufiger Chat/MUD genutzt wird, desto positiver ist das Internet beim Nutzer besetzt

Um positive Meinungen zu „Auswirkungen des Internets auf die Kommunikation" zu erheben, wurden den Befragten eine Reihe von positiven Statements vorgelesen. Anschließend wurden sie gebeten, diesen jeweils „voll und ganz", „weitgehend", „weniger" oder „gar nicht" zuzustimmen.

Aus der Verteilung in Abb. 6.3 ist zu entnehmen, dass die Zustimmung (voll und ganz/weitgehend) auf alle Statements mit steigender Nutzung zunimmt. D.h., je häufiger die Untersuchungspersonen Chat/MUDs nutzen, desto eher fallen ihre Meinungen bezüglich „Auswirkungen des Internets auf die Kommunikation" positiv aus.

Die Zustimmungsdifferenzen zwischen Nicht- und Viel-User variieren allerdings und daher kennzeichnen einige Meinungen Viel-User eher, als andere. Die deutlichsten Unterschiede in der Zustimmung ergeben sich bei der Zustimmung auf das Statement „*Im Internet findet man leicht Gleichgesinnte, die man sonst nicht ausfindig macht*" (59,8 %), das deutliche Unterschiede in der Einschätzung je nach Nutzungshäufigkeit offenbart: 87,3 Prozent der Viel-User von Chat/MUD stimmen dieser Aussage zu, während sich Wenig- und Nie-User deutlich zurückhaltender zeigen (66,2 % und 54,7 %).

54 Ein solcher Zusammenhang ließe sich auch über Aneignungsprozesse erklären. In diesen lernen Nutzer mit zunehmender Erfahrung, mit etwaigen Problemen umzugehen, die sich zunächst in neuen Kommunikationssituationen ergeben.

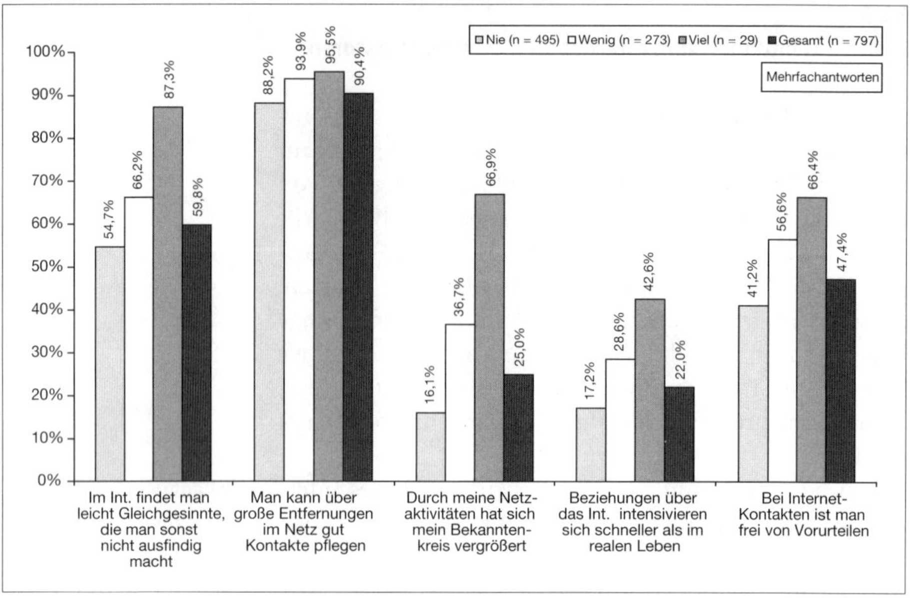

Abb. 6.3. Einstellungen zum Internet als Motivationsfaktoren zum Chatten/für Multi-User-Spiele

Mit steigender Nutzungshäufigkeit von Chat/MUDs nimmt die Zustimmung zu positiven „Auswirkungen des Internets auf die Kommunikation“ zu.

6.2.3 Negative Meinungen zum Internet als Nutzungsbarrieren

Neben den Statements zu positiven „Auswirkungen des Internets auf die Kommunikation“ wurden den Befragten auch eine Reihe negativer Statements vorgelesen. Wieder wurden die Befragten danach gefragt, inwieweit sie diesen zustimmen. Nach den Ergebnissen im letzten Abschnitt wäre zu erwarten, dass die Zustimmung auf negative Statements mit steigender Nutzungshäufigkeit geringer ausfällt. In diesem Fall könnten die Meinungen als Nutzungsbarrieren betrachtet werden, wenn sie vergleichsweise eher von solchen Personen vertreten werden würden, die Chat/MUDs eher weniger oder nie nutzen. Wie aus folgender Tabelle hervorgeht, lässt sich diese Vermutung jedoch nicht empirisch bestätigen.

In Abb. 6.4 sind die zustimmenden Reaktionen (voll und ganz/weitgehend) zu den negativen Statements nach

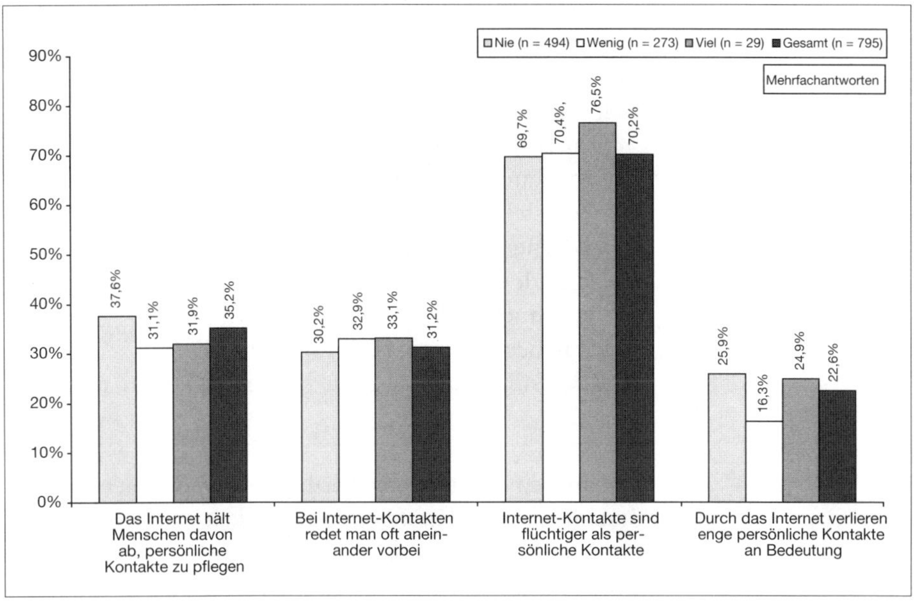

Abb. 6.4. Einstellungen zum Internet als Nutzungsbarrieren des Chattens/von Multi-User-Spielen

Nie-, Wenig- und Viel-Usern von Chat/MUDs dargestellt. Wie aus der Verteilung zu ersehen ist, lässt sich keine kontinuierliche Abnahme der Zustimmung mit steigender Nutzungshäufigkeit ausmachen. Im Gegenteil: Bei den Statements „*Internet-Kontakte sind flüchtiger als persönliche Kontakte*" und „*Bei Internet-Kontakten redet man oft aneinander vorbei*" ist sogar eine leichte Zunahme der Zustimmung bei Wenig- und Viel-Usern zu beobachten.

Negative Meinungen stellen keine Nutzungsbarrieren dar

Hieraus lässt sich folgern, dass negative Meinungen zu „Auswirkungen des Internets auf die Kommunikation" keine Nutzungsbarrieren darstellen. Vielmehr „bestätigen" Wenig- und Viel-User einige dieser Ansichten, obwohl sie Chat/MUDs vergleichsweise häufiger nutzen.

6.2.4 Bedürfnis nach sozialem Kontakt

In einem nächsten Schritt wurde untersucht, inwieweit Nutzer von Chat/MUDs hinsichtlich ihres Bedürfnisses nach sozialem Kontakt (Affiliation) beschrieben werden können. Da sowohl beim Chatten als auch bei der Teilnahme an MUDs Kontakte hergestellt und gepflegt werden, erscheint die Annahme plausibel, nach der das Bedürfnis nach sozialem Kontakt einen Faktor darstellt, welcher die Nutzungshäufigkeit (mit) erklärt.

Den Befragten wurden vier Statements vorgelegt, welche Indikatoren für das „Bedürfnis nach sozialem Kontakt“ darstellen:

- Ich lerne gerne neue Leute kennen.
- Ich finde es interessant, Leute aus anderen Kulturkreisen kennen zu lernen.
- Ich habe nur wenig enge Kontakte.
- Gelegenheiten, neue Leute kennen zu lernen, nutze ich gerne.

Anhand einer Kreuztabellierung der Reaktionen auf die Statements und der Nutzungshäufigkeit wurde überprüft, ob sich die Zustimmung zwischen Wenig- und Viel-Usern bei den einzelnen Items unterscheidet (Abb. 6.5).

Insgesamt zeigt sich, dass sich die Zustimmungsgrade zwischen den einzelnen Nutzergruppen nur geringfügig

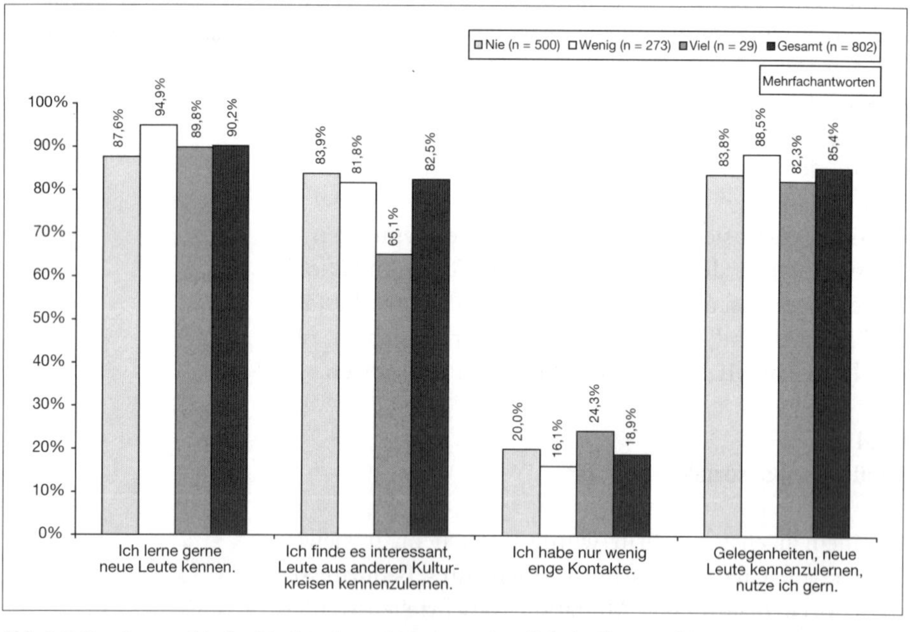

Abb. 6.5. Psychographische Merkmale und Nutzungshäufigkeit Chat/Multi-User-Spiele

unterscheiden. Des weiteren lässt sich mit steigender Nutzungshäufigkeit keine systematische Zunahme der Zustimmung erkennen. Bei dem Statement „*Ich finde es interessant, Leute aus anderen Kulturkreisen kennen zu lernen*" nimmt die Zustimmung sogar ab.

Viel- und Wenig-Nutzer unterscheiden sich nicht hinsichtlich ihres Bedürfnisses nach sozialen Kontakten

Aufgrund der unregelmäßigen und geringfügigen Zustimmungsdifferenzen lässt sich schlussfolgern, dass sich die Nutzergruppen hinsichtlich des Merkmals „Bedürfnis nach sozialem Kontakt" nur geringfügig unterscheiden.

6.2.5 Zwischenresümee

„*Um Leute mit ähnlichen Interessen zu treffen*" ist der sowohl von Wenig- wie auch von Viel-Usern am häufigsten genannte Grund für die Nutzung von Chat/MUDs. Hinsichtlich weiterer Gründe zeigt sich, dass Viel-User im Gegensatz zu Wenig-Usern eher solche Gründe angeben, die auf die soziale Bedeutung der Nutzung dieser Anwendungen hinweisen, wie z. B. „*Um vorhandene Beziehungen zu pflegen*" oder „*Um zu flirten*".

Positive Meinungen zu „Auswirkungen des Internets auf die Kommunikation" können als Motivationsfaktoren für die Nutzung von Chat/MUDs betrachtet werden. So zeigt sich, dass die Zustimmung auf alle abgefragten positiven Statements mit steigender Nutzung zunimmt. Negative Meinungen stellen umgekehrt jedoch keine Nutzungsbarrieren dar. Denn: Die Zustimmung auf negative Statements nimmt nicht wie erwartet mit steigender Nutzungshäufigkeit ab. Vielmehr stimmen Viel-User beispielsweise dem Statement „*Bei Internet-Kontakten redet man oft aneinander vorbei*" sogar geringfügig eher zu, als Personen, die Chat/MUDs „nie" nutzen.

Positive Meinungen bestärken, negative Meinungen hemmen aber nicht die Nutzung

Schließlich ist festzuhalten, dass sich Nie-, Wenig- und Viel-User hinsichtlich ihres Bedürfnisses nach sozialem Kontakt nicht systematisch unterscheiden. Im Vergleich zu Internetnutzern, die „nie" chatten oder MUD spielen, lernen Wenig-User zwar eher gerne Leute kennen. Umgekehrt geben Personen dieser Gruppe im Vergleich zu Nicht-Nutzern seltener an, dass sie nur wenige enge Kontakte haben. Dies bedeutet, dass Wenig-User generell etwas häufiger Kontakte pflegen und zugleich ein erhöhtes Kontaktnetz aufgebaut haben. Im Vergleich zu Wenig- und Nicht-Nutzern sind Viel-Nutzer in etwas geringerem Maße daran interessiert, via Chat oder MUD neue Kontakte zu Personen anderer Kulturkreise zu knüpfen.

6.3 Hinweise auf zukünftige Nutzung von Chat und MUD

Chat unter Idealbedingungen

Im folgenden geht es um die Frage nach der zukünftigen Nutzung von Chat-Angeboten unter Idealbedingungen und mögliche Auswirkungen auf das Mobilitätsverhalten der Nutzer. Berücksichtigt werden sowohl die zukünftigen Nutzer, die bereits heute schon chatten, wie auch die Personen, die es heute noch nicht tun, aber unter Idealbedingungen in Zukunft damit anfangen würden. Als Idealbedingungen wurden vorgegeben: Internetnutzung ohne Zeitverzögerung, kostenlos, mit sicherer Datenübertragung und absoluter Gewährleistung des Datenschutzes.

6.3.1 Chatten unter Idealbedingungen

Bei der Frage nach der zukünftigen Nutzung verschiedener Online-Angebote unter Idealbedingungen gaben 38,7 Prozent aller Befragten an, „dann vielleicht häufiger zu chatten". Unter diesen Personen sind Personen, die Chat bereits heute nutzen und auch Personen, die heute noch nicht chatten aber sich vorstellen können, in Zukunft, unter idealen Bedingungen, zu chatten. Immerhin 61,3 Prozent aller befragten Online-User glauben, dass sie auch unter Idealbedingungen nicht häufiger chatten würden, bzw. dann damit anfangen würden.

Aus diesen Ergebnissen ergibt sich zunächst der Eindruck, dass sich auch unter den Idealbedingungen ohne Zeitverzögerung, kostenlos, sichere Datenübertragung und Datenschutz der Teilnehmerkreis an Online-Chats nur geringfügig ausweiten wird. Jedenfalls in erheblich geringerem Maße, wie dies beispielsweise beim Online-Banking oder bei der Nutzung von Online-Reiseangeboten der Fall ist. Allerdings würde die zeitliche Nutzungs-

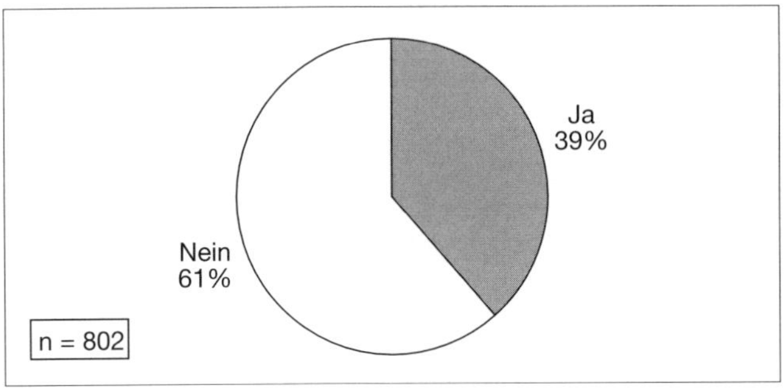

Abb. 6.6. „Vielleicht häufiger chatten" unter Idealbedingungen

dauer durch idealer empfundene Rahmensetzungen erheblich ansteigen (vgl. Abschnitt 6.3.2). Insgesamt sind knapp zwei Fünftel der Befragten (38,7 %) der Ansicht, unter Idealbedingungen mehr zu chatten bzw. überhaupt damit anzufangen. Die folgende Detailanalyse gibt Aufschluss über das gegenwärtig vorhandene Nutzungspotenzial eines i.a.S. idealen Internets.

Zeitliche Nutzung würde sich ausdehnen

6.3.1.1
Nutzungspotenziale und gegenwärtiger Auslastungsgrad

Um den gegenwärtigen Auslastungsgrad und das Nutzungspotenzial näher zu ermitteln, gilt es, die Befragten zu identifizieren, die heute noch nicht chatten, jedoch angeben, dies unter Idealbedingungen in Zukunft „vielleicht häufiger" zu tun.

Aus der Analyse der Daten (Tabelle 6.11) ergibt sich, dass zum Erhebungszeitpunkt 35,3 Prozent aller Befragten zumindest „selten" chatten. Weitere 15,3 Prozent aller Online-Nutzer geben an, unter den (vorgegebenen) Idealbedingungen dies vielleicht „häufiger zu tun".

Gesamt-Nutzungspotenzial beträgt 50,6 Prozent

Hieraus ermittelt sich ein gesamtes Nutzungspotenzial[55] für Chatten unter Idealbedingungen von 50,6 Prozent (35,3 % + 15,3 %). Aus dem Verhältnis zwischen gegenwärtigem Nutzungsanteil und möglichem Nutzungsanteil unter Idealbedingungen errechnet sich zum Erhe-

55 Das Nutzungspotential beschreibt den Anteil der Personen an der Gesamtheit aller Online-User, die heute die untersuchte Anwendung nutzen oder dies zwar heute noch nicht, aber in Zukunft unter Idealbedingungen „vielleicht häufiger" tun.

Tabelle 6.11. „Vieleicht häufiger chatten“ unter Idealbedingungen und Chatten heute (nach Gesamtanteilen)

			Chatten heute		
			nie	häufig, gelegentlich, selten	Gesamt
In Zukunft „Vielleicht häufiger“ chatten unter Idealbedingungen	Ja	Anzahl	123	187	310
		% der Gesamtzahl	15,3 %	23,3 %	38,7 %
	Nein	Anzahl	396	96	492
		% der Gesamtzahl	49,4 %	12,0 %	61,3 %
Gesamt		Anzahl	519	283	802
		% der Gesamtzahl	64,7 %	35,3 %	100,0 %

Cramer-V=0,41

bungszeitraum für Chatten ein Auslastungsgrad von knapp 70 Prozent (35,3 %/50,6 %).

6.3.1.2
Veränderung der Nutzungshäufigkeit

Um Aufschluss darüber zu gewinnen, welchen Einfluss eine Verbesserung der technischen Infrastruktur des Internets auf die Nutzungshäufigkeit von Chat bei Personen besitzt, die heute bereits solche Anwendungen nutzen, wird die obige Verteilung nochmals nach Spaltenprozenten dargestellt.

Nur eine Minderheit würde die Nutzung unter Idealbedingungen nicht ausdehnen

Aus diesem Schritt der Analyse ergibt sich, dass zwei Drittel aller Personen, die bereits heute chatten, angeben, unter Idealbedingungen dieses vielleicht noch häufiger zu tun (66,1 %). Dagegen ist eine Minderheit von einem Drittel der befragten Chatter der Auffassung, selbst unter Idealbedingungen das eigene Chat-Verhalten zeitlich nicht auszuweiten (33,9 %).

6.3.2
„Multi-User-Spiele“ unter Idealbedingungen

Die Befragten wurden auch danach gefragt, ob sie MUDs in Zukunft „vielleicht häufiger nutzen", wenn es das ideale Internet gäbe, d.h. ohne Zeitverzögerung, kostenlos und absoluter Gewährleistung des Datenschutzes.

Tabelle 6.12. „Vielleicht häufiger chatten" unter Idealbedingungen und Chatten heute (nach Gruppenanteilen)

			Chatten heute		
			nie	häufig, gelegentlich, selten	Gesamt
In Zukunft „Vielleicht häufiger" chatten unter Idealbedingungen	Ja	Anzahl	123	187	310
		Spalten %	23,7 %	66,1 %	38,7 %
	Nein	Anzahl	396	96	492
		Spalten %	76,3 %	33,9 %	61,3 %
Gesamt		Anzahl	519	283	802
		Spalten %	100,0 %	100,0 %	100,0 %

Cramer-V=0,41

Knapp jeder vierte (22,7 %) der befragten Internet-User gibt an, unter Idealbedingungen in Zukunft häufiger Multi-User-Spiele zu nutzen. Hingegen stellen für die Mehrheit von etwa 77 Prozent aller befragten Internet-Nutzer günstigere Rahmenbedingungen des Internets keinen zusätzlichen Anreiz dar, sich an vernetzten Spielen zu beteiligen (Abb. 6.7).

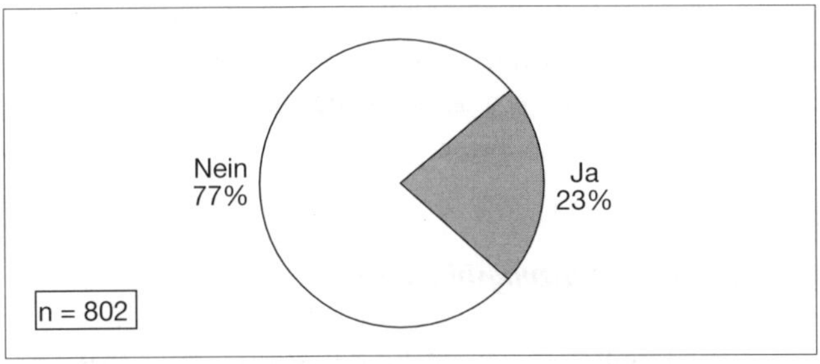

Abb. 6.7. „Vielleicht häufiger Multi-User-Spiele" unter Idealbedingungen

6.3.2.1
Nutzungspotenziale und gegenwärtiger Auslastungsgrad

Tabelle 6.13 zeigt, dass 15,3 Prozent aller befragten Internet-User zur Zeit der Befragung keine MUDs nutzten,

Tabelle 6.13. „Multi-User-Spiele machen“ unter Idealbedingungen und Nutzung von Multi-User-Spielen heute (nach Gesamtanteilen)

			Nutzung von Multi-User-Spiele heute		
			nie	häufig, gelegentlich, selten	Gesamt
In Zukunft „vielleicht häufiger“ Multi-User-Spiele nutzen unter Idealbedingungen	Ja	Anzahl	123	59	182
		% der Gesamtzahl	15,3 %	7,4 %	22,7 %
	Nein	Anzahl	595	25	620
		% der Gesamtzahl	74,2 %	3,1 %	77,3 %
Gesamt		Anzahl	718	84	802
		% der Gesamtzahl	89,5 %	10,5 %	100,0 %

Cramer-V=0,39

Gesamt-Nutzungspotenzial für MUD liegt bei 26 Prozent

dieses jedoch unter Idealbedingungen in Zukunft tun würden. 10,5 Prozent der Befragten nutzen MUD bereits. Somit ergibt sich ein Gesamtnutzungspotenzial für Multi-User-Spiele unter Idealbedingungen von 25,8 Prozent aller Befragten (15,3 %+10,5 %).

Aus dem Verhältnis zwischen gegenwärtigem Nutzungsanteil und möglichem Nutzungsanteil unter Idealbedingungen errechnet sich für Multi-User-Spiele zum Erhebungszeitraum ein Auslastungsgrad von knapp 41 Prozent (10,5 %/25,8 %).

6.3.2.2 *Veränderung der Nutzungshäufigkeit*

Folgende Tabelle zeigt, welchen Einfluss eine Verbesserung der technischen Infrastruktur des Internets auf die Nutzungshäufigkeit von MUDs bei Personen besitzt, die heute bereits solche Anwendungen nutzen.

Deutlich mehr als zwei Drittel aller Personen, die bereits heute Multi-User-Spiele machen, geben an, diese unter Idealbedingungen vielleicht häufiger zu spielen (70,2 %). Bei weniger als einem Drittel der befragten Spieler wird sich die Nutzungshäufigkeit unter Idealbedingungen nach eigener Einschätzung nicht erhöhen (29,8 %).

Tabelle 6.14. „Multi-User-Spiele machen" unter Idealbedingungen und Nutzung von Multi-User-Spielen heute (nach Gruppenanteilen)

			Nutzung von Multi-User-Spiele heute		
			nie	häufig, gelegentlich, selten	Gesamt
In Zukunft „vielleicht häufiger" Multi-User-Spiele nutzen unter Idealbedingungen	Ja	Anzahl	123	59	182
		Spalten %	17,1 %	70,2 %	22,7 %
	Nein	Anzahl	595	25	620
		Spalten %	82,9 %	29,8 %	77,3 %
Gesamt		Anzahl	718	84	802
		Spalten %	100,0 %	100,0 %	100,0 %

Cramer-V=0,39

6.3.3 Zwischenresümee

Nutzung wird bei Verbesserung der Rahmenbedingungen zunehmen

Anhand der Frage nach der zukünftigen Nutzung des Internets unter Idealbedingungen, wurde für Chatten ein Gesamtnutzungspotenzial von 50,6 Prozent berechnet. Dieses Nutzungspotenzial ist zum Erhebungszeitpunkt zu 70 Prozent ausgelastet. Das Gesamtnutzungspotenzial für Multi-User-Spiele ist mit 25,8 Prozent deutlich geringer. Auch die Auslastung fällt mit 41 Prozent vergleichsweise niedriger aus. Jeweils etwa zwei Drittel der heutigen Nutzer glauben zudem, dass sie unter Idealbedingungen zukünftig „vielleicht häufiger" chatten/MUDs spielen.

6.4 Mobilitätseffekte

Im folgenden werden mögliche Effekte der Nutzung der virtuellen Unterhaltungsangebote Chat und MUD auf physische Mobilitätsformen untersucht. Dabei gilt es zunächst zu prüfen, inwieweit diese Online-Aktivitäten mit unterschiedlichen Formen des Freizeitverhaltens korrespondieren (Kap. 6.4.1). Auf diese Weise sollen Hinweise auf etwaige Substitutions- oder Verstärkungseffekte ermittelt werden (vgl. hierzu Kap. 6.4.1.2).

Im nächsten Schritt werden Kontakte untersucht, die in Chaträumen/Multi-User-Spielen entstehen und außerhalb solcher Anwendungen fortgeführt werden (Kap. 6.4.2). Gegenstand ist hier der Zusammenhang zwischen Nutzungshäufigkeit und Kontaktaufnahme sowie die Art und Weise der Kontakte (Telefon, Brief, E-Mail und persönliche Treffen). Von besonderem Interesse für die Analyse der Auswirkungen auf das physische Mobilitätsverhalten sind Kontakte, die zu persönlichen Treffen führen (Kap. 6.4.3). Mit Blick auf die zukünftige Nutzung werden u.a. Gründe für und gegen persönliche Treffen untersucht. Zuletzt werden Zusammenhänge zwischen der Nutzungshäufigkeit von Chat/MUDs und allgemeineren Merkmalen des physischen Mobilitätsverhalten untersucht (vgl. Kap. 6.4.3.1–4).

Mobilitätseffekte und persönliche Treffen

6.4.1 Freizeitverhalten

Zur Ermittlung des Freizeitverhaltens wurde den befragten Chat/MUD-Usern eine Reihe von 15 verschiedenen „Freizeitbeschäftigungen außerhalb des Internets" vorgelesen. Einige der Beschäftigungsarten repräsentieren ein eher aktiveres Mobilitätsverhalten (z.B. „Freunde, Bekannte oder Verwandte besuchen") – andere stehen für ein eher passiveres Mobilitätsverhalten (z.B. „Gäste nach Hause einladen"). Die Beschäftigungsarten unterscheiden sich des weiteren hinsichtlich ihrer Interaktionspotenziale. Während beispielsweise „mit Freunden, Verwandten, Bekannten telefonieren" ein eher höheres Interaktionspotenzial aufweist, besitzt die Freizeitbeschäftigung „Fernsehen/Videos schauen" ein eher niedrigeres.

6.4.1.1 *Wenig- versus Viel-User*

Um mögliche Beziehungen zwischen der Nutzungshäufigkeit chatten/Multi-User-Spiele machen und den abgefragten Beschäftigungsarten zu identifizieren, wurden die Gruppen der „Wenig- und Viel-User" auf Unterschiede in ihrem Freizeitverhalten hin untersucht. Sie wurden gefragt, ob sie diese Freizeitbeschäftigungen jeweils „häufig,

Verschiedene Freizeitaktivitäten …

gelegentlich, selten oder nie tun". In Tabelle 6.15 sind die Befragten nach Viel- und Wenig-Usern differenziert, um Hinweise auf Unterschiede hinsichtlich des Freizeit- und somit des privaten Mobilitätsverhaltens nach Nutzungshäufigkeit zu erlangen.

Hierzu wurden den Befragten zur Qualifizierung des eigenen Freizeitverhaltens 15 verschiedene Freizeitaktivitäten genannt. Die Ergebnisse ermöglichen es, relationale Präferenzen der verschiedenen Aktivitäten von Wenig- und Viel-Chattern bzw. Teilnehmern von MUDs zu bestimmen. Dabei zeigt sich zunächst, dass die Gruppenunterschiede nicht sonderlich ausgeprägt sind. Besonders deutlich wird dies, wenn man danach sucht, welchen Aktivitäten die beiden Gruppen „nie" nachgehen: Die Angaben bewegen sich im Rahmen kleiner statistischer Prozentdifferenzen.

... zeigen deutliche Gruppenunterschiede

Deutlichere Gruppenunterschiede treten auf, wenn man die verschiedenen Freizeitbeschäftigungen im Hinblick auf die Häufigkeit, mit der sie praktiziert werden sortiert. Dabei zeigt sich beispielsweise, dass im Kontrast zu Wenig-Usern die Gruppe der Viel-User besonders häufig Gäste nach Hause einlädt, zu Hause Hobbies nachgeht, Fernsehen oder Videos anschaut sowie zu Hause mit Freunden, Verwandten oder Bekannten Telefongespräche führt. Neben diesen verschiedenen Aktivitäten, denen im eigenen Haus(halt) nachgegangen wird, nennen Viel-Nutzer zudem vereinsbezogene Aktivitäten und den Besuch von Kursen in stärkerem Maße als Tätigkeiten, denen sie „häufig" nachgehen. Ebenfalls „häufiger" gehen Viel-Nutzer in Kneipen, Cafes oder Restaurants. Insofern verbringen sie ihre freie Zeit nicht nur zu Hause und in relativ geregelten, organisierten sozialen Milieus (Vereine, Organisationen, Kurse, Veranstaltungen) sondern auch an Orten, an denen neue Kontakte hergestellt werden und tendenziell eher unvorhersehbare soziale Erfahrungen erlebt werden können.

Im Gegensatz hierzu ist das Freizeitverhalten von Wenig-Nutzern in geringerem Maße an die eigene Wohnung gebunden. Wenig-Nutzer gehen „häufiger" als Viel-Nutzer aus dem Haus um Sport zu treiben oder um Freunde, Bekannte oder Verwandte zu besuchen. Im allgemeinen wird jedoch das Attribut „häufig" in geringerem Maße

Tabelle 6.15. Freizeitbeschäftigungen von Chattern/MUD-Nutzern (sortiert nach Viel- und Wenig-Nutzern

		Viel und Wenig Chatter/MUD					
		Wenig-User		Viel-User		Gesamt	
		Anzahl	Spalten %	Anzahl	Spalten %	Anzahl	Spalten %
Gäste nach Hause einladen	häufig	99	36,2	13	45,7	112	37,1
	gelegentlich	105	38,6	8	26,3	113	37,5
	selten	55	20,1	6	19,1	60	20,0
	nie	14	5,1	3	9,0	17	5,5
meinen Hobbies zuhause nachgehen	häufig	128	47,1	17	58,2	145	48,1
	gelegentlich	78	28,5	7	25,0	85	28,2
	selten	45	16,5	1	4,6	46	15,3
	nie	22	7,9	3	12,1	25	8,3
mit Freunden, Verwandten, Bekannten telefonieren	häufig	139	50,9	18	61,6	156	51,9
	gelegentlich	82	30,2	6	20,4	88	29,3
	selten	36	13,2	5	18,1	41	13,7
	nie	15	5,7			15	5,1
Fernsehen oder Videos anschauen	häufig	109	39,9	16	53,9	124	41,2
	gelegentlich	96	35,1	5	18,0	101	33,5
	selten	55	20,0	6	22,1	61	20,2
	nie	14	5,0	2	6,0	15	5,1
Musik hören	häufig	200	73,4	20	70,1	220	73,1
	gelegentlich	46	17,0	4	12,7	50	16,6
	selten	18	6,6	5	17,2	23	7,6
	nie	8	3,0			8	2,7
faulenzen, ausruhen, entspannen	häufig	104	38,3	11	37,7	115	38,2
	gelegentlich	84	30,8	10	35,2	94	31,3
	selten	64	23,6	8	27,1	72	23,9
	nie	20	7,3			20	6,6
Kurse besuchen	häufig	32	11,7	8	28,9	40	13,3
	gelegentlich	42	15,4	2	8,4	44	14,7
	selten	88	32,3	7	22,6	95	31,4
	nie	111	40,6	12	40,2	122	40,5
Sport treiben	häufig	125	45,8	8	29,0	133	44,2
	gelegentlich	73	26,6	5	18,4	78	25,8
	selten	46	16,9	7	25,9	53	17,7
	nie	29	10,7	8	26,7	37	12,2
Veranstaltungen besuchen	häufig	90	33,0	6	21,5	96	31,9
	gelegentlich	105	38,6	14	48,5	119	39,6
	selten	54	19,9	7	24,1	61	20,3
	nie	23	8,4	2	5,9	25	8,2

Tabelle 6.15. Fortsetzung

		Viel und Wenig Chatter/MUD					
		Wenig-User		Viel-User		Gesamt	
		Anzahl	Spalten %	Anzahl	Spalten %	Anzahl	Spalten %
Ausgehen in Kneipen, Cafes oder Restaurants	häufig	113	41,4	14	48,8	127	42,2
	gelegentlich	81	29,7	8	29,1	89	29,7
	selten	56	20,6	5	16,9	61	20,2
	nie	22	8,2	1	5,2	24	7,9
wandern, Ausflüge machen, Spazieren gehen	häufig	60	22,1	5	16,5	65	21,6
	gelegentlich	79	29,0	6	20,4	85	28,2
	selten	100	36,5	13	44,7	113	37,3
	nie	34	12,4	5	18,4	39	12,9
Freunde, Bekannte oder Verwandte besuchen	häufig	145	53,3	11	36,5	156	51,6
	gelegentlich	86	31,5	11	38,1	97	32,1
	selten	28	10,3	5	19,0	34	11,2
	nie	13	4,9	2	6,4	15	5,1
Einkaufsbummel machen	häufig	88	32,2	10	34,5	98	32,4
	gelegentlich	98	35,9	9	32,6	107	35,6
	selten	69	25,4	9	30,3	78	25,9
	nie	18	6,5	1	2,6	18	6,1
mit dem Auto, Motorrad oder Fahrrad durch die Gegend fahren	häufig	111	40,6	13	45,2	124	41,0
	gelegentlich	70	25,7	7	22,8	77	25,4
	selten	54	19,8	4	12,1	57	19,0
	nie	38	14,0	6	19,8	44	14,6
für Vereine oder Organisationen tätig sein	häufig	43	15,9	10	36,3	54	17,9
	gelegentlich	52	18,9	4	13,6	56	18,4
	selten	67	24,7	4	13,0	71	23,6
	nie	110	40,4	11	37,0	121	40,1

zur Qualifizierung der verschiedenen Freizeitaktivitäten verwandt. Insofern schwinden die aufgezeigten Unterschiede, wenn die Antwortkategorien „häufig" und „gelegentlich" zusammengefasst betrachtet werden.

Aber auch Gemeinsamkeiten der Freizeitnutzung sind erkennbar

Demzufolge ergibt sich ein ambivalentes Bild, das eher die Gemeinsamkeiten von Wenig- und Viel-Nutzern betont. Dabei zeigt sich, dass beide Chatter-/MUD-Gruppen als kontaktoffen und in ihrem Freizeitverhalten als vielseitig interessiert beschrieben werden können.

6.4.1.2
Veränderungen aus Sicht der Befragten

Unterschiede im Freizeitverhalten können grundsätzlich sowohl als Ursachen wie auch als Wirkungen medienspezifischer Gebrauchsweisen betrachtet werden. Um der Leithypothese nachzugehen, nach der die Nutzung neuer Informations- und Kommunikationstechnologien wie Internet mit einer Veränderung des Mobilitätsverhaltens von Menschen einhergeht, wird in diesem Auswertungsschritt untersucht, inwieweit sich das Freizeitverhalten *aus Sicht* der Befragten verändert hat, *seitdem* sie Chat/MUDs nutzen[56]. Die Befragten gaben für jede der im letzten Schritt behandelten 15 Arten des Freizeitverhaltens an, ob sie für diese „eher mehr/eher weniger Zeit aufwenden“ oder ob sich „da nichts geändert hat“ seitdem sie chatten/MUDs spielen (vgl. Abb. 6.8).

Was denken die Befragten über ihr Freizeitverhalten?

Wie Abb. 6.8 zeigt, geben nur jeweils verschwindend geringe Anteile der Befragten an, dass sich hinsichtlich ihrer aufgewendeten Zeit für die abgefragten Freizeitbeschäftgungen etwas geändert habe, seitdem sie Chat/MUD nutzen. Hinsichtlich der Richtung dieser Veränderungen ergibt sich kein einheitliches Bild. So halten sich bei den meisten Freizeitbeschäftigungen die Antworten „eher mehr Zeit“ und „eher weniger Zeit“ in etwa die Waage.

Eine klare Tendenz lässt sich einzig bei der Frage nach „Fernsehen und Videos anschauen“ erkennen. 14,4 Prozent der Befragten wenden seitdem sie chatten/MUDs spielen nach eigener Einschätzung eher weniger Zeit für Fernsehen/Videos auf. Nur 3,0 Prozent geben hingegen an, hierfür mehr Zeit aufzuwenden. Dieses Ergebnis deckt sich mit anderen Forschungsergebnissen, nach denen bei Internetnutzern ein Rückgang des Fernsehkonsums zu beobachten ist (vgl. Wetzstein 1994).

56 Temporale Antezedens der verursachenden Größen (hier „Chatten/Multi-User-Spiele machen“) vor der bewirkten Größe (hier Freizeitverhalten) gilt als eine der zentralen Bedingungen für die Annahme kausaler Beziehungen (vgl. Merten 1994).

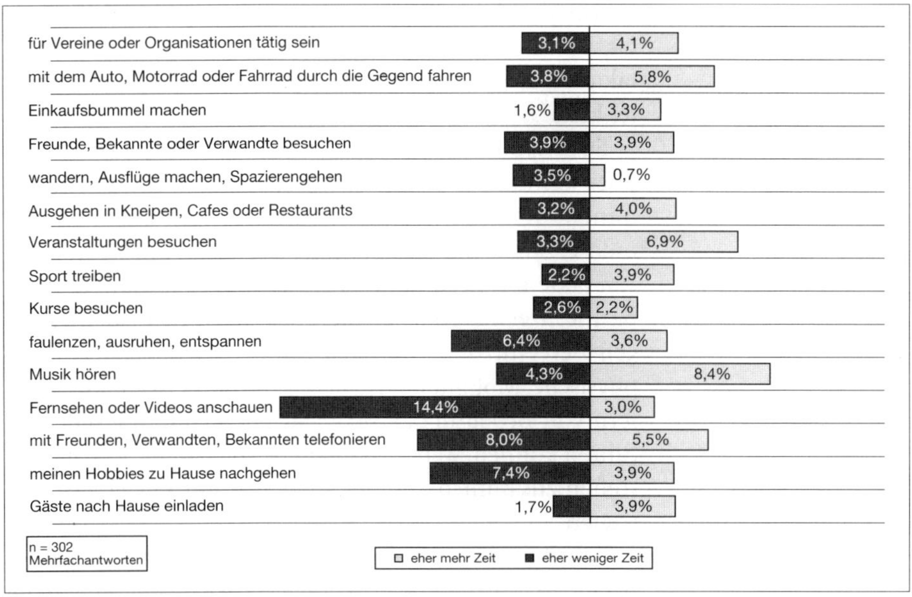

Abb. 6.8. Veränderungen im Freizeitverhalten aus Sicht der Befragten

6.4.2 Kontakte außerhalb von Chaträumen/MUDs

Im Diskurs um gesellschaftliche Auswirkungen der Computernutzung zeichnet sich eine Polarisierung optimistischer und pessimistischer Folgeabschätzungen ab. Eine der populärsten öffentlich vertretenen Annahmen ist die Theorie, der Computer führe zu sozialer Isolation. So warnt Mettler-Meibom (1987) vor einer Vereinsamung des Menschen, die sich erst im Arbeitsalltag, dann in unserer Lebenswelt breit mache.

Die Erweiterung des sozialen Kontaktnetzes kann zusätzlichen Verkehr induzieren

Die Vermutung, computer-vermittelte-Kommunikation führe zu einer Substitution direkter sozialer Kontakte, konnte jedoch empirisch bislang nicht bestätigt werden[57]. Die Befunde widersprechen eher der Substitu-

57 Wetzstein (1994) kommt bei einer Online Befragung von 464 befragten Personen zu dem Ergebnis, dass computer-vermittelte-Kommunikation face-to-face-Kontakte nicht ersetzt. Vielmehr gaben 66 Prozent der Befragten an, ihr Bekanntenkreis hätte sich über computer-vermittelte-Kommunikation vergrößert. In einer ähnlichen Studie äußerten 63 Prozent der Befragten, dass sie über computer-vermittelte-Kommunikation neue Kommunikationspartner gefunden hätten (Kneer 1994).

tionshypothese („Netzkontakte ersetzen persönliche Kontakte") und stützen die Ergänzungshypothese („Netzkontakte ergänzen und erweitern den persönlichen Bekanntenkreis").

So vermutet Döhring (1995) auf Basis einer Studie über „Einsamkeit bei Netznutzern", dass computer-vermittelte-Kommunikation andere Kommunikationsformen ergänzt und sich soziale Netzwerke um zusätzliche Kontakte mit geographisch entfernten Kommunikationspartnern erweitern. Für die Frage nach den Auswirkungen der Nutzung von Chat/Multi-User-Spielen auf das physische Mobilitätsverhalten sind diese Kontakte insofern von Bedeutung, als dass sie zu Verstärkungseffekten führen können, wenn Personen beispielsweise zu Chattertreffen zusammenkommen oder sich mit Einzelpersonen treffen[58].

Tabelle 6.16 zeigt die Antworten der Untersuchungspersonen auf die Frage: *„Hatten Sie schon mal außerhalb des Chatrooms/der Multi-User-Spiele Kontakt zu Leuten, die Sie beim Chatten/bei Multi-User-Spielen kenngelernt haben, sei es per Telefon, Brief, E-Mail oder persönlich?"*

Chat-Kontakte werden auch außerhalb des virtuellen Raumes gepflegt

Über ein Drittel aller Nutzer von Chat/MUDs hatten zum Erhebungszeitraum bereits außerhalb von Chaträumen bzw. Multi-User-Spielen Kontakt mit Personen, die sie

Tabelle 6.16. Kontakte außerhalb der Chaträume und MUDs

		Häufigkeit	**Gesamtprozente**	**Prozente Nutzer Chat/MUDs**
Nutzer Chat/ MUDs	Ja	105	13,1	34,7
	Nein	197	24,5	65,3
	Gesamt	302	37,6	100,0
Nichtnutzer Chat / MUDs		500	62,4	
Gesamt		802	100,0	

58 Unbestritten ist die Bedeutung, die Online-Kommunikation für die Nutzer aufzuweisen vermag. Nutzer halten Freundschaften aufrecht, knüpfen Online neue Kontakte, erhalten emotionale Unterstützung: „These accounts make it clear that Online relationships are genuine relationships in the eyes of the participants" (Parks 1996: 82).

dort kennen gelernt haben (34.7 %). Dies entspricht 13,1 Prozent aller befragten Online-User.

6.4.2.1
Kontakte außerhalb von Chaträumen/MUDs nach Nutzungshäufigkeiten

Tabelle 6.17 verdeutlicht einen Zusammenhang zwischen den Merkmalen „Nutzungshäufigkeit von Chat" und „Kontaktaufnahme außerhalb von Chaträumen/MUDs". Die Verteilung umfasst ausschließlich Personen, die zuvor angegeben haben, mindestens selten zu chatten. Dabei wird deutlich, dass über die Hälfte aller User, die häufig chatten, angeben, bereits außerhalb von Chaträumen Kontakte aufgenommen zu haben (58,3 %). Gleichzeitig trifft dies nur auf etwa ein Fünftel der User zu, die selten chatten (19,1 %).

Viel-Chatter treffen ihre Chat-Kontakte häufiger

Eine Differenzierung nach Viel- und Wenig-Usern führt zu einem ähnlichen Ergebnis. Hier zeigt sich, dass knapp ein Drittel der Wenig-User schon mal per Telefon, Brief, E-Mail oder persönlich Kontakte aufgenommen haben (30,1 %), während dies für immerhin drei Viertel der Viel-User zutrifft (75,9 %).

Je häufiger Personen chatten, desto eher nehmen sie außerhalb von Chaträumen Kontakte mit Personen auf, die sie dort getroffen haben.

Tabelle 6.17. Kontakte außerhalb der Chaträume und MUDs nach Häufigkeit Chatten

			Chatten			
			häufig	gelegentlich	selten	Gesamt
Kontakt außerhalb der Chaträume und MUDs	Ja	Anzahl	60	23	18	101
		Spalten %	58,3 %	26,7 %	19,1 %	35,7%
	Nein	Anzahl	43	63	76	182
		Spalten %	41,7 %	73,3 %	80,9 %	64,3 %
Gesamt		Anzahl	103	86	94	283
		Spalten %	100,0 %	100,0 %	100,0 %	100,0 %

Cramer-V=0,36/Kendall-Tau-b=0,32

6.4.2.2
Art und Weise der Kontakte außerhalb von Chaträumen

Im folgenden wird untersucht, in welchem Maße diese Kontaktaufnahme über Telefon, Brief, E-Mail oder persönliche Treffen hergestellt werden. Hierzu werden ausschließlich die Personen betrachtet, die angegeben haben, bereits außerhalb von Chaträumen bzw. Multi-User-Spielen „schon mal" Kontakt mit Personen aufgenommen zu haben, die sie dort kennen gelernt haben (Abb. 6.9).

Weitere Arten der Kontaktpflege

Die Verteilung zeigt: Kontakte außerhalb von Chat-Rooms bzw. vernetzten Spielwelten werden zusammengenommen am häufigsten per E-Mail hergestellt (74,7 %), gefolgt von Telefonaten (59,5 %) und persönlichen Treffen (59,2 %). Ein Drittel der Personen, die schon mal Kontakte außerhalb von Chaträumen/Multi-User-Spiele aufgenommen haben, gibt an, dies per Brief getan zu haben (33,6 %).

Das Ergebnis, nach dem sich über die Hälfte aller Personen, die schon mal Kontakte außerhalb von Chaträumen/Multi-User-Spiele aufgenommen haben, bereits persönlich mit Netz-Bekanntschaften getroffen haben, verweist auf die Bedeutung, welche diese Kontakte für die

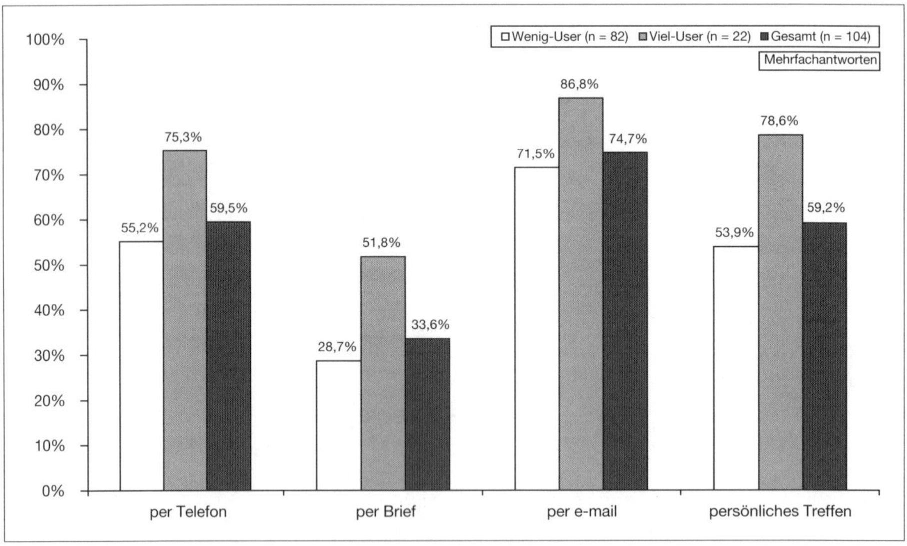

Abb. 6.9. Art und Weise der Kontakte

User aufzuweisen vermögen. Bemerkenswert ist des weiteren die Nutzung des Briefes (33,6 %), da dem postalischen Briefverkehr im allgemeinen eine andere metakommunikative Bedeutung zugesprochen wird als der elektronischen Post. So kann der Vorzug eines privaten Briefes, dessen Übermittlung mit einem mehr an Zeit und Kosten verbunden ist, als Indikator für ein fortgeschrittenes Stadium in der Beziehungsentwicklung betrachtet werden. Diese Ergebnisse zeigen somit, dass Netzkontakte nicht undifferenziert als oberflächlich und unverbindlich kategorisiert werden können.

Netzkontakte müssen nicht oberflächlich und unverbindlich bleiben

Eine Differenzierung nach Wenig- und Viel-Usern macht deutlich, dass Viel-User alle vier abgefragten Möglichkeiten zur Kontaktaufnahme tendenziell eher „schon mal genutzt" haben. Die größten Unterschiede zwischen Wenig- und Viel-Usern bestehen in der Häufigkeit „persönlicher Treffen" (78,6 % zu 53,9 %) und der Nutzung des Briefes (51,8 % zu 28,7 %) für diese Kontakte. Auch an dieser Stelle zeigt sich somit der bereits im vorangestellten Kapitel beschriebene Zusammenhang, nach dem die Nutzungshäufigkeit mit der Wahrscheinlichkeit einer Kontaktaufnahme außerhalb der Chat-Rooms bzw. MUDs korrespondiert.

6.4.3 Persönliche Treffen mit Bekanntschaften aus Chaträumen/MUDs

In den letzten Abschnitten wurde gezeigt, dass 13,1 Prozent aller befragten Online-User schon mal Kontakte außerhalb von Chaträumen/Multi-User-Spielen mit Personen aufgenommen haben, die sie dort kennengelernt haben (n=105). Dies entspricht 34,7 Prozent aller Nutzer von Chat/MUDs. Über die Hälfte dieser Personengruppe gibt an, Netzbekanntschaften schon persönlich getroffen zu haben (n=62). Diese Teilgruppe entspricht ca. 8 Prozent aller befragten Online-User.

Chat- und MUD-Kontakte an der Schnittstelle physischer und virtueller Welten

Bei dieser Personengruppe lässt sich demnach feststellen, dass die Nutzung von Chat/Multi-User-Spielen zu Kontakten in der physischen Welt führen und somit physisches Mobilitätsverhalten induzieren. Im folgenden wird diese Teilgruppe näher betrachtet.[59*]

*siehe nächste Seite

6.4.3.1
Gründe für und gegen persönliche Treffen

Wie aus Abb. 6.10 hervorgeht, ist „Neugierde“ der mit Abstand am häufigsten genannte Grund (84,9 %) der 62 Chatter/MUD-User, die angegeben haben, ihre Online-Bekanntschaften auch schon mal persönlich getroffen zu haben (n=53). Weitere Gründe, denen jeweils nur knapp ein Fünftel von ihnen zustimmen, sind „Partnersuche“ (19 %) und „zu wenig Bekannte mit gleichen Interessen in der näheren Umgebung“ (16 %). Nur wenige Personen, die sich auch schon mal privat getroffen haben, geben an, „zu wenig Zeit zu haben, Leute auf anderem Wege kennen zu lernen“ (8,4 %).

Warum persönliche Treffen manchmal nicht stattfinden …

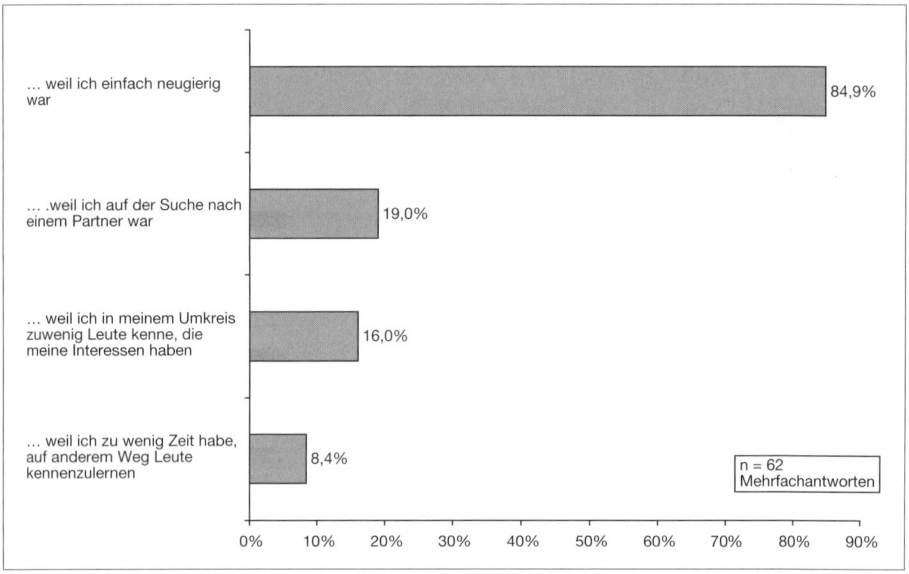

Abb. 6.10. Gründe für persönliche Treffen

59 Wenn nachfolgend bei einzelnen Antwortkategorien teilweise nur recht kleine Fallzahlen erreicht werden, so wurde dennoch in den textlichen Ausführungen meist daran festgehalten, durch Angabe der errechneten Prozentuierungen relationale Aussagen zu treffen. Der den Aussagen zugrunde liegende Datensatz wurde in einer repräsentativ für deutsche Online-Nutzer gebildeten Erhebung gewonnen und sollte insofern zumindest für künftige Studien eine verlässliche Orientierung darstellen, wenn einzelne Befunde in empirisch auf breiterer Basis stehenden Analysen weiter ausgearbeitet werden.

Die verbleibenden 43 User, wurden hinsichtlich der Gründe gegen persönliche Treffen befragt. Dabei handelt es sich um Personen, die zwar bereits Kontakte außerhalb von Chat-Rooms und MUDs aufgenommen haben, dies jedoch nicht in Form von persönlichen Treffen, sondern per E-Mail, Telefon oder Brief (vgl. Abb. 6.11).

Die Auswertung dieser Befragungsdaten ermöglicht folgende Befunde:

Die zentralen Gründe gegen ein persönliches Treffen werden mit der Bewertung, man wolle beim Chatten/ MUD nur seinen Spaß haben bzw. mit der Aussage, dass man die Leute, die man treffen möchte, lieber auf anderem Wege kennen lernen wolle begründet. Diese beiden Positionen werden von etwa drei Vierteln der Befragten geteilt. Inhaltlich stimmen diese Einschätzungen gut mit der Aussage überein, dass Bekanntschaften aus Chaträumen/MUDs und Freunde zwei verschiedene Welten seien (59,4 %). Für die Personen, die diesem Statement zustimmen, besteht demnach grundsätzlich kein Bedarf,

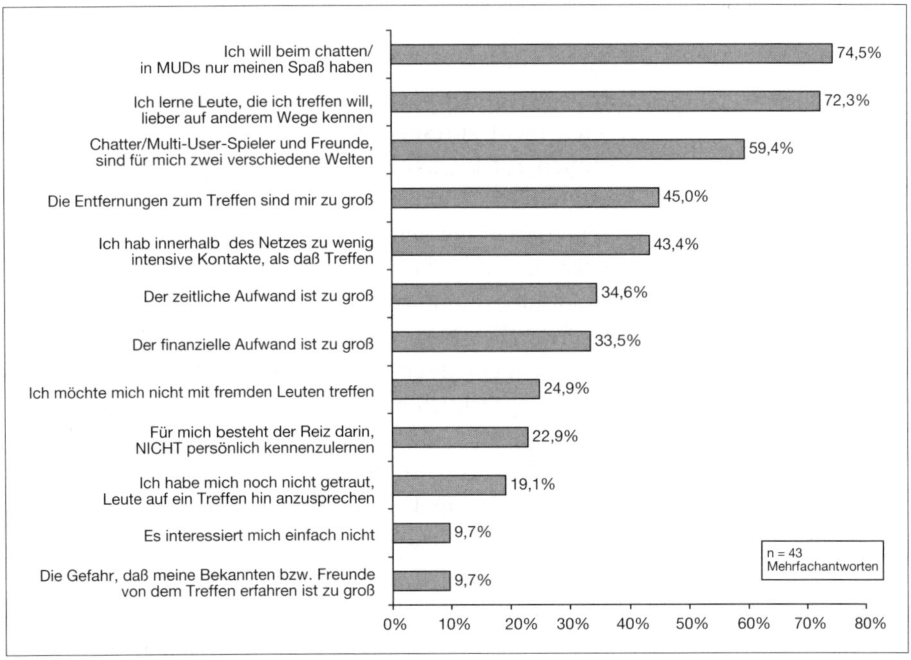

Abb. 6.11. Gründe gegen persönliche Treffen

„Reale" und virtuelle Funktionen sozialer Kontakte

die Chat- und Spiel-Partner außerhalb dieses Umfeldes zu treffen. Vielmehr differenzieren sie zwischen „realen" und „virtuellen" sozialen Beziehungen und schreiben den jeweiligen Kommunikationspartnern unterschiedliche soziale Funktionen zu. Die fünfthäufigste Antwort, nach der innerhalb des Netzes zu wenig intensive Kontakte bestünden (43,5 %), bezieht sich ebenfalls auf die Art bzw. soziale Funktion dieser Kontakte. Sie offenbart eine gewisse Ambivalenz der Einschätzung, da sie die bislang erreichte Intensität der Kommunikation zwar als defizitär qualifiziert damit jedoch grundsätzlich eine Kontaktaufnahme in Zukunft nicht ausschließt. Die Antworten, nach der die Entfernungen zu den Treffen (45 %) oder der zeitliche/finanzielle Aufwand (34,6 %) zu groß seien, beziehen sich hingegen auf einen Mangel an Ressourcen wie Zeit, Geld und schließen somit persönliche Treffen nicht aus „sozialen Gründen" aus. Insofern belegen gerade auch diese Antworten die Bedeutung virtueller Kommunikation und virtueller Mobilität als Handlungsalternativen beim Herstellen bzw. Aufrechterhalten von sozialen Bezügen.

Allerdings verweisen die bereits erwähnten Begründungen, wonach innerhalb des Netzes zu wenig intensive Kontakte und auch Vorbehalte gegen Treffen mit fremden Leuten bestünden sowie die Angabe, nach der sich die Befragten nicht zutrauen, Leute auf ein Treffen hin anzusprechen auf Unsicherheiten hinsichtlich der Einstufung der Online-Kontakte und der Einordnung dieser in das soziale Beziehungsgeflecht der Befragten. Bei diesen Antworten scheinen die Personen nicht eindeutig zwischen den sozialen Funktionen der Bekanntschaften zu differenzieren. Dies wird zudem deutlich, wenn man bedenkt, dass die Begriffe Freunde, Kontakte und Bekanntschaften im Alltag sprachlich nicht eindeutig differenziert verwendet werden.

Bemerkenswert ist jedenfalls, dass bei allen Vorbehalten nur ein Zehntel dieser Personengruppe angibt, kein Interesse an zusätzlichen sozialen Kontakten zu haben (9,7 %). Auch ihnen kann unterstellt werden, dass sie den Online-Bekanntschaften feste bzw. eindeutige soziale Funktionen zuschreiben und sich diese von denen bisheriger Freunde und Bekannten unterscheiden.

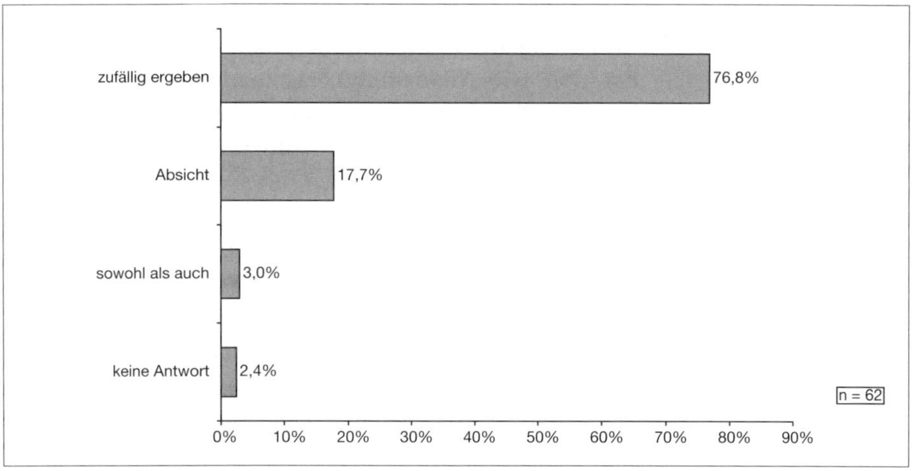

Abb. 6.12. Treffen (Chaträumen/MUDs) war Zufall/Absicht

Leute kennenlernen ist eher nicht beabsichtigt (?)

Von den 62 Personen, die bereits außerhalb von Chat-Rooms und MUDs persönlichen Kontakt zu Online-Bekanntschaften aufgenommen haben, geben über drei Viertel an, dass sich die persönlichen Treffen „zufällig ergeben" hätten. Nur weniger als ein Fünftel hegten nach eigenen Angaben von vornherein die Absicht, beim Chatten oder Multi-User-Spielen „Leute kennen zu lernen".

Dieses Ergebnis kann als ein Hinweis darauf gedeutet werden, dass die Nutzung von Chat/MUDs durchaus Potenziale zur Beziehungsanbahnung in der „physischen Welt" bergen.[60]

6.4.3.2 *Chattertreffen*

Eine Form persönlicher Treffen zwischen Chat/MUD-Nutzern sind Chattertreffen. Dabei handelt es sich um Veranstaltungen, die allen Teilnehmern gleichermaßen offen stehen und eine Verlagerung virtueller Kontakte in die physische Welt ermöglichen: Das Besondere an diesen Treffen ist, dass die Zusammensetzung der Kommunikationsteilnehmer bestehen bleibt, d.h. alle Personen, die sonst online kommunizieren, können sich nun gemein-

60 Wenngleich die Größe dieser Potenziale aufgrund fehlender Referenzwerte nicht weiter beurteilt werden kann.

sam treffen. Dabei ändern sich die Bedingungen der Kommunikation, d.h. die Merkmale der Chat-Kommunikation wie Anonymität (Nicknames) einerseits und Unkontrolliertheit der spontanen Artikulation letztlich unverbindlicher persönlicher Äußerungen (Echtzeit-Dialogform) andererseits, werden durch die (audio-)visuelle Wahrnehmung des Gegenübers irritiert. Die funktionale Ebene der Kommunikationssituation verschiebt sich, während die strukturelle Ebene bestehen bleibt.

Die virtuelle Welt wird „real": man trifft sich

Abbildung 6.13 zeigt: Von den insgesamt 62 Personen, die außerhalb von Chat-Rooms/MUDs persönlichen Kontakt mit Online-Bekanntschaften hatten, haben 24 Personen bereits an Chattertreffen teilgenommen (39,1 %).

Ein Indikator für das Potenzial dieser Chattertreffen, aktives physisches Mobilitätsverhalten zu induzieren, ist die Frage nach der Häufigkeit der Teilnahme. So stellt eine wiederholte Teilnahme einen Hinweis darauf dar, dass etwaige Erwartungen, die sich aus Online-Kontakten ergeben, erfüllt werden. Umgekehrt deuten einmalige Treffen jedoch nicht zwangsläufig daraufhin, dass sich online geknüpfte Kontakte offline nicht bewähren und keine unmittelbare Relevanz für das physische Mobilitätsverhalten aufweisen, da sie tatsächlich auch der Beginn weiterer Kontaktaufnahmen darstellen können.

Aus Abb. 6.14 geht hervor, dass die überwiegende Mehrheit der 24 Personen, die bereits an Chattertreffen teilgenommen haben, dies häufiger tun, bzw. sich zum Erhebungszeitpunkt (bereits) mehrfach getroffen hatten. Zusammengenommen gibt über die Hälfte dieser Personen an, bereits drei mal oder häufiger an solchen Treffen teilgenommen zu haben (n=13).

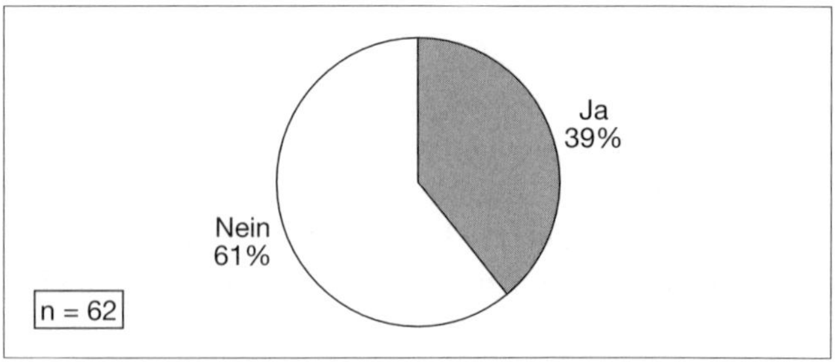

Abb. 6.13. Teilnahme an Chattertreffen (Gruppe)

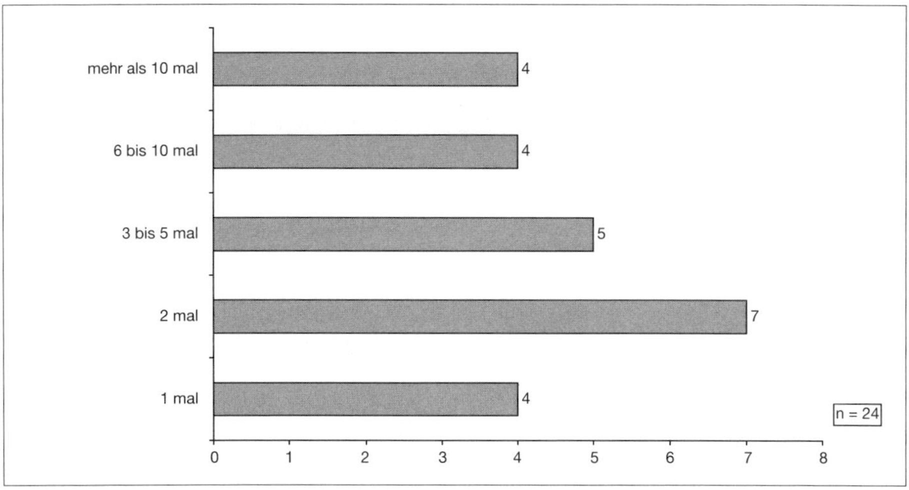

Abb. 6.14. Häufigkeit der Teilnahme an Chattertreffen

6.4.3.3
Treffen mit Einzelpersonen

Neben den organisierten Chattertreffen besteht auch die Möglichkeit, innerhalb des Chat-Rooms mit einzelnen Personen individuelle Treffen zu vereinbaren. Im Vergleich zu organisierten Chattertreffen (vgl. letzter Abschnitt) wird diese Form der Treffen weitaus häufiger genutzt (vgl. Abb. 6.15). So haben diese Möglichkeit des persönlichen Kennenlernens bis auf zwei Personen alle bereits genutzt (96,5 %), die angeben, Netzbekanntschaften schon mal persönlich getroffen zu haben (n=62) (vgl. Abb. 6.15).

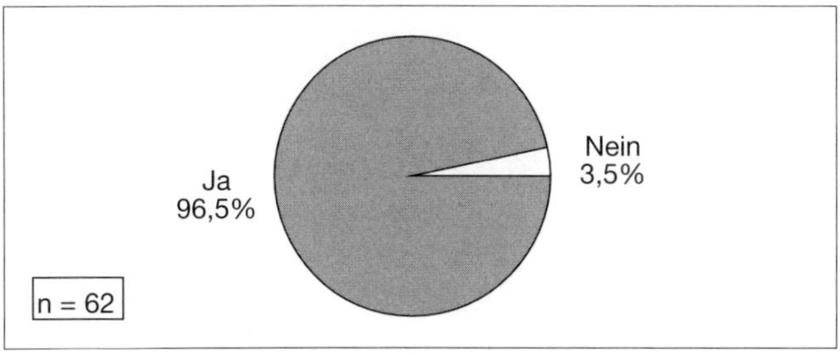

Abb. 6.15. Treffen mit Einzelpersonen aus Chaträumen/MUDs

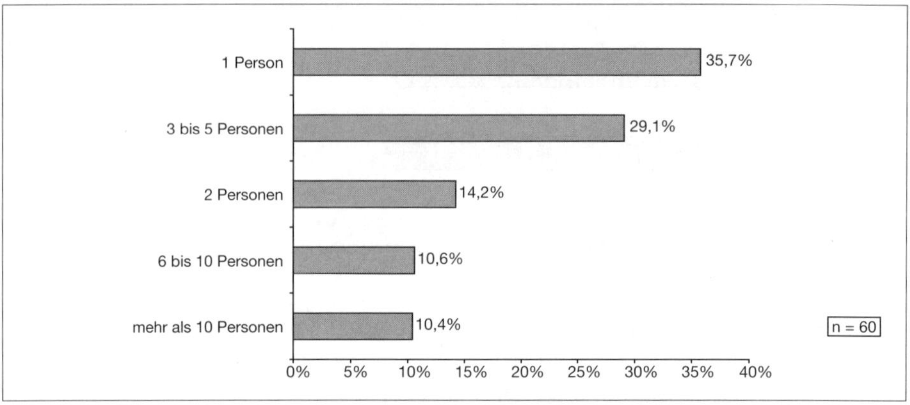

Abb. 6.16. Anzahl der Personen bei Treffen mit Einzelpersonen (Chaträumen/MUDs)

Individuelle private Kontakte entstehen …

Die Antworten auf die Frage nach der Anzahl der Personen auf diesen Treffen zeigt, dass sich die Befragten meist mit einer Person (35,7 %) oder mit drei bis fünf Personen getroffen haben (29,1 %). Treffen mit zwei (14,2 %), sechs bis zehn (10,6 %) oder mehr als 10 Personen (10,4 %) sind vergleichsweise eher seltener (vgl. Abb. 6.16).

Auch an dieser Stelle wird als Indikator für das Potenzial dieser Treffen, aktives physisches Mobilitätsverhalten zu induzieren, die Frage nach der Häufigkeit der Teilnahme an solchen Treffen herangezogen.

… und können zusätzliche Mobilität auslösen

Aus Abb. 6.17 geht hervor, dass drei Viertel der 60 Personen, die bereits an „inoffiziellen“ Treffen mit Einzelpersonen teilgenommen haben angeben, dies bereits mehrmals getan zu haben (n=45). Somit zeigt sich, dass auch

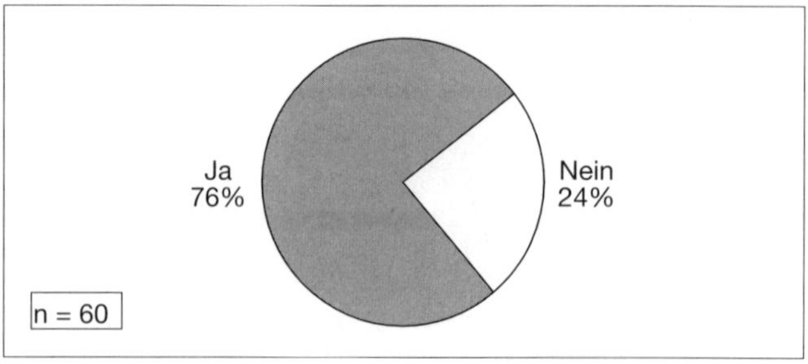

Abb. 6.17. Mehrmalige Treffen mit einer Person

Treffen mit Einzelpersonen Potenziale zur Beziehungsanbahnung aufweisen, welche wiederum Auswirkungen auf das physische Mobilitätsverhalten aufweisen.

6.4.3.4 *Zurückgelegte Entfernungen zu individuell vereinbarten Treffen*

Die Überwindung des Raumes

In den letzten beiden Abschnitten wurde deutlich, dass sowohl organisierte Chattertreffen als auch „inoffizielle", individuell vereinbarte Treffen mit Einzelpersonen tendenziell eher wiederholt werden und daher physisches Mobilitätsverhalten zu induzieren vermögen.

Vor diesem Hintergrund erscheint die Frage nach den für diese Treffen zurückgelegten Wegekilometer als relevant. Dies gilt insbesondere vor dem Hintergrund, als sich über Chat/MUDs-Anwendungen Personen kennenlernen können, die räumlich sehr weit voneinander entfernt wohnen können. Abb. 6.18 verdeutlicht die Antworten auf die Frage: „*Welche Entfernungen haben Sie für diese Treffen i.d.R. zurückgelegt?*"

Eine Betrachtung der Häufigkeitsverteilung zurückgelegter Kilometer unterstreicht zunächst den hohen Stellenwert von Chat-Kontaktaufnahmen, die sich in einem

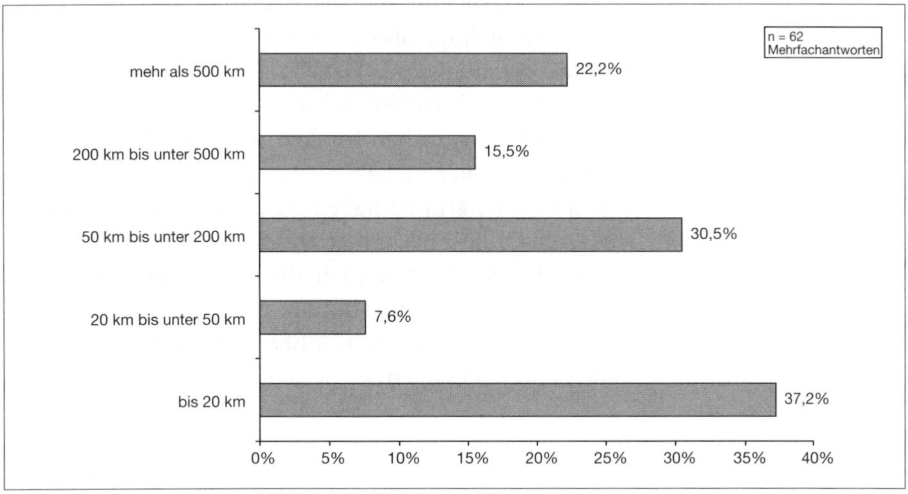

Abb. 6.18. Zurückgelegte Entfernungen zu persönlichen Treffen

lokal begrenzten Umfeld der Chatter entwickeln: mehr als ein Drittel (37,2 %) der Treffen finden in einem Radius von weniger als 20 Kilometern statt. Geringe Bedeutung haben hingegen Kontakte, die sich auf Online-Bekanntschaften auf einer regionalen Ebene von 20 bis unter 50 Kilometer konzentrieren (7,6 %).

Eine überwiegende Mehrzahl der befragten Chat-/MUDs-User nutzt jedoch die Möglichkeit des Online-Chats, um vornehmlich solche Personen kennenzulernen bzw. zu treffen, die in weiterer Entfernung vom eigenen Wohnort leben: zusammengenommen haben 68,2 Prozent der betreffenden Befragtengruppe, die bereits an offiziellen Chattertreffen oder „inoffiziellen" Treffen mit Einzelpersonen teilgenommen haben, diese Kontakte im Umkreis von 50 oder erheblich mehr Kilometern vereinbart. Dabei wurden Wegstrecken zwischen 200 und unter 500 Kilometern von 15,5 Prozent bzw. Distanzen von 500 und mehr Kilometern sogar von etwas mehr als einem Fünftel (22,2 %) dieser Befragtengruppe zurückgelegt, um die Chat-/MUD-Bekanntschaften zu treffen.

Eine Erhöhung der Mobilität macht vor Landesgrenzen nicht halt

Zusammengefasst münden im Internet-Chat/-MUD neu geknüpften sozialen Beziehungen eher dann zur Aufnahme von persönlichen Treffen, wenn die Kontaktpartner in weiterer Entfernung als 50 Kilometer leben. Aber auch der Aufnahme von Kontakten im näheren Umkreis kommt eine hohe Bedeutung zu.

Die Untersuchungspersonen wurden in einem nächsten Schritt gefragt, ob sie schon mal zu einem Treffen ins Ausland gefahren sind. Dabei zeigt sich, dass dies für 9 der 62 Personen zutrifft (14,8 %), die angegeben haben, schon mal persönlichen Kontakt mit Netz-Bekanntschaften aufgenommen zu haben. Die verbleibenden 53 Personen dieser Teilgruppe haben sich bislang nur im Inland mit ihren Online-Bekanntschaften getroffen (85,2 %).

Zwei Drittel der Befragten, die sich schon mal im Ausland getroffen haben, sind innerhalb Europas verreist (n=6), einer gab an, sich außereuropäisch getroffen zu haben und zwei sagten, sie hätten bereits beides getan.

6.4.4 Zwischenresümee

Chat- und MUD-User weisen ein insgesamt aktiveres Freizeitverhalten auf

Um mögliche Zusammenhänge zwischen der Nutzungshäufigkeit von Chat/MUDs und verschiedenen Formen des Freizeitverhaltens zu ermitteln, wurden zwei Vorgehensweisen gewählt: Zum einen wurde anhand von Kreuztabellierungen geprüft, inwieweit sich Viel-User im Vergleich zu Wenig-Usern in ihren Freizeitaktivitäten unterscheiden. Diese Analyse zeigt viele Gemeinsamkeiten der beiden Teilgruppen auf, die in ihrem Freizeitverhalten als aktiv, sozial offen und vielseitig bestimmt werden können. Prozentuale Unterschiede zeigen sich in der Häufigkeit, mit der die verschiedenen Freizeitaktivitäten verfolgt werden. Viel-User scheinen auch bei Aktivitäten außerhalb des Chat-/MUD-Rooms dazu zu neigen, sie interessierende Aktivitäten eher extensiv „häufig" zu betreiben. Zum anderen wurden die Befragten explizit nach Veränderungen in ihrem Freizeitverhalten gefragt, welche eingetreten sind, seitdem sie chatten/MUDs spielen. Hier zeigte sich, dass nach Ansicht von rund 15 Prozent der Befragten ihr Fernsehkonsum und die aufgebrachte Zeit für das Videoschauen zurückgegangen ist. Für andere Freizeitbeschäftigungen konnten vergleichbar stark ausgeprägte Tendenzen nicht festgestellt werden. Der überwiegende Teil der Befragten gibt vielmehr an, dass sich nichts verändert hat, seitdem sie die untersuchten Anwendungen nutzen.

Über ein Drittel aller Personen, die zumindest selten chatten/MUDs spielen haben schon einmal außerhalb des Chat-Rooms/MUDs per Telefon (59,5 %), Brief (33,6 %), E-Mail (74,7 %) oder in einem persönlichen Treffen (59,2 %) Kontakt zu Personen aufgenommen, die sie dort kennen gelernt haben. Die Wahrscheinlichkeit der Kontaktaufnahme steigt mit zunehmender Nutzung dieser Anwendungen.

Für die Frage nach dem Zusammenhang zwischen virtuellem und physischem Mobilitätsverhalten sind insbesondere persönliche Kontakte von Interesse, da diese physische Bewegung erfordern und somit eine Änderung im Mobilitätsverhalten induzieren. Daher wurden die 62 Personen näher betrachtet, die angegeben haben, bereits persönliche Kontakte aufgenommen zu haben (ca. 8 % aller befragten Online-User). Dabei zeigt sich: „Neugierde" ist der mit Abstand am häufigsten genannte Grund für die Aufnahme persönlicher Kontakte, welche sich bei über drei Viertel dieser Personengruppe „zufällig ergeben", also der Dynamik einer virtuellen Kommunikation erwachsen. Fast alle Personen dieser Teilgruppe (n=62) haben sich schon mal „inoffiziell" mit Bekanntschaften aus Chat-Rooms oder MUDs getroffen (96,5 %) und vergleichsweise weniger nahmen bereits an „offiziellen" Chattertreffen teil (39,1 %). Bemerkenswert ist, dass beide Formen persönlicher Treffen von jeweils über drei Viertel der entsprechenden Personen wiederholt werden und somit fortführende Auswirkungen auf das physische Mobilitätsverhalten haben. Dieses Ergebnis erscheint insbesondere vor dem Hintergrund relevant, als dass knapp ein Drittel dieser Personen angeben, für diese Treffen 50 bis 200km gefahren zu sein. Immerhin ein Fünftel legte mehr als 500km zurück, um das Treffen mit einer Chat-/MUD-Bekanntschaft zu realisieren.

Auch längere Wegstrecken werden in Kauf genommen, um neue Kontakte zu pflegen

7 Resümee zu Ergebnissen und künftiger Forschungsbedarf

Die wissenschaftliche Technikvorausschau hat Perspektiven einer möglichen Zukunft umrissen, in der sich mit Hilfe virtueller Kommunikationsformen heute übliche, an physische Bewegungen gebundene Verhaltensweisen wandeln. Wie im Rahmen der vorliegenden Arbeit auf Grundlage der Ergebnisse der Deutschen Delphi '98-Studie dargelegt wurde, können danach bereits in den ersten beiden Jahrzehnten des neuen Jahrtausends Alltagsbesorgungen, Freizeitnutzungen und weitere Aktivitäten telekommunikativ erledigt werden. Die Thesen dieses Reports legen nahe, dass die unmittelbare physische Präsenz an Bedeutung verlieren könnte, wenn vorwiegend virtuelle Verkehrsformen den Alltag prägen und die Beziehungen zwischen Personen bestimmen. Voraussichtlich wird diese Entwicklung erhebliche Wirkungen auf das physische Mobilitätsgeschehen zeigen.

Freizeitaktivitäten und Alltagshandlungen werden zunehmend virtuell durchgeführt

Als begriffliches Pendant zum Terminus der physischen Mobilität wird in der vorliegenden Arbeit von virtueller Mobilität gesprochen. Die entwickelte Definition stellt klar, dass sich auch diese Form der Mobilität durchaus auf die potentiell im physischen Aktionsraum geschaffene Beweglichkeit bezieht. Allerdings bleibt die raumgebundene Aktion wenn nicht vollständig, so zumindest weitgehend, auf die virtuellen Räume des Cyberspace beschränkt. Solange dem Anwender im Grundsatz physische *und* virtuelle Mobilität als geeignete Mittel erscheinen, definierte Ziele zu erreichen, entfaltet sich zwischen ihnen eine spannungsreiche Beziehung. Individuelle Entscheidungskalküle werden die alternativen Anwendungen physischer und virtueller Mobilität zueinander in Beziehung setzen. Unklar ist, in welcher Weise dabei bestehende Verhaltensmuster durch neue abgelöst oder ver-

Physische und virtuelle Mobilität sind eng verknüpft

ändert werden und welche Effekte sich auf die weitere Entwicklung der physischen Mobilität ergeben.

Wie stellt sich das Online-Verhalten dar?

Um empirische Daten über den Zusammenhang zwischen virtuellen und physischen Mobilitätsformen zu gewinnen, wurde das Onlineverhalten bundesdeutscher Internetnutzer analysiert. Dieser methodische Schritt beruht auf der Annahme, dass die Gruppe der Online-Nutzer am ehesten aus eigener Erfahrung berichten kann, durch welchen Nutzen virtuelle Anwendungen typisiert sind und welche Wirkungen sich aus ihrer Anwendung ergeben. Die empirische Erhebung stützt sich auf eine telefonische Befragung repräsentativ ausgewählter Online-Nutzer im Sommer 1999. Mit dieser Survey wurden Datensätze einer Stichprobe von 802 Nutzern ermittelt. In den Interviews wurden exemplarisch Fragen zum Verhältnis zwischen virtuellen und physischen Mobilitätsformen gestellt. Konkretisiert wurden diese im Hinblick auf die Nutzung von internetbasierten Telekommunikationsangeboten der Tourismusbranche, des Bankensektors sowie Formen vernetzter Spiele und Chatforen. Die Ergebnisse dieser Untersuchung werden nachfolgend in ihren grundsätzlichen Befunden zusammengefaßt und zu einem Gesamtresümee verdichtet.

7.1
Reise- und Tourismus

Online-Reiseangebote weisen ein hohes Nutzungspotential auf

Die Analysen zeigen, dass die im Internet präsentierten Dienstleistungsangebote der Reise- und Tourismusbranche bei den reiseaktiven Internet-Nutzern mehrheitlich großen Anklang finden. Gleichwohl könnten technische Bedingungen der Internetnutzung, wie beispielsweise schnellere und sicherere Datenübertragungen, sowie niedrigere Nutzungsentgelte die Nutzungsbereitschaft erhöhen: Im Erhebungszeitraum belegt die Datenanalyse ein mögliches Nutzungspotential von 70 Prozent *aller* Internet-Nutzer, das zu etwa 75 Prozent ausgeschöpft wurde.

Hinsichtlich der Intensität der nutzerseitigen Nachfrage bestehen zwar Unterschiede in bezug auf die gezeigten Präferenzen der verschiedenen Angebote. Diese sind jedoch nicht sonderlich stark ausgeprägt, so dass generalisierend durchaus davon gesprochen werden kann, dass sich alle demografischen Gruppen in vergleichbarer Weise von Reise-Sites angesprochen fühlen. Gleichwohl zeigen sich Besonderheiten, die zur Beurteilung von möglichen Effekten auf mobilitätsbezogene Verhaltensänderungen bemerkenswert sind. Danach kann ein positiver signifikanter Zusammenhang zwischen dem Internetnutzungszeitraum und der Nutzung von Online-Reiseangeboten festgestellt werden. Zudem kann bei Viel-Nutzern[61] von Online-Reiseangeboten generell eine wöchentlich häufigere und intensivere Nutzung des Internets festgestellt werden. Auffällig ist, dass private Reiseaktivitäten mit einer steigenden Nutzungshäufigkeit von Online-Reiseangeboten einhergehen. Dabei bestehen im Vergleich zur Gruppe der Wenig-Nutzer signifikante Differenzen hinsichtlich der gewählten Reiseziele: Eine häufigere Nutzung korrespondiert mit der Wahl eines außereuropäischen Urlaubsortes. Und auch innerdeutsche Reisen werden seltener durchgeführt als in Vergleichsgruppen. Entsprechend der Wahl des Reiseziels reisen Viel-Nutzer von Reise-Sites primär nicht mit dem PkW sondern mit dem Flugzeug an den Urlaubsort.

Zusammenhang zwischen Online-Erfahrung und der Nutzung von Online-Reiseangeboten

Als Effekt der Internetnutzung weitet sich demnach das räumliche Mobilitätsverhalten in der Urlaubszeit aus. Räumliche Effekte im Zusammenhang mit der Vorbereitung einer Reise konnten hingegen nur eingeschränkt festgestellt werden. Es zeigt sich, dass die häufig geäußerten Bedenken bezüglich eines intensivierten Verdrängungswettbewerbs durch das Internet nur eingeschränkte Gültigkeit haben. So konnte festgestellt werden, dass unter den Nutzern der Reise-Sites eine erhebliche Quote von 42 Prozent der Befragten zur Buchung der Reise ein Stammreisebüro aufsuchen. Signifikant höher ist diese Quote bei Viel-Nutzern. Insofern kann eher von einer Komplementarität des Internetangebotes zum Service der Reisebüros ausgegangen werden. In der Summe aller physischen Verkehrswege findet voraussichtlich keine wesentliche Reduzierung der gesamten Wegstrecke wohl aber

Internet-Angebote werden Reisebüros nicht verdrängen

61 Die Typisierung des Viel-Nutzers wird in Abschn. 4.1 beschrieben; danach können rund ein Viertel aller Nutzer von Reise-Sites als Viel-Nutzer bezeichnet werden.

eine partielle Substitution der Anzahl der Wege statt. Gleichwohl muß dies nicht darauf hinauslaufen, dass beispielsweise Viel-Nutzer deutlich seltener ein Reisebüro aufsuchen. Wie gezeigt werden konnte unterstreicht die Datenanalyse vielmehr, dass eher das Gegenteil hiervon zutrifft. Der Grund für diesen widersprüchlichen Befund dürfte darin begründet sein, dass zweckorientierte Besuche im Reisebüro beibehalten werden und das Internet primär als Medium zur besseren Vorinformation und Vorauswahl einzelner Angebote und weniger zur Buchung von Reisen genutzt wird. Gleichwohl sind Buchungsaktivitäten relevant, etwa 17 Prozent der befragten reiseaktiven Personen haben bereits Buchungen über das Internet ausgeführt. Überwiegend handelt es sich dabei um die Buchung einer Unterkunft, eines Fluges oder eines (Bahn-)Tickets via Internet. Aus dem Umstand, dass zwei Fünftel der Befragten bereits Last-Minute-Angebote gebucht haben, kann geschlossen werden, dass sich künftig das Mobilitätswegebudget der Internetnutzer erhöhen dürfte, da die betreffenden Arrangements überwiegend finanziell vorteilhaftere, jedoch vornehmlich Angebote für entfernt liegendere Ziele beinhalten.

Das Internet dient als Informationsmedium während der Reiseplanung

Hiermit ist ein Aspekt angesprochen, der wesentlich ist für die Mobilitätswirkung der virtuellen Reiseangebote. Zwar werden Reiseangebote im Internet, hierin sehr ähnlich der Inanspruchnahme der Serviceleistung eines Reisebüros, mehrheitlich eher zweckorientiert genutzt, also meist erst dann, wenn bereits ein konkreter Bedarf besteht. Aber der Anteil der Internet-Nutzer, die Reise-Webseiten zumindest manchmal als Teil der eigenen Freizeitgestaltung besuchen, liegt nur knapp in der Minderheit und ist von daher bedeutsam. Insofern darf davon ausgegangen werden, dass die virtuellen Angebote das Interesse an konkreten Reisen hervorrufen und damit eine verkehrsbezogene Wirkung des Mobilitätsverhaltens auslösen. Auch in der Selbsteinschätzung der Befragten ist die Motivierung zu Reisen der weitaus am häufigsten eintretende Effekt der Nutzung von Online-Reiseangeboten. Entsprechend nutzen kurzentschlossene Viel-Nutzer besonders häufig das Internet, um Reisen zu realisieren. Auch hinterlegen sie häufiger ein persönliches Nutzerprofil, um individuelle Angebote vorgelegt zu bekommen. Sie

Online-Reiseangebote motivieren zum Reisen

schätzen an diesem Service zudem, dass er den Weg ins Reisebüro erspart. Damit bejahen sie explizit eine Substitutionswirkung physischer durch virtuelle Mobilität bei der Reisevorbereitung und belegen andererseits eine virtuell erfolgte Förderung von Reiseaktivitäten. Insgesamt berichtet jedoch nur eine Minderheit von etwa sieben Prozent der Befragten, durch Internet-Reiseangebote im vergangenen Jahr zusätzliche, ursprünglich nicht beabsichtigte Reisen unternommen zu haben.

Mit zunehmender Netzerfahrung wächst dieser mobilitätsfördernde Effekt an und weitet sich in Folge der intensiveren Nutzung aus. Insbesondere Viel-Nutzer berichten darüber, dass sie finanzielle Vorteile aus der Internetnutzung von Reise-Websites gewonnen oder ihre ursprüngliche Reiseabsicht verändert haben. Aufgrund des Umstandes, dass private Reiseaktivitäten im Jahresverlauf eher selten stattfinden und der Besuch in einem Reisebüro in andere Wegeketten eingebunden ist, kann an dieser Stelle keine konkrete Abschätzung der Mobilitätseffekte, beispielsweise hinsichtlich Kilometerleistung oder Wegehäufigkeit geleistet werden. Hierzu wäre eine gesonderte Erhebung unter einer größeren Befragtengruppe und der Einsatz eines veränderten Methodensets zu empfehlen (z. B. Wegetagebuch, ergänzende qualitative Leitfadengespräche). Die Ergebnisse der vorliegenden Arbeit zeigen bereits, dass vielfältige, differenziert zu analysierende Effekte auftreten.

Es sind keine Aussagen hinsichtlich der Kilometer-Leistung oder Wegehäufigkeit möglich

7.2 Online-Banking

Bei Konsumenten zählt Online-Banking zu den verbreitetsten e-Business-Anwendungen im Internet. Es konnte gezeigt werden, dass bei einer Weiterentwicklung sicherheitstechnischer, ökonomischer oder ergonomischer Vorkehrungen jeder dritte Anwender an einer virtuellen Erledigung von Bankgeschäften interessiert ist und bisher dieses Potential nur zur Hälfte erschlossen ist. Bankbesuche sind meist in andere Alltagsorganisationen eingebunden, sie sind beispielsweise mit dem Einkauf oder der Fahrt zur Arbeit verknüpft. Jedoch finden Bankaktivitäten in relativ kurzen Zeitabständen statt. Die meisten Online-

Online-Banking birgt noch unausgeschöpfte Nutzungspotentiale

Kunden der Banken sind der Ansicht, Online-Banking häufig zu betreiben. Von daher sind diese Aktivitäten dem Befragten stärker präsent, er kann genauer über konkrete Mobilitätseffekte berichten.

Die Nutzung von Online-Banking ist allerdings stark segmentiert. Vor allem sind es die über 30jährigen männlichen Teilnehmer, die überrepräsentiert in Haushalten mit zwei oder mehr Kindern leben, vollbeschäftigt sind und über formal hohe Bildungsabschlüsse verfügen, die Online-Banking betreiben. Wie auch bei Nutzern von Reiseangeboten kann festgestellt werden, dass die Inanspruchnahme von Online-Banking mit der zeitlichen Dauer der Internetnutzung zunimmt. Verschiedene virtuelle Angebotsformen des endkundenorientierten e-business werden von Nutzern des Online-Banking in besonders hohem Maße praktiziert. Generell sind Online-Banking-Kunden mit zunehmender Nutzungserfahrung in wachsendem Maße im Netz aktiv, wobei jedoch dieser Effekt signifikant nur innerhalb der ersten zwölf Monate substanzielle Wirkung entfaltet. Bei einer längeren Nutzungsdauer ist zu beobachten, dass sich zunehmend eine positivere Einstellung zum Online-Banking herausbildet. Der Kunde schätzt insbesondere die zeitliche Flexibilität. Indirekt werden damit Mobilitätseffekte zum Ausdruck gebracht, da im engen Zeitfenster der Banköffnungszeiten keine Wegeleistungen anfallen, wenn stattdessen zu anderen Tageszeiten das Bankgeschäft virtuell erledigt wird. Bei der Beurteilung möglicher Mobilitätseffekte ist ferner zu berücksichtigen, dass Nicht-Kunden des Online-Bankings eine engere räumliche Nähe zu ihrer Bank behaupten und beide Gruppen, Nicht-Kunden ebenso wie Nutzer des virtuellen Bankbesuchs, mögliche negative Wirkungen hinsichtlich der Aufrechterhaltung des persönlichen Kontakts zur Bank befürchten. Hiermit konform sind die Aussagen der Befragten, nach denen insbesondere die Zufriedenheit mit der momentanen Abwicklung der Bankgeschäfte als zentrales Argument gegen die Nutzung von Online-Banking dient. Andererseits stehen offensichtlich auch Informationsdefizite über die Qualität des Online-Banking seiner stärkeren Verbreitung entgegen. Eine vollständige Substitution aller Bankaktivitäten durch Online-Banking ist jedoch selbst bei intensiven

Die Online-Erfahrung korrespondiert mit der intensiven Nutzung von Online-Banking

Informationsdefizite verhindern die Ausweitung der Nutzung

Nutzern der virtuellen Angebote in absehbarer Zeit nicht zu erwarten.

Bei der Einschätzung von Mobilitätswirkungen des Online-Bankings zeigt sich, dass diese nur sinnvoll ermittelt werden können, wenn eine individuelle Betrachtung der verschiedenen Einzelaktivitäten vorgenommen wird. So unterscheiden sich die Erledigungen von Überweisungen, das Abheben von Bargeld oder ein Beratungsgespräch über eine Kreditleistung sehr erheblich und weisen in höchst unterschiedlichem Ausmaß Substitutions- und Komplementaritätswirkungen im Hinblick auf das virtuelle bzw. physische Mobiliätsverhalten auf. Da andererseits die Nutzerpopulation des Online-Bankings besondere mobilitätsbezogene Charakteristika aufweist, z.B. größere räumliche Entfernung zur Bank, häufig anfallende Bankbesuche, Bevorzugung motorisierter Individualverkehrsmittel bei Bankwegen, müssen auch solche Faktoren bei der Abschätzung der verkehrlichen Effekte Berücksichtigung finden. Eine solchermaßen differenzierte Abschätzung der verkehrlichen Effekte, bei der auch die Einbindung des Bankgeschäftes in andere Erledigungen berücksichtigt wird, gelangt in der vorliegenden Studie zu dem Schluß, dass bei einer auf eine Größenordnung von rund 10 Millionen Internet-Nutzern bezogenen Ausschöpfung des Nutzerpotentials eine jährliche Substitutionswirkung von mehr als 10 Millionen Kilometern ergeben könnte. Da jedoch die gegenwärtigen Nutzer von Online-Banking signifikante soziodemografische Besonderheiten aufweisen, sollte die weitere Enwicklung der Anwenderzahlen in Abhängigkeit von den Besonderheiten der Nutzungsaktivitäten empirisch erhoben und im Hinblick auf virtuelle und physische Mobilitätswirkungen analysiert werden.

Soziodemografische Besonderheiten bei Online-Banking-Nutzern

7.3 Chat/MUD

Als drittes exemplarisches Anwendungsfeld für virtuelle Nutzungen wurde das Verhalten in Chat-Räumen und die Teilnahme an interaktiv vernetzten Spielwelten (sog. **M**ulti **U**ser **D**ungeons) analysiert. Überproportional sind vor allem die Altersjahrgänge der 14- bis 19jährigen aber auch der 20–29jährigen Online-Nutzer an Chats/MUDs beteiligt. Insgesamt nehmen etwas mehr als ein Drittel aller Online-Nutzer an Chats/MUDs zumindest selten teil. Damit ist das auf alle Internetnutzer beziehbare maximale Nutzerpotential von zirka 50 Prozent zu etwa 70 Prozent ausgeschöpft. Bei den gegenwärtigen Anwendern handelt es sich primär um Personen mit einer formal mittleren oder gehobenen Bildung, die (noch) nicht berufstätig sind. Die Nutzung der betreffenden Angebote, wie generell die Nutzung des Internets durch die Teilpopulation der Chat-/MUD-Anwender, ist eher freizeit- und seltener informationsorientiert, und wird im Vergleich zu den beiden anderen Anwendergruppen besonders häufig und zeitintensiv praktiziert. Auch in einem weiteren Punkt unterscheidet sich der betreffende Personenkreis von den zuvor analysierten Nutzer von Reise-Sites bzw. des Online-Banking: Überwiegend ist das Interesse an Chats/MUDs an eine vergleichsweise kurze Lebensphase von bis zu vier Jahren gebunden. Danach geht das Interesse überwiegend zurück, während das Online-Banking und vor allem Reiseangebote im Netz mit zunehmender Online-Erfahrung intensiver und häufiger genutzt werden. Diese wachsende Intensität und Integration der virtuellen Nutzung in das Alltagshandeln findet sich lediglich bei dem relativ kleinen Zirkel der Viel-Chatter, die damit eindeutig vom Gros der anderen Chat-/MUD-Anwender abweichen.

Chat und MUD als Freizeitaktivitäten werden eher von jüngeren Usern wahrgenommen

Generell kann davon gesprochen werden, dass die kommunikationsstiftende soziale Funktion des interaktiven Chats/MUDs von den Internet-Nutzern bewußt in Anspruch genommen werden. Gechattet wird, um Leute mit ähnlichen Interessen zu treffen, um soziale Beziehungen zu pflegen oder auch, wenn auch seltener, um zu flirten oder neue Personen kennenzulernen, z. B. aus anderen Kulturkreisen. Gleichwohl wird die in einem Chat stattfindende Kommunikationssituation häufig negativ charakterisiert, da oft aneinander vorbei geredet werde, was vor allem erfahrene Viel-Chatter anmerken. Eventuell liegt hierin ein besonderer Stimulus Chat-Bekanntschaften persönlich zu treffen, eine Reaktion, die wiederum überdurchschnittlich von Personen gezeigt wird, die besonders häufig chatten. Beim – allmählichen – Aufbau einer persönlichen Bekanntschaft, die auch zu realen Besuchssituationen führt, zeigt sich eine typische Schrittfolge, mit der die virtuelle Dimension der Beziehung teilweise „verlassen“ wird: die persönlich und individuell formulierte e-mail wird durch ergänzende Telefonate und persönliche Treffen „abgelöst“. Begleitend und nachlagernd zu den Treffen etabliert sich nicht selten ein konventioneller, d.h. nicht elektronischer Briefwechsel. Über persönliche Kontaktaufnahmen mit Chat-Bekanntschaften berichten mehr als ein Drittel der Chatter bzw. MUD-Nutzer. Und mehr als die Hälfte dieses Personenkreises hat bereits an persönlichen Treffen mit Netzbekanntschaften teilgenommen zu denen jeder vierte Teilnehmer eine Wegstrecke von mehr als 500 km zurücklegt. Als Anlaß für solche Treffen steht letztlich häufig Neugierde im Vordergrund. Ein Hinweis darauf, dass das virtuelle Medium nicht (nur) als Ersatz für zuvor gepflegte (oder nicht gepflegte?) konventionelle Kontakte anzusehen ist.

Die beim Chatten virtuell geknüpften Kontakte werden „real“ vertieft

Der technisch realisierte virtuelle Chat-Room kann als eigenständiges Medium gelten, das bestehende Optionen der Kontaktpflege ergänzt. Mit seiner Nutzung werden bestehende Kommunikationsbeziehungen gepflegt und neue geknüpft. Damit erweitert sich die soziale Einbindung des Chatters. Im Rahmen der quantitativen Untersuchungen konnten Anhaltspunkte zur Struktur der Treffen geliefert werden, die in künftigen Arbeiten weitergeführt werden sollten. Nach den vorliegenden Ergebnissen nehmen an persönlichen Treffen Einzelpersonen oder auch größere Gruppen teil. Bemerkenswert ist, dass zu den verschiedenen Treffen zum Teil beträchtliche Distanzen zurückgelegt werden. Insgesamt kann eine detaillierte Wegeabschätzung und Eingrenzung von Substitutions- und Komplementärwirkungen von Netzkontakten im virtuellen Raum und die sozialpsychologische Dimension der virtuellen Kommunikation im Rahmen dieser Arbeit nicht geleistet werden. Hierzu sind andere methodische Zugänge nötig. Es wäre lohnend, eine größere Personenzahl ausschließlich zu diesen Aspekten zu befragen, um eine differenziertere Typologie zu ermitteln. Im Rahmen der vorliegenden Studie sollte es lediglich darauf ankommen, die Relevanz der virtuellen Mobilitätswirkung grob zu umreißen und auf neue Forschungsfragen hinweisen.

Für Treffen von Chat-Usern werden oft große physische Distanzen überwunden

7.4 Künftiger Forschungsbedarf

Eine der Ausgangsüberlegungen der vorliegenden Arbeit knüpft an die Aussage an, dass virtuelle Mobilität neue Kommunikationsorte entstehen läßt, die anwenderbezogene Anforderungen prägen und Nutzungen hervorrufen. In Analogie zu physischen Transportmitteln wurde in der virtuellen Mobilität ein Verkehrsmittel zur Erhöhung des Bewegungspotentials gesehen. Akzeptanz und Besonderheiten der Nutzung von virtuellen Angeboten bestimmen damit mögliche Mobilitätseffekte.

Die Anwendungspotentiale sind zum Teil durch eine Verbesserung der Nutzungsbedingungen noch zu erhöhen

Auf Grundlage der empirischen Daten kann davon gesprochen werden, dass unter den Nutzern von Online-Diensten die Akzeptanz der untersuchten drei Anwendungsbereiche gegeben ist. Aufschlußreich ist jedoch das Ergebnis, dass aufgrund von unzureichend nutzerfreundlichen Bedingungen das Anwendungspotential sehr unterschiedlich erschlossen ist. Dies bestätigt einerseits einen bereits in den Befunden der Expertenerhebung Delphi '98 als vordringlich erachteten Verbesserungsbedarf hinsichtlich der technologischen Voraussetzungen virtueller Kommunikation, z.B. im Hinblick auf sicherheitstechnische Anforderungen. Andererseits ergibt sich aus den vorliegenden Untersuchungen, dass die Anforderungen an virtuelle Nutzungsumgebungen je nach Anwendungsfeld erheblich differieren. Häufig sind sozio-ökonomische Faktoren bzw. spezifische Orientierungen oder Bedingungen zeitlich begrenzter Lebensphasen wichtige Kriterien der Akzeptanz virtueller Angebote. Für eine dauerhaft verläßlichere Einschätzung von qualitativen Wirkungen und quantifizierbaren Effekten zwischen physischer und virtueller Mobilität sind weitere Studien unerläßlich. Dies umso mehr, da bislang die untersuchten Aktivitäten meist nur partiell in den Alltag der Befragten eingebunden sind. Die Analyse von Teilgruppen, die einzelne virtuelle Anwendungen besonders intensiv nutzen, zeigt teils erhebliche Besonderheiten im Nutzungsstil auf.

Intensiv-Nutzer zeigen besondere Mobilitätseffekte

Hieraus ergeben sich in Abweichung vom durchschnittlichen Nutzer für manche Anwendungen bemerkenswerte mobilitätsrelevante Wirkungen. Wie gezeigt wurde lassen sich diese jedoch nicht zweifelsfrei auf den durchschnittlichen Nutzer und dessen zukünftiges Nutzungsverhalten übertragen.

Aufgrund von unterschiedlichen Akzeptanzbedingungen der einzelnen virtuell durchführbaren Aktivitäten in den hier untersuchten drei Anwendungsbereichen kann der Schluß gezogen werden, dass es gegenwärtig noch zu früh ist, über viele virtuelle Anwendungsgebiete hinweg verläßliche mobilitätsbezogene Aussagen zu treffen. Einerseits wurden im Rahmen dieser Studie zwar repräsentative Nutzungsdaten von Online-Nutzern erhoben, jedoch sind diese nicht *bevölkerungs*repräsentativ. Die Verbreitung des Internets in breiten Bevölkerungsschichten und die Schnelligkeit der weiteren Internetentwicklung sind offen. So konnten nicht alle auftretenden Fragen im Rahmen dieser Studie statistisch geprüft und analysiert werden. Hierzu wäre ein größeres Sample erforderlich gewesen, das eine umfassendere Stichprobenkonstruktion erlaubt hätte. Für künftige Detailuntersuchungen eines einzelnen Sektors bieten die vorliegenden Ergebnisse jedoch eine verläßliche Grundlage zur Hypothesenbildung und damit eine gute Basis für Anschlußfragestellungen. Auch aufgrund erheblich gestiegener Nutzungszahlen ist erhebungstechnisch nunmehr die Voraussetzung gegeben, unter vorteilhafteren Bedingungen weiterführende Vertiefungsstudien anzugehen.

Die zunehmende Nutzerzahl verlangt in naher Zukunft Vertiefungsstudien

Es hat sich gezeigt, dass Substitutions- und Komplementäreffekte durch virtuelle Anwendungen auf der Ebene einzelner Aktivitäten auftreten und damit widersprüchliche Ergebnisse zutage fördern. Beispielsweise deuten die Ergebnisse im Anwendungsbereich Reise/Touristik darauf hin, dass eine Reduktion der Wegehäufigkeiten zwischen Kunde und Reisebüro mit einer Zunahme von Urlaubsaktivitäten einhergeht, durch die der virtuelle Verlagerungseffekt in der Anbieter-Kunden-Beziehung mehr als kompensiert wird. Auch wurde in der empirischen Analyse festgestellt, dass bei einzelnen Kundensegmenten selbst in der Anbieter-Kunden-Beziehung nur von einem *relativen* Substitutionseffekt durch virtuelle Anwendungen gesprochen werden kann: Gezieltes Internet-Marketing läßt das Kundeninteresse an Reiseangeboten und letztlich auch an „seinem" Reisebüro anwachsen.

Denkbar ist auch, dass sich bei einer Ausweitung virtueller Nutzungen Rückwirkungen auf das vorhandene Filialnetz von Banken ergeben könnten. Dadurch werden sich weitere Wege zu den Banken ergeben. Da auch der Online-Kunde (gegenwärtig) bei beratungsintensiven Bankdienstleistungen überwiegend nicht auf das persönliche Gespräch mit seinem Kundenberater verzichten möchte, würden für solche Face-to-Face-Kontakte längere Anfahrtswege anfallen. Demnach sind auch indirekte Folgewirkungen zur Beurteilung einer Mobilitätsbilanz virtueller Anwendungen zu berücksichtigen. Sehr deutlich zeigt sich diese Einschätzung auch bei der Analyse des Chat-Verhaltens, das zu neuen persönlichen Kontakten führt, die individuell zu einer beträchtlichen Erhöhung der physischen Mobilität beitragen können.

Kumulative Effekte bei der Nutzung verschiedener Online-Angebote sind zu vermuten

Zur genaueren Abschätzung verkehrlicher Wirkungen die aus einer wechselseitigen Beziehung zwischen virtueller zu physischer Mobilität erwachsen, sollte in weiteren Studien verstärkt die Untersuchung von kumulativen Effekten mehrerer Nutzungen aufgegriffen werden. Festgestellt wurde beispielsweise in der vorliegenden Arbeit, dass zwischen verschiedenen Anwendungen des e-Business und Online-Banking eine positive Korrelation besteht. Es wäre aufschlußreich festzustellen, welche verkehrlichen Effekte entstehen, wenn zunehmend mehr Aktivitäten virtuell durchgeführt werden, die bislang meist in einer „physisch verbundenen Organisationseinheit" mit bestimmten „Primär-Tätigkeiten" durchgeführt werden (wie z.B. der Bankbesuch auf dem Weg zur Arbeit oder im Zuge anderer Erledigungen in einem Einkaufszentrum). Welche Verkehrsmittelwahl wird getroffen? Wie entwickelt sich der Modal-Split?

Weitgehend offen ist auch, mit welchen anderen Tagesaktivitäten die Nutzung des Internets selbst konkurriert. Mit außer- oder innerhäuslichen Aktivitäten? Mit dem Kino oder dem Fernsehgerät? Die bisherigen Analysen dieser Studie deuten eher daraufhin, dass der Internet-Nutzer in ein persönliches Kontakt- und Beziehungsnetzwerk intensiv eingebunden ist. Der einsame Chatter ist eher die Ausnahme von der Regel. Viel typischer für den Internet-Nutzer ist es, virtuelle Mobilität als weitere Option der Kommunikation und gesellschaftlichen Einbindung zu nutzen. Die Substitution von physischen Verkehr kann, muß jedoch nicht damit einhergehen.

Literaturverzeichnis

Bähr, J. (1983): Bevölkerungsgeographie. Paderborn u. a.

Beck, U. (1986): Risikogesellschaft. Auf dem Weg in eine andere Moderne. Suhrkamp Verlag: Frankfurt am Main.

Blind, K.; Zoche, P. (1999): Die zukünftige Bedeutung multimedialer Kommunikationsnetze: Ausgewählte Ergebnisse der Delphi '98-Studie. In: ARBEIT Zeitschrift für Arbeitsforschung, Arbeitsgestaltung und Arbeitspolitik (3/1999).

BMBF Bundesministerium für Bildung und Forschung (2000): Mobilität und Verkehr. Nachhaltigkeit, Sicherheit und Wettbewerbsfähigkeit durch intelligenten Verkehr. Forschungsprogramm der Bundesregierung: Bonn und Berlin.

BMFT Bundesministerium für Forschung und Technologie (1993): Deutscher Delphi-Bericht zur Entwicklung von Wissenschaft und Technik, Bayreuth.

BMVBW Bundesministerium für Verkehr, Bau- und Wohnungswesen (Hrsg.) (2000): Integrierte Verkehrspolitik: Unser Konzept für eine mobile Zukunft. Verkehrsbericht 2000. Bundesministerium für Verkehr, Bau- und Wohnungswesen: Berlin.

BMV Der Bundesminister für Verkehr (Hrsg.) (1999): Verkehr in Zahlen. Berlin: DIW, 1995-1998.

Brokat Infosystems (2000): Europäische Onine-Banken holen sich Marktanteile, http://www.brokat.com/de/netnews/online-banken-europa.html, 27.06.2000.

Brokat Infosystems (2000): first e-com, Online-Banken bauen physische Präsenz aus, http://www.brokat.com/de/netnews/physische_praesenz.html, 25.09.2000.

Burkart, G. (2000): Mobile Kommunikation. Zur Kulturbedeutung des „Handy". In: Soziale Welt, 51. Jg., 2/2000, S. 209–232.

Canzler, W.; Knie, A. (2000): New mobility? Mobilität und Verkehr als soziale Praxis. In: Aus Politik und Zeitgeschichte, Heft B 45–46/2000, S. 29–38.

Cuhls, K; Blind, K.; Grupp, H.; Bradtke, H.; Dreher, C.; Harmsen, D.-M.; Hiessl, H.; Hüsing, B.; Jäckel, G.; Schmoch, U.; Zoche, P.: Delphi '98 Umfrage. Studie zur globalen Entwicklung von Wissenschaft und Technik. Methoden- und Datenband (Bd.1) sowie Zusammenfassung und Ergebnisse (Bd.2). Hgg. v. Fraunhofer-Institut für Systemtechnik und Innovationsforschung im Auftrag des Bundesministeriums für Bildung, Wissenschaft, Forschung und Technologie (BMBF), Karlsruhe.

DER SPIEGEL (1999): Wenn die Kunst ins Netz geht. Berichterstattung und Gespräch mit Peter Weibel über Kunst und Medien der „Zweiten Moderne". Ausgabe 3/1999, S.186ff.

Flade, A. (Hg) (1994): Mobilitätsverhalten. Bedingungen und Veränderungsmöglichkeiten aus umweltpsychologischer Sicht. Weinheim.

GfK Gesellschaft für Konsumforschung (): GfK Online-Monitor. Fortlaufende Online-Dokumentationen zu Ergebnissen der Untersuchungswellen unter http://www.gfk.de/.

Götz, K. (1998): Mobilitätsleitbilder und Verkehrsverhalten. In: Libbe, J. (Hg.): Mobilitätsleitbilder und Verkehrsverhalten: Potentiale und Beispiele für zielgruppenorientierte Kommunikations- und Vermittlungsstrategien. Dokumentation der Beiträge zu einem Seminar des Deutschen Instituts für Urbanistik am 27. und 28. November in Berlin. Seminar-Dokumentation „Forum Stadtökologie" 7. S. 17–40.

Götz, K.; Jahn, Th.; Schultz, I. (1997): Mobilitätsstile – ein sozial-ökologischer Untersuchungsansatz. Forschungsbericht Stadtverträgliche Mobilität, Bd. 7. Subprojekt 1: Mobilitätsleitbilder und Verkehrsverhalten. ISOE-Arbeitsbericht: 1997. City:mobil, Forschungsverbund: Institut für sozial-ökologische Forschung (ISOE) GmbH. Freiburg: Öko-Institut (1982).

Halbritter, G.; Bräutigam, R.; Fleischer, T.; et al. (1999): Umweltverträgliche Verkehrskonzepte. Entwicklung und Analyse von Optionen zur Entlastung des Verkehrsnetzes und zur Verlagerung von Straßenverkehr auf umweltfreundlichere Verkehrsträger. Berlin: Erich Schmidt Verlag. Beiträger zur Umweltgestaltung, A 143, 360 S.

Harloff, H. J. (1994): Die Bedeutung des Verkehrs für Mensch und Gesellschaft. In: Flade, A. (Hg): Mobilitätsverhalten. Bedingungen und Veränderungsmöglichkeiten aus umweltpsychologischer Sicht. Weinheim. S. 25–36.

Harnischfeger, M.; Kolo, C.; Zoche, P. (1998): Mediennutzung der Zukunft im privaten Sektor. Dokumentationsband. Expertenumfrage des Fraunhofer-Instituts für Systemtechnik und Innovationsforschung in Kooperation und Auftrag mit dem Medienpädagogischen Forschungsverbunds Südwest. FhG-ISI: Karlsruhe 1998, 67 S.

Harmsen, D.-M.; König, R. (1994): Möglichkeiten der Substitution physischen Verkehrs durch Telekommunikation. Fraunhofer-ISI (ISI-B-65-94). Herausgegeben vom Forschungs- und Technologiezentrum FTZ der Deutschen Telekom AG, 154 S.

Have, P. ten (2000): Computer-Mediated Chat. Ways of Finding Chat Partners. In: M/C: A Journal of Media and Culture 3(4), http://www.api-network.com/mc/0008/edit.html. Stand: 10.10.2000.

Heine, W.-D. (1995): Verkehrsmittelwahl aus umweltpsychologischer Sicht. In: Internationales Verkehrswesen 47, H. 6.

Hilgers, M. (1998): Sozialpsychologische Akzeptanzbedingungen neuer Verkehrspolitik. In: Libbe, J. (Hg.): Mobilitätsleitbilder und Verkehrsverhalten: Potentiale und Beispiele für zielgruppenorientierte Kommunikations- und Vermittlungsstrategien. Dokumentation der Beiträge zu einem Seminar des Deutschen Instituts für Urbanistik am 27. und 28. November in Berlin. Seminar-Dokumentation „Forum Stadtökologie" 7. S. 41–58.

IEA/OECD (2000): CO2 Emissions from Fuel Combustion, IEA/OECD, Paris.; IEA/OECD (2000): Energy Balances of OECD Countries, 1997–1998; IEA/OECD 2000): Main Economic Indicators, OECD, Paris.

Infratest Burke (2000): Reisemarkt Internet 1999/2000. Infratest Burke: München.

Infratest Burke (1999): Flow Analysis – Studie. Online-Version unter: http://www.infratest.de/infratest/de/ news/presse06.htm. Stand: 15.09.2000.

Jahn, T.; Schultz, I. (1995): Stadt, Mobilität und Lebensstile – ein sozialökologischer Forschungsansatz. In: Sahner, H.; Schwedtner, S. (Hg.): 27. Kongreß der Deutschen Gesellschaft für Soziologie. Opladen.

Kneer, V. (1994): Computernetze und Kommunikation. Diplomarbeit an der Universität Hohenheim. http://www1.rrz.uni-koeln.de/themen/cmc/text/kneer.94a.txt.

Krupp, H. (1972): Die Funktion der Fraunhofer-Gesellschaft im Innovationssystem der Bundesrepublik Deutschland. Studie für das Bundesministerium für Bildung und Wissenschaft. Karlsruhe: Fraunhofer-Institut für Systemtechnik und Innovationsforschung.

Lange, U. T. (1989): Von der ortsgebundenen „Unmittelbarkeit" zur raum-zeitlichen „Direktheit" – Technischer und sozialer Wandel und die Zukunft der Telefonkommunikation. In: Forschungsgruppe Telefonkommunikation (Hrsg.): Telefon und Gesellschaft. Beiträge zu einer Soziologie der Telefonkommunikation. Berlin: Verlag Volker Spiess, Bd. 1, S. 167–185.

Lanzendorf, M. (1998): Freizeitmobilität als Gegenstand angewandter Umweltforschung. In: Geographische Rundschau 50, H. 10, S. 570–574.

Luhmann, N. (1998): Die Wissenschaft der Gesellschaft. Suhrkamp-Taschenbuch Wissenschaft: Frankfurt am Main, 3. Auflage.

Luhmann, N. (1986): Ökologische Kommunikation: Kann die moderne Gesellschaft sich auf ökologische Gefährdungen einstellen? Westdeutscher Verlag: Opladen.

Malinowski (1923): The problem of meaning in primitive languages. Supplement to C. K. Ogden and I. A. Richards (eds.) The meaning of meaning: A study of the influence of language upon thought and the science of symbolism (pp. 451–510). London: Routledge & Kegan Paul.

Marel, K. (1981): Inter- und intraregionale Mobilität. Empirische Untersuchung zur Typologie der Wanderer. Schriftenreihe des Bundesinstituts für Bevölkerungsforschung, Bd. 8.

Matuschewski, A.; Zoche, P. (2001): Regionale Verankerung von Informations- und Kommunikationstechnologie-Unternehmen. Eine Fallstudie in der TechnologieRegion Karlsruhe, Karlsruhe: FhG-ISI 2001; gekürzte Fassung in: Raumforschung und Raumordnung RuR, Heft 2/3 2001, S. 154–165.

Meakins, F.; Rintel, S. (2000): Editorial: chat. M/C: A Journal of Media and Culture 3(4), http://www.api-network.com/mc/0008/edit.html, accessed 10.10.2000.

Merten, K.; Schmidt, S.J.; Weischenberg, S. (Hrsg.) (1994): Die Wirklichkeit der Medien. Eine Einführung in die Kommunikationswissenschaft. Westdeutscher Verlag: Opladen.

Merten, K.; Westerbarkey, J. (1994): Public Opinion und Public Relations. In: Merten, K.; Schmidt, S.J.; Weischenberg, S. (Hrsg.): Die Wirklichkeit der Medien. Eine Einführung in die Kommunikationswissenschaft. Opladen: Westdeutscher Verlag, S. 188–211.

Mettler-Meibom, B. (1987): Soziale Kosten in der Informationsgesellschaft. Überlegungen zu einer Kommunikationsökologie. Universität Hamburg. Fischer Taschenbuchverlag. Frankfurt/Main.

Opaschowski, H. W. (1991): Freizeit und Mobilität. Analyse einer Massenbewegung. Schriftenreihe zur Freizeitforschung vom B.A.T. Freizeit-Forschungsinstitut Bd. 12. Hamburg.

Parks, Malcom R./ Floyd, Kory (1996): Making friends in Cyberspace, in: Journal of Communication, 1: 80–97.

Petersen, R.; Schallaböck, K. O. (1995): Mobilität für morgen: Chancen einer zukunftsfähigen Verkehrspolitik. Berlin u.a.

Popitz, H. (1989): Epochen der Technikgeschichte, J.C.B. Mohr: Tübingen.

Psychonomics (2000): Kommunikations-Defizite bremsen Online-Finanzgeschäfte. Internetmarketing für Banken und Versicherer: Potentiale, Zielgruppen, Strategien, Online-Artikel, http://www.psychonomics.de/presse.html.

Roseman, C. C. (1971): Migration as a Spatial and Temporal Process. In: Annals of the Association of American Geographers, S. 589–598.

Rothengatter, W. (1995): Mobilität und Kommunikation als Basis dynamischer Wirtschaftsprozesse an den Grenzen physischer Möglichkeiten. In: Fraunhofer-Gesellschaft (Hrsg.): Kommunikation ohne Verkehr? Neue Informationstechniken machen mobil. Tagungsband Fraunhofer Forum 1995, München, S. 26ff.

Schmitz, B. B. (1994). Mobilitätsmotive. Warum ist der Mensch mobil? In: Flade, A. (Hg): Mobilitätsverhalten. Bedingungen und Veränderungsmöglichkeiten aus umweltpsychologischer Sicht. Weinheim. S. 103–112.

Schuck-Wersig, P.; Wersig, G. (1994): Flexibilisierung des Handelns als Hintergrund der Prognose der Mobilitätsentwicklung. In: Forschungsverbund Lebensraum (Hrsg.): Faktoren des Verkehrshandelns. Berichte aus den Teilprojekten, Bd. III/I, Berlin 1994, S. 143–356.

Schmidt, S.J. (2000): Kalte Faszination. Medien Kultur Wissenschaft in der Mediengesellschaft. Velbrück Wissenschaft:Weilerswist.

Seger, I. (1973): Knaurs Buch der modernen Soziologie. Droemersche Verlagsanstalt Th. Knaur Nachf.: München.

Shapiro, C.; Varian, H.R. (1999): Information Rules. A Strategic Guide to the Network Economy, Harvard Business School Press: Boston, Mass.

Socialdata (1993): Alltagsmobilität. In: Spiegel-Verlag (Hg.): Auto, Verkehr und Umwelt. Hamburg.

Steinkohl, F. (1999): Mobilität – Begriff, Wesen, Funktion. In: Steinkohl, F.; Knoepffler, N.; Bujnoch, S. (1999): Auto-Mobilität als gesellschaftliche Herausforderung. Herbert Utz Verlag: München.

Tapscott, D. et al. (2000): Digital Capital. Harnessing teh Power of Business Webs. Harvard Business School Press: Boston, Mass.

Weber, M. (1922): Wirtschaft und Gesellschaft: Grundriss der verstehenden Soziologie/Max Weber. Besorgt von Johannes Winckelmann. 5. rev. Auflage, Mohr 1989: Tübingen, S. 560ff.

Wetzstein, T.; Dahm, H.; Steinmetz, L.; Eckert, R. (1994): Kultur und elektronische Kommunikation. Interner Forschungsbericht. Trier: Universität Trier.

Wetzstein, T. A.; Dahm, H.; Steinmetz, L.; Lentes, A.; Schampaul, St.; Eckert, R. (1995): Datenreisende. Opladen: Westdeutscher Verlag.

Wilde, E. (1999): World Wide Web. Technische Grundlagen. Springer-Verlag Berlin und Heidelberg.

Wiseman, R. F.; Roseman, C. C. (1979): Typology of Elderly Migration Based on the Decision Making Process. In: Economic Geography 55, S. 324–337.

Zängler, Th. (2000): Mikroanalyse des Mobilitätsverhaltens in Alltag und Freizeit/Hrsg.: Ifmo, Institut für Mobilitätsforschung. Springer Verlag: Berlin; Heidelberg; u. a..

Zängler, Th.; Karg, G.; Sumpf, J. (1998): Ein mikroökonomischer Ansatz zur Analyse der Mobilität privater Haushalte. In: VDI (Hrsg.): Gesamtverkehrsforum 1998: Tagung in Braunschweig 05./06. März 1998 (VDI Berichte 1372), S. 1–11. Düsseldorf: VDI-Verlag.

Zängler, Th.; Karg, G. (1997): Makroökonomische Analyse der Entwicklung des privaten Personenverkehrs in der Bundesrepublik Deutschland. In: Hauswirtschaft und Wissenschaft 45 (1997), H.5, S. 202–207.

Zelinsky, W. (1971): The Hypothesis of the Mobility Transition. In: Geographic Review 61, S. 219–249.

Zerdick, A.; Picot, A.; Schrap, K.; Atropé, A.; Goldhammer, G.; Lange, U.T.; Vierkant, E.; López-Escobar, E.; Silverstone, R. (2001): Die Internet-Ökonomie. Strategien für die digitale Wirtschaft (European Communication Council Report), Springer Verlag: Berlin, Heidelberg, New York, Barcelona, Hongkong, London, Mailand, Singapur, Tokio.

Zoche, P. (2001): Verlieren sich die Wege von Chattern im Virtuellen? Wandelt sich Mobilitätsverhalten durch virtuelle Mobilität? In: Berufsverband Deutscher Soziologinnen und Soziologen BDS (Hrsg.): CD-ROM der XI. Tagung für angewandte Soziologie, 27.4.–29.04.2001 in Bad Boll, Virtuelle Soziale Beziehungen – up- or download? Recklinghausen: BDS.

Zoche, P. (2000): Von der realen zur virtuellen Mobilität. In: Kubicek et al. (Hrsg): Global@home. Informations- und Dienstleistungsstrukturen der Zukunft. Jahrbuch Telekommunikation und Gesellschaft 2000. Hüthig Verlag: Heidelberg, S. 205–213.

Zoche, P. (1999): Virtuelle Mobilität privater Haushalte. In: Institut für Mobilitätsforschung (Hrsg.): Auftakt in Berlin: Forschung für die mobile Zukunft. Institut für Mobilitätsforschung: Berlin, S.52–67.

Zoche, P. (1998): Neue Dienstleistungen, veränderte Mobilitäts- und Wohnformen durch Informations- und Kommunikationstechniken – Ein Ausblick in die Zukunft mit Hilfe von Delphi '98. In: Rienecker, Gerhard (Hrsg.): PASS IT-Consulting: Kreativ die Zukunft gestalten: Futurologische Beiträge zur Wettbewerbsfähigkeit. Aschaffenburg, PASS, 96–12.

Zumkeller, D. (1997): Sind Telekommunikation und Verkehr voneinander abhängig? Ein integrierter Raumüberwindungskontext. In: Internationales Verkehrswesen (49) 1+2/1997, S. 16–21.

Sachverzeichnis

Druck (Computer to Film): Saladruck Berlin
Verarbeitung: Stürtz AG, Würzburg